今すぐ使える かんたん

Wi-Fi&自宅LAN

完全 ガイドブック

困った解決 & 便利技

芹澤正芳・オンサイト 著

技術評論社

JN059842

本書の使い方

- 本書は、Wi-Fi、自宅LANの利用に関する質問に、Q&A方式で回答しています。
- 目次などを参考にして、知りたい操作のページに進んでください。
- 画面を使った操作の手順を追うだけで、ネットワーク接続の操作がわかるようになっています。

クエスチョンのタイトルは具体的な質問や疑問を表しています。

クエスチョンという単位ごとに、パソコンの機能や操作について解説しています。

クエスチョンに対する回答を簡潔に表しています。ストアアプリ、デスクトップアプリ別など複数の回答を表示する場合もあります。

番号付きの記述で、操作の順番が一目瞭然です。

特 長 1

質問は、読者の方から実際に寄せられたものを参考に作成されています！

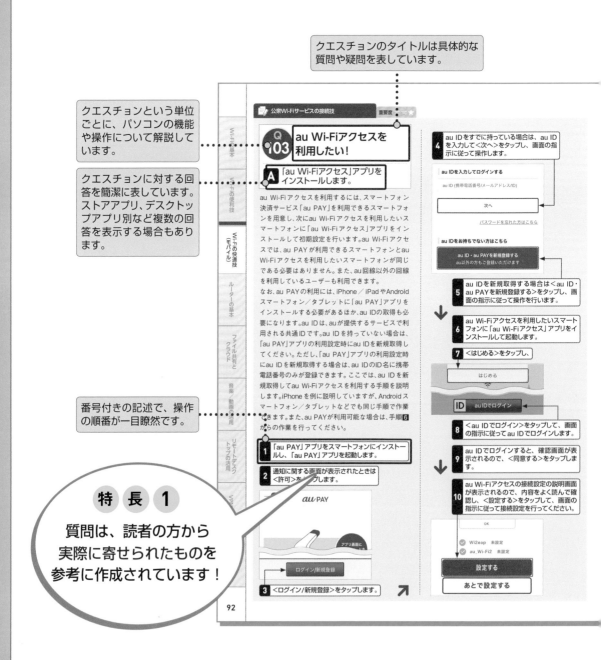

2

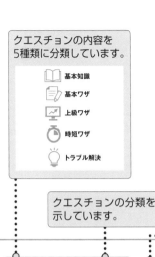

クエスチョンの内容を
5種類に分類しています。

📖 基本知識
🗒 基本ワザ
📈 上級ワザ
⏱ 時短ワザ
💡 トラブル解決

クエスチョンの分類を
示しています。

『この操作を知らないと
困る』という意味で、各
クエスチョンで解説して
いる操作を3段階の「重要
度」で表しています。

重要度 ★ ★ ★
重要度 ★ ★ ☆
重要度 ★ ☆ ☆

特 長 2
薄くてやわらかい
上質な紙を使っているので、
開いたら閉じにくい書籍に
なっています！

📝 公衆Wi-Fiサービスの接続技 　重要度 ★ ★ ☆

Q 104 ソフトバンクWi-Fiスポット
を利用したい！

A ソフトバンクの回線を
契約している機器で利用できます。

「ソフトバンクWi-Fiスポット」は、ソフトバンクが同
社の携帯電話回線（ソフトバンクまたはY!mobile）の
ユーザー向けに提供している公衆Wi-Fiサービスで
す。多くの料金プランで永年無料で提供されている
ほか、一部の料金プランでは、機器購入から2年間（期
間内に機種変更を行うとそこからさらに2年間）無
料で利用できます。
ソフトバンクWi-Fiスポットは、通常、同社製の機器
を使用している場合は、自動接続するように初期
設定されており、設定不要で利用できます。なお、
回線契約を行っている機器でソフトバンクWi-Fiス
ポットに接続できない場合は、専用のWebサイト
（iPhone／iPadの場合）や「Wi-Fiスポット設定」アプ
リ（Androidの場合）で接続設定のやり直しが行えま
す。

📝 公衆Wi-Fiサービスの接続技 　重要度 ★ ★ ★

Q 105 BBモバイルポイントを
利用したい！

A 対応プロバイダーで契約する必要が
あります。

「BBモバイルポイント」はソフトバンクが提供して
いる公衆Wi-Fiサービスです。直接ソフトバンクと契
約を結ぶことはできませんが、提携プロバイダーに
よって提供されているオプションサービスを契約す
ることで利用できます。
また、BBモバイルポイントのアクセスポイントは、
「Wi2 300」や「ギガぞうWi-Fi」など、提携事業者や
ローミングプロバイダーが提供している公衆Wi-Fi
サービスを契約することでも利用できる場合があり
ます。なお、利用料金は、契約を行うプロバイダーに
よって異なります。

BBモバイルポイント
BB MOBILE POINT

このステッカーを目印に
利用することができます。

目的の操作が探しやすい
ように、ページの両側に
インデックス（見出し）を
表示しています。

写真やイラストの説明・
補足情報もわかりやすく
掲載しています。

📝 公衆Wi-Fiサービスの接続技 　重要度 ★ ★ ☆

Q 106 UQ Wi-Fiプレミアムを
利用したい！

A UQコミュニケーションズのWiMAX
2+のオプションサービスです。

「UQ Wi-Fiプレミアム」は、UQコミュニケーショ
ンズが提供している公衆Wi-Fiサービスです。同社
のモバイルネットワークサービス、UQ WiMAX を
「WiMAX 2+」の料金プランで利用しているユーザー
向けにオプションプランとして無料で提供されて
います。このため、UQ Wi-Fiプレミアムを利用するに
は、同社のUQ WiMAXに加入した上で、UQ Wi-Fiプ
レミアムを契約する必要があります。
また、UQ WiMAXとは、データ通信機能を備えた専
用機器を利用したインターネット接続専用のモバイ
ルデータ通信サービスです。スマートフォンのテザ
リング機能のみを提供するサービスと考えてもらっ
て差し支えありません。

参照 ▶ Q 126

📝 公衆Wi-Fiサービスの接続技 　重要度 ★ ★ ☆

Q 107 楽天モバイル契約者が公衆Wi-Fi
を利用する方法を知りたい！

A 楽天モバイルWiFi by エコネクトが
提供されています。

楽天モバイルでは、自社の回線を契約しているユー
ザー向けに「楽天モバイルWiFi by エコネクト」とい
うオプションサービスを月額362円（税別）で提供し
ています。楽天モバイルの回線を契約しているユー
ザーが、外出先などで公衆Wi-Fiを利用したい場合は
このサービスを契約するか、ほかの無料または有料
で提供されている公衆Wi-Fiのサー
ビスを利用する必要があります。

Wi-Fi
スクエア
Wi²300

BBモバイルポイント
BB MOBILE POINT

このステッカーを目印に
利用することができます。

特 長 3
読者が抱く
小さな疑問を予測して、
できるだけていねいに
解説しています！

参照するQ番号を示して
います。

右側インデックス：
Wi-Fiの基本
Wi-Fiの便利技
Wi-Fiの快適技（モバイル）
ルーターの基本
ファイル共有とクラウド
動画・動画の活用
リモートトップの活用
の活用
ツー

❶ これだけは知っておきたい！ Wi-Fiの基本技

⭐ Wi-Fiの基礎知識

⭐ セキュリティの基礎知識

⭐ 接続の基礎知識

❷ すぐに使える！　自宅や会社でWi-Fiを利用する便利技

★ Wi-Fi 接続の基本

★ Wi-Fi 接続の中級技

★ Wi-Fi 接続の便利技

⭐ QR コード活用技

⭐ Wi-Fi 設定の上級技

⭐ Wi-Fi 機器の増設

⭐ 接続時のトラブル

CHAPTER

③ いつでもどこでも接続！ 外出先でWi-Fiを利用する快適技

⭐ 公衆 Wi-Fi の基礎知識

⭐ 公衆 Wi-Fi 利用の実践知識

★ 公衆 Wi-Fi サービスの接続技

★ モバイルルーターの接続技

★ テザリングの接続技

CHAPTER

④ 自宅で快適！ Wi-Fiルーターを利用した自宅LANの基本技

★ ネットワークの基礎知識

★ ルーターの基礎知識

★ ルーターの設定技

★ ネットワーク構築に役立つ基礎知識

★ セキュリティの設定技

★ トラブル解決の基本技

CHAPTER

⑤ データを有効利用！ ファイル共有とクラウド活用の便利技

★ ファイル共有の基礎知識

★ ファイル共有の設定技

⑥ AV機器もフル活用！　音楽や動画を楽しむ活用技

★ 音楽・動画・写真共有の基礎知識

★ iTunesの活用技

★ TV・動画視聴の活用技

⭐ ライブ配信の基本操作

⭐ ネットワークカメラの活用技

CHAPTER

❼ 楽しく遠隔操作！ リモートデスクトップの活用技

★ リモート操作の基礎知識

★ リモート設定の実践技

⑧ VPNを徹底攻略！　リモートアクセスの便利技

★ リモートアクセスの基礎知識

★ VPN の設定技

★ リモートアクセスの応用技

⑨ ツールで便利に！ ネットワーク管理の便利技

★ 快適通信の便利技

★ ネットワーク整備の便利技

★ ネットワーク利用の上級技

Contents

ご注意：ご購入・ご利用の前に必ずお読みください

- 本書に記載された内容は、情報提供のみを目的としています。したがって、本書を用いた運用は、必ずお客様自身の責任と判断によって行ってください。これらの情報の運用の結果について、技術評論社および著者はいかなる責任も負いません。

- ソフトウェアに関する記述は、とくに断りのないかぎり、2021 年 5 月現在での最新情報をもとにしています。これらの情報は更新される場合があり、本書の説明とは機能内容や画面図などが異なってしまうことがあり得ます。あらかじめご了承ください。

- 本書の内容については以下の OS 上で動作確認を行っています。ご利用の OS によっては手順や画面が異なることがあります。あらかじめご了承ください。
  Windows 10 Pro ／ macOS Big Sur ／ iOS 14.5 ／ Android 10

- インターネットの情報については、URL や画面などが変更されている可能性があります。ご注意ください。

以上の注意事項をご承諾いただいた上で、本書をご利用願います。これらの注意事項をお読みいただかずに、お問い合わせいただいても、技術評論社および著者は対処しかねます。あらかじめご承知おきください。

■本書に掲載した会社名、プログラム名、システム名などは、米国およびその他の国における登録商標または商標です。本文中では ™、® マークは明記していません。

①

これだけは知っておきたい!
Wi-Fi の基本技

Q 001 Wi-Fiって何？

A 無線LANの相互接続に関する商標です。

Wi-Fiとは、家庭内やオフィスなどの比較的狭い範囲での利用を前提として設計された無線による通信技術（無線LAN）に関する商標です。Wi-Fi Allianceという業界団体によって管理されており、同団体によって、無線LANの国際標準規格「IEEE802.11シリーズ」に対応した機器同士の相互接続が認められた場合に、メーカーはWi-Fiのロゴマークを使用できます。つまり、Wi-Fiのロゴマークを備えた機器同士は、他社製品でも相互接続が行えることが保証されるというわけです。

Wi-Fiは、スマートフォンなどの携帯電話で採用されている5Gや4G／LTEなどと同じ無線で情報のやり取りを行う技術ですが、出力が弱いという特徴を持っています。Wi-Fiの電波到達範囲は、見通しがよい場所で通常25m程度、最大で100mほどとなっており、1kmを超える範囲をカバーできる携帯電話の技術とは電波到達範囲が大きく異なります。

また、Wi-Fiは、通常「アクセスポイント」と呼ばれる機器を介して、家庭内や企業内に構築されたネットワークに接続します。アクセスポイントとは、携帯電話でいうところの基地局のようなものです。アクセスポイントは、家庭内や企業内のネットワークの入り口となり、そのネットワーク内にある機器同士でさまざまなデータのやり取りを実現します。

たとえば、スマートフォンであれば、Wi-Fiを利用することで携帯電話会社と契約したデータ通信のパケット容量を気にすることなく、動画サービスなどのインターネットで提供されているさまざまなサービスを楽しむことができます。ほかにもネットワーク内にある共有プリンターで写真の印刷を行ったり、Wi-Fi対応プリンターに直接接続して印刷を行ったりすることもできます。また、パソコンであれば、ファイル共有を行うこともできます。

Wi-Fiは、スマートウォッチやスマートフォン、タブレット、ゲーム機、ノートパソコンなどに標準で搭載されているほか、冷蔵庫やTV、Blu-ray Discレコーダーといった家電にも搭載されています。Wi-Fiは、厳密には数ある無線LANの方式の1つですが、事実上の標準仕様となっており、世界中に広まっています。このため、Wi-Fiと無線LANは同じものと考えてもらっても差し支えありません。

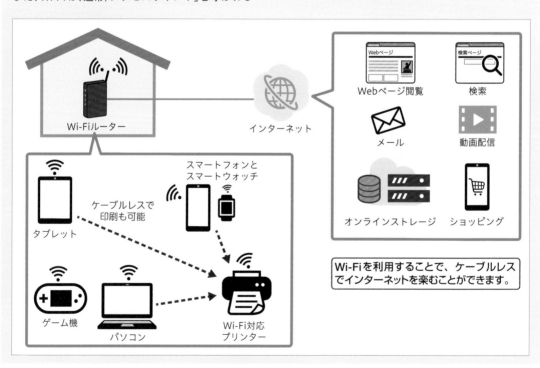

Wi-Fiを利用することで、ケーブルレスでインターネットを楽しむことができます。

Q002 Wi-Fiは何て読むの？

A 「わいふぁい」と読みます。

日本国内ではWi-Fiを「わいふぁい」と発音するのが一般的ですが、海外では「うぃふぃ」と発音する国もあります。「わいふぁい」という発音は、主にアメリカやイギリスなどの英語圏で使用されています。

一方で「うぃふぃ」は、フランス語圏などヨーロッパの一部の国で使用されています。たとえば、フランスではWi-Fiは「うぃふぃ」と発音されています。また、スペインやオランダ、ポーランド、フィンランド、ノルウェーなどでも「うぃふぃ」と発音するケースが多く、国によっては、「わいふぁい」と発音する場合もあるようです。

Wi-Fiは、「わいふぁい」と「うぃふぃ」の2種類の発音が国際的な主流であるため、どちらで発音しても間違いではありませんが、日本国内では、「わいふぁい」と発音するのがとおりがよいでしょう。

Q003 Wi-Fiは何の略？

A 「Wireless Fidelity」の略です。

Wi-Fiは、「Wireless Fidelity（ワイヤレス フィディリティ」の略とされており、直訳すると「忠実な無線（機）」という意味になります。

無線LANの黎明期において、同じ技術を採用していても他社製品との相互接続が保証されていなかったり、自社の製品でも新しい製品と旧型の製品で相互接続に問題が発生したりといった問題がありました。Wi-Fiはこの課題の解消を目的に商標化されたという経緯があります。Wireless Fidelityの「忠実な」という意味には、これらの課題を解消し、相互接続を保証するといった意味合いが込められているのではないかと推測されます。

なお、Wireless Fidelityという言葉は、Wi-Fiという名称を決めたあとに、やはり何か意味が必要だということで、後付で決められたとされています。

Q004 Wi-Fiと無線LANは違うの？

A 厳密には違いますが、事実上は同じと考えて差し支えありません。

無線LANは、ケーブルレスでLANを構築する技術の総称です。このため、国際標準規格、独自方式を問わずケーブルレスでネットワークを構築できるLAN技術であれば、それらはすべて無線LANとなります。

一方でWi-Fiは、前ページで解説したとおり、IEEE802.11シリーズを採用した無線LAN機器でもWi-Fi Allianceの認定試験をパスしていない機器は、Wi-Fiを名乗ることはできません。

ただし、現在一般的に使用されている無線LAN機器は、通信技術にIEEE802.11シリーズを採用しており、その多くがWi-Fi Allianceの認定試験をパスしています。このため、厳密には異なる両者ですが、事実上は同じものと考えてもよいでしょう。

Q005 Wi-FiとBluetoothは違うの？

A 両者ともに無線通信の技術ですが異なる技術です。

Wi-FiはIEEE802.11シリーズ準拠の無線通信技術を採用していますが、BluetoothはIEEE802.15.1準拠の無線通信技術を採用しています。つまり、Wi-FiとBluetoothは、同じ無線通信の技術ではありますが、異なるものです。

Wi-Fiは、LANを無線によって置き替えることを基本的な目的としています。一方でBluetoothは、Wi-Fiよりも消費電力が低く、応用範囲が広い無線技術です。たとえば、Bluetoothを使えば、マウスやキーボード、スピーカー、ヘッドセット、マイクなどを対応機器に接続できます。ちなみに、PAN（Personal Area Network）と呼ばれるWi-Fiに似た使い方もサポートしていますが、最大転送速度がWi-Fiよりも遅いため、あまり普及していません。

Wi-Fiの基本

Wi-Fiの便利技

Wi-Fiの快適技（モバイル）

ルーターの基本

ファイル共有とクラウド

音楽／動画の活用

リモートデスクトップの活用

VPNの活用

ツールの活用

Q 006 スマートフォンでも Wi-Fiは使えるの？

A Wi-Fiはスマートフォンに標準搭載されています。

スマートフォンは、携帯電話会社が提供しているデータ通信機能を使用することで、携帯の電波が飛んでいる場所ならどこからでもインターネットを楽しめます。しかし、スマートフォンが備えているデータ通信機能の利用には、通話料金などとは別にパケット料金が必要です。また、パケット料金は、料金プランによって最大速度で使用できる月当たりのデータ容量が決められているほか、契約プランのデータ容量を超えた場合、追加のデータ容量を有料で購入しない限り通信速度が制限されることが一般的です。このため、Wi-Fiは、パケットの消費を軽減するためのデータ通信機能として初期のスマートフォンから標準搭載されています。

インターネットの利用に必要なデータ通信機能をWi-Fiで代替することによって、パケットの消費を抑え、契約プランのパケット容量を超え難くしたり、契約プランのパケット容量を超えた場合でもWi-Fiを利用することで、パケットと同等以上の速度を利用できる通信環境を用意したというわけです。なお、Wi-Fiは、スマートフォンだけでなく、タブレットやノートパソコンなどにも標準搭載されています。

設定	
✈ 機内モード	
📶 Wi-Fi	Taro_home >
Bluetooth	オン >
モバイル通信	>
インターネット共有	オフ >
通知	>
サウンドと触覚	>
おやすみモード	>
スクリーンタイム	>
一般	>
コントロールセンター	>
画面表示と明るさ	>
ホーム画面	>
アクセシビリティ	>

iPhoneの設定画面。Wi-Fiを備えているため、そのための設定項目が表示されています。Wi-Fiを利用できるプライベートな自宅などで一度設定を行ってしまえば、一般的には次回から自動で利用できます。

Q 007 Wi-Fiはいくらかかるの？

A ケースバイケースで異なります。

Wi-Fiを利用するためにかかる諸経費は、ケースバイケースです。たとえば、自宅でWi-Fiを用いてインターネットを利用するには、インターネット接続サービスを契約した上でWi-Fiルーターと呼ばれる機器を用意しなければなりません。インターネット接続サービスは、月額固定料金で提供されており、通常、4,000円～6,000円程度で提供されています。

Wi-Fiルーターは、家電量販店やネット通販などで購入できるほか、インターネット接続サービスを契約するときにレンタルできます。販売価格は、3,000円前後～30,000円程度までと幅広く、基本的に高価な製品ほどWi-Fiの最大通信速度が速く高機能です。レンタルで使用する場合は、インターネット接続サービスの料金に加え、月額600円前後のコストがかかります。

なお、こうした費用は、パソコンなどがWi-Fiを備えている場合です。機器がWi-Fiを備えていない場合は、Wi-Fiアダプターと呼ばれる機器を別途購入する必要があります。パソコン用のWi-Fiアダプターは安価な製品なら2,000円前後で購入できます。

外出先でWi-Fiを利用するときは、通信料金が必要になるケースとそうでないケースがあります。通信料金が必要なケースは、公衆無線LANサービスと呼ばれるインターネット接続サービスを利用するときです。公衆無線LANサービスは、サービス提供業者が設置したWi-Fiアクセスポイントに接続することで、インターネットが利用できます。6時間、24時間、3日、1週間などの利用期間制限が付いたワンタイムプランや月額定額プランなどが用意されています。ワンタイムプランは、利用期間に応じて400円前後から2,000円前後の価格になります。なお、NTTドコモやau、ソフトバンクなどの携帯キャリアで提供されている公衆無線LANサービスは、そのキャリアで契約中のスマートフォンなら無料で利用できることが一般的です（楽天モバイルは、有償提供のみ）。一方で飲食店やホテルなどの施設では、独自のWi-Fiサービスを提供しているケースが多くあります。これらのサービスは、基本的に無料で利用できます。

Q 008 Wi-Fiを利用するには何が必要なの？

A Wi-Fiルーターが必要です。

Wi-Fiを利用するには、通常、Wi-Fiのアクセスポイント機能を備えた機器が必要です。Wi-Fiのアクセスポイント機能とは、有線LANやWi-Fi機器同士の間に入って、シームレスなデータのやり取りを実現するものです。たとえば、Wi-Fiのデータを有線LANに中継したり、有線LANから受け取ったデータをWi-Fiの機器に中継したり、同じアクセスポイントに接続している別のWi-Fi機器にデータを中継したりといったデータの中継機能を提供します。このため、Wi-Fiではアクセスポイント機能を備えた機器を「親機」と呼び、アクセスポイントに接続する機器を「子機」と呼ぶこともあります。

Wi-Fiのアクセスポイント機能は、通常、Wi-Fiルーターに標準で備わっているほか、ルーター機能を持たず、アクセスポイント機能のみを備えた機器も少数ですが販売されています。家庭内で利用する場合は、設置も手軽で設定も簡単なWi-Fiルーターを使用するのがお勧めです。なお、Wi-Fiには、アクセスポイントを介さずにWi-Fi機器同士で直接データのやり取りを行う方法も用意されています。インターネットを利用する必要がない場合や、有線LANに接続されている機器とのデータのやり取りを行う必要がない場合は、アクセスポイントを利用しなくてもデータのやり取りが行えます。なお、本書では、断りがない限り、Wi-FiのアクセスポイントなどのWi-Fiネットワークに接続することを「Wi-Fiに接続する」と表記しています。

Wi-Fiのアクセスポイント機能を備えたWi-Fiルーター。ルーター機能を備えない製品も少数ですが、販売されています。写真はバッファローが販売している「WXR-5700AX7S」。

Q 009 Wi-Fiルーターってどんな機器なの？

A データの中継機能を備えた機器です。

Wi-Fiルーターは、データを目的の機器に届けるための中継機能を備えた機器です。Wi-Fiルーターを利用する目的は大きく2つあります。

1つはルーターとしての役割です。ルーターとは、インターネットと家庭内のネットワークといった異なるネットワーク同士を接続するために使用される機器です。これらの異なるネットワークの間に入って、家庭内の機器からインターネットにデータを送り出したり、インターネットから受け取ったデータを家庭内の目的の機器に対して送ったりする機能を提供します。

Wi-Fiルーターのもう1つの役割が、Wi-Fiのアクセスポイントしての機能です。この機能は、パソコンやスマートフォンなどのWi-Fiを備えた機器から送られたデータを同じアクセスポイントに接続された別のWi-Fi機器や有線LANに接続された機器に送ったり、またその逆の機能を提供したりします。

Wi-Fiルーターは、ルーターとWi-Fiのアクセスポイントというそれぞれ単体の機能のみで販売されている機器を1つにまとめた1台2役の便利な機器です。

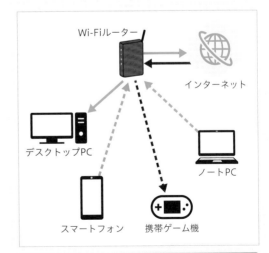

Wi-Fiルーターは、ルーター機能とWi-Fiのアクセスポイント機能の両方を備えた機器です。有線LANやWi-Fi、インターネットを問わず、データを目的の機器に届けるための機能を提供します。

Q 010 IEEEって何？

A 米国に本部を置く技術標準化機関です。

IEEE（Institute of Electrical and Electronics Engineers）は、アメリカに本部を置く電気情報工学分野の学術研究団体／技術標準化機関です。IEEEは、日本国内では「米国電気電子学会」とも呼ばれ、"アイトリプルイー"と読みます。技術標準化機関であるIEEEの対象分野は非常に幅広く、通信／電子／情報工学とその関連分野におよんでいます。本書で取り扱っている有線LANやWi-Fi（無線LAN）などのネットワーク関連技術の標準化は、IEEE802 Working Groupによって行われています。

IEEE802の「802」という数字は、1980年2月に設立されたことにちなんで名付けられたとされています。有線LANの技術は、「IEEE802.3」シリーズで標準化されており、Wi-Fiなどの無線LANの技術は、「IEEE802.11」シリーズで標準化されています。

日本ではIEEEのジャパンオフィスがあり、IEEEの情報を知ることができます（https://jp.ieee.org/）。

Q 011 a、b、g、n、ac、axのどれを選べばよいの？

A 最大通信速度が速いのはaxです。

Wi-Fi（無線LAN）の通信規格は、最初に標準化されたIEEE802.11をベースに拡張が続けられており、標準化された拡張規格は、「.11」の次にアルファベットの文字をプラスする形で表記されています。現在のところ、IEEE802.11a／IEEE802.11b、IEEE802.11g、IEEE802.11n、IEEE802.11ac、IEEE802.11axの順に拡張が施され、通信速度の高速化が図られています。たとえば、最新の通信規格であるIEEE802.11axの理論上の最大通信速度は「9.6Gbps」です。1つ前に標準化されたIEEE802.11acと比較して約1.5倍の最大速度を実現しています。

また、Wi-FiなどのIEEE802.11シリーズに対応した機器は、それ以前の通信規格との後方互換性も備えるという特徴もあります。たとえば、IEEE802.11ax対応の機器は、それ以前に標準化された通信規格（IEEE802.11a／IEEE802.11b、IEEE802.11g、IEEE802.11n、IEEE802.11ac）のすべてに対応しています。IEEE802.11axによる通信は、

IEEE802.11ax対応機器同士以外では行えませんが、古い機器に接続した場合でもそれ以外の通信規格を用いて通信を行えるように設計されているというわけです。このため、最新の通信規格に対応した機器を購入したことによって、古い機器との通信が行えなくなるということはありません。これから製品を購入するのであれば、少なくともIEEE802.11ac対応機器を購入したいところです。予算が許すのであれば、最新規格のIEEE802.11ax対応の機器が速度面から見た場合のお勧めです。

● IEEE802.11 シリーズの通信規格と最大速度

規格名	周波数帯	最大通信速度
IEEE802.11	2.4GHz	2Mbps
IEEE802.11a	5GHz	54Mbps
IEEE802.11b	2.4GHz	11Mbps
IEEE802.11g	2.4GHz	54Mbps
IEEE802.11n	2.4GHz／5GHz	72.2〜600Mbps（理論値）
IEEE802.11ac	5GHz	433.3〜6.93Gbps（理論値）
IEEE802.11ax	2.4GHz／5GHz	1.2〜9.6Gbps（理論値）

Q 012　n、ac、axに対応した製品では最大通信速度が違うの？

A はい。購入する機器によって異なります。

IEEE802.11n／ac／axの通信規格に対応した製品では、購入する機器によって最大通信速度が異なります。これは、「チャンネルボンディング」と呼ばれる技術と「MIMO（Multiple-Input and Multiple-Output）」などの通信技術を用いて通信速度の高速化を図っているためです。

チャンネルボンディングとは、隣り合う2つの無線チャンネルを束ねて1つのチャンネルと見なすことで通信速度を高速化する技術です。IEEE802.11シリーズでは、通常、1チャンネル当たり「20MHz」の帯域幅を利用して通信を行っていますが、チャンネルボンディングを利用すると隣り合う複数のチャンネルを束ねるので「40MHz」や「80MHz（5GHz帯のみ）」、「160MHz（5GHz帯のみ）」といった帯域幅で通信が行えます。これによって、40MHzでは20MHz時の約2倍、80MHzでは約4倍、160MHzでは約8倍の速度で通信が可能になります。

MIMOとは、複数のアンテナを同時に利用して通信を行うことで通信速度を高める技術です。たとえば、アンテナ1本に対して、通信に利用する無線チャンネルを1つ割り当てた場合、アンテナ2本を利用して同時に通信を行えば、2つのチャンネルで同時に通信できます。こうすることで、通信速度が2倍に向上し、3本なら3倍、4本なら4倍に向上します。IEEE802.11n／ac／ax対応機器の最大通信速度が製品よって異なっているのは、これが理由です。通常、安価な製品ほど同時利用できるアンテナの総数が少なく、高価な製品ほど多くのアンテナを備えています。

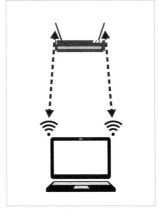

MIMOでは複数のアンテナを同時に利用して通信速度を向上させます。理論上、2本のアンテナなら2倍、3本のアンテナなら3倍の速度向上を実現できます。

Q 013　Wi-Fi 6について知りたい！

A Wi-Fi 6は第6世代のWi-Fi規格であり、IEEE802.11axと同じものです。

Wi-Fi機器では、長らく通信速度などに直結する通信規格（通信技術）については、「IEEE802.11ax」や「11ax」などように規格名をそのまま利用したり、略称を利用したりして、製品パッケージなどに表記してきました。しかし、これらの製品の説明方法は、Wi-Fiなどの技術に詳しい人にはそれが何かということが理解できても、Wi-Fiに興味がない人から見ると、それが第何世代の製品なのか、それがどういったものなのかがわかりにくく、名称も長くて覚えにくいなどの声が多くありました。そこで、Wi-Fiの普及を目的とする業界団体のWi-Fi Allianceは、2019年より通信規格を「Wi-Fi＋世代番号」の組み合わせで呼ぶように定めました。具体的には、現在の最新規格であるIEEE802.11ax を「Wi-Fi 6」、1世代前のIEEE802.11ac を「Wi-Fi 5」、2世代前のIEEE802.11n を「Wi-Fi 4」と呼ぶこととなっています。最新世代のIEEE802.11axがWi-Fi 6となったのは、最初に策定されたIEEE802.11（アルファベットはありません）から数えて、IEEE802.11axが6世代目に当たるからです。

世代	規格名	Wi-Fiの名称
第6世代	IEEE802.11ax	Wi-Fi 6
第5世代	IEEE802.11ac	Wi-Fi 5
第4世代	IEEE802.11n	Wi-Fi 4
第3世代	IEEE802.11g	-
第2世代	IEEE802.11a/b	-
第1世代	IEEE802.11	-

Wi-Fiの基本

Wi-Fiの便利技

Wi-Fiの快適技（モバイル）

ルーターの基本

ファイル共有とクラウド

音楽／動画の活用

リモートデスクトップの活用

VPNの活用

ツールの活用

Q 014 Wi-Fi 6に対応している機器が知りたい!

A 5G対応のハイエンドスマートフォンやハイエンド向けのWi-Fiルーターが対応しています。

Wi-Fi 6は、本格的な製品展開が始まったのが2019年後半からです。このため、対応製品は増加してきていますが、現状では、販売価格が高いハイエンド向けの製品から順次対応を行っているという状況にあります。たとえば、パソコンの場合は、エントリー向けの低価格な製品は対応しておらず、ミドルレンジ以上の製品でWi-Fi 6の対応が行われているケースが多く見られます。また、Androidスマートフォンは、ハイエンド向けの5G対応の製品でのみ対応しています。iPhoneは、iPhone11／12シリーズと第2世代のiPhone SEが対応しています。Wi-Fiルーターも基本的には、各社のフラッグシップモデルでサポートされており、メーカーによっては価格を抑えた下位モデルを用意しているケースもあります。

このようにWi-Fi 6は、まだ普及途上にあります。現状では、パソコンの対応がもっとも進んでおり、スマートフォンなどのほかの製品では、ハイエンド向け製品でのサポートに留まっているという状況です。Wi-Fi 6は、今後、コストダウンが進むことで、より多くの製品でサポートが進むと予想されます。

Wi-Fi 6対応のエントリー向けのWi-Fiルーター。写真は、NECのAterm WX3000HP。

Q 015 SSIDとは?

A Wi-Fiにおけるアクセスポイントの「識別名」です。

電波によって通信を行うWi-Fiは、交信可能な範囲内に複数のアクセスポイントやWi-Fi機器があると、どのアクセスポイントに接続すればよいのかわからなくなるほか、複数の機器と交信可能になる混信状態になってしまう可能性もあります。SSID（Service Set Identifier）は、このようなことが発生しないようにするために用意された「識別名」です。Wi-Fiでは、この識別名（SSID）をもとに、接続先アクセスポイントの選択を行ったり、共通のSSIDを設定した機器同士の間でデータの送受信を行ったりできます。このため、SSIDはアクセスポイントの識別名やネットワーク識別名とも呼ばれます。

SSIDは、半角英数字で最大32文字の任意の名称を設定できます。通常、Wi-Fiのアクセスポイント側でのみSSIDの設定を行います。パソコンやスマート

フォンなどのアクセスポイントに接続を行う側の機器（クライアント側）は、特別なケースを除き、SSIDの設定を行う必要はありません。また、SSIDは、周波数帯（2.4GHz／5GHz）ごとに設定が行え、それぞれ名称を変えることができます。

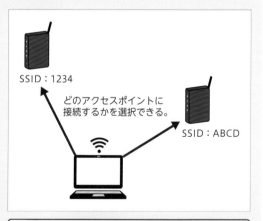

SSID：1234

どのアクセスポイントに接続するかを選択できる。

SSID：ABCD

SSIDによって接続先のアクセスポイントを選択できます。また、2.4GHzと5GHzの周波数帯を利用する場合、各名称は変えることをお勧めします。

Q 016 SSID (a) とSSID (g) は何が違うの？

A Wi-Fiの周波数帯域が異なります。

Wi-Fiでは、2.4GHz帯と5GHz帯の2種類の周波数帯域が利用されており、両対応のWi-Fiルーターでは、接続先のSSIDが2.4GHz帯と5GHz帯のどちらかがわかるように別々のSSIDが設定されています。通常、SSID (a) などのように「a」の文字が目立つように表示されているときは"5GHz帯"を利用していることを指し、SSID (g) のように「g」の文字が目立つように表示されているときは、"2.4GHz帯"を利用していることを指します。Wi-Fiルーターの工場出荷時のSSIDはメーカーによって異なりますが、通常、上記のように「a」や「g」の文字が目立つように設定してあり、どちらの周波数帯のWi-Fiに接続するかをユーザー側が選択できるようになっています。このように工場出荷時のSSIDが設定されているのは、IEEE802.11aが5GHz帯、IEEE802.11gが2.4GHz帯専用の通信規格だったことに由来すると考えられます。

Q 017 暗号化キーとは？

A パスワードのようなものです。

家庭内などで利用されるWi-Fiに施されているセキュリティは、「事前共有キー」と呼ばれる仕組みを用いています。事前共有キーとは、パスワードや暗証番号に相当するものです。接続される側（アクセスポイント）と接続する側（パソコンやスマートフォンなど）の両方が、同じ事前共有キーを使用している場合のみに通信が行える仕組みです。

暗号化キーは、この事前共有キーと同じもので、呼び方が違うだけです。事前共有キーは、メーカーによってさまざまな呼び方がなされています。たとえば、「WPA-PSK（事前共有キー）」や「WPA暗号化キー（PSK）」、「ネットワークセキュリティキー」「パスワード」「パスフレーズ」などの呼び方があります。なお、本書では、事前共有キーをとくに断りがない限り、「暗号化キー」と表記しています。

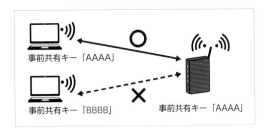

事前共有キー「AAAA」

事前共有キー「BBBB」　　事前共有キー「AAAA」

> セキュリティが施されたWi-Fiでは、通常、アクセスポイントと同じ事前共有キーが設定された機器（パソコンなど）のみが接続できます。

Q 018 ネットワークセキュリティキーについて知りたい！

A 暗号化キーと同じものです。

ネットワークセキュリティキーは、Windowsで用いられている暗号化キーの呼称で、Wi-Fiのアクセスポイント接続時に利用されるパスワードのようなものです。MacやiPhone、iPadなどのApple製の機器では、ネットワークセキュリティキーを「パスワード」と呼称しており、Androidスマートフォンでも同様にパスワードと呼称しています。

なお、ネットワークセキュリティキーは、「WPA-PSK（事前共有キー）」や「WPA暗号化キー（PSK）」、「パスフレーズ」などほかの呼称もあります。

> Windowsでは、Wi-Fiアクセスポイント接続時に必要な暗号化キーを「ネットワークセキュリティキー」と呼称しています。

Wi-Fiの基本

Wi-Fiの便利技

Wi-Fiの快適技（モバイル）

ルーターの基本

ファイル共有とクラウド

音楽／動画の活用

リモートデスクトップの活用

VPNの活用

ツールの活用

セキュリティの基礎知識　重要度 ★★★

Q 019 PINコードについて知りたい！

A 暗号化キーを知らなくてもWi-Fiに接続できるようにするための暗証番号です。

家庭などで使用されるWi-Fiのアクセスポイントでは暗号化キーが知られてしまうと、誰でも自由にそのアクセスポイントに接続できてしまうというセキュリティ上の課題があります。そこで考えられたのが、暗号化キーを知らなくても（入力しなくても）、目的のアクセスポイントに接続できるようにする設定方法です。PINコードは、このときに使用される設定方法の1つです。

Wi-Fiルーターとの接続設定を行うときに、暗号化キーを入力するのではなく、PINコードという暗証番号に相当する別のコードを入力し、接続設定を行えます。PINコードを用いた設定方法は、対応した機器同士でのみ行えます。

なお、このような暗号化キーを知らなくてもWi-Fiアクセスポイントへの接続設定を行う方法には、プッシュボタン方式という方式も用意されており、現在では、手軽なプッシュボタン方式を利用するのが主流です。

接続の基礎知識　重要度 ★★☆

Q 020 Wi-Fiの速度について知りたい！

A Wi-Fiの実効速度は利用環境によって違いが出ます。

Wi-Fiの規格上の最大通信速度はWi-Fi 6（IEEE802.11ax）の9.6Gbpsですが、Wi-Fi 4（IEEE802.11n）以降のWi-Fi機器は、チャンネルボンディングやMIMO（Multiple-Input and Multiple-Output）などの通信技術を用いて高速化を図っているため、実際の製品の最大通信速度は、機器が備える送信／受信アンテナの本数によって異なります。

たとえば、現在販売されているもっとも高速なWi-Fi 6対応のWi-Fiルーターは、送信8本、受信8本のアンテナを備え、「4804Mbps」の最大通信速度を実現した製品で、Wi-Fi 6の理論上の最大速度を実現した製品は登場していません。

また、エントリー向けのWi-Fi 6対応のWi-Fiルーターの場合は、送信2本、受信2本のアンテナを内蔵し、2402Mbpsの最大速度を実現した製品が主流となっています。

電波で通信を行うWi-Fiは、電波強度や設置環境の影響を受けやすく、スペック上の最大通信速度と実効速度に違いがあることにも留意する必要があります。というのもWi-Fiでは、あらかじめ決められている周波数帯域をすべての利用者でシェアしています。このため、自分以外の利用者の影響を受けやすい機器です。Wi-Fiでは利用者が自分以外に存在しないという環境であれば、すべての帯域を独占して使用できるため通信速度がスペック上の最大速度に近づきます。しかし、同じ周波数帯の利用者が多くなるほど、その利用者の影響を受け通信速度が低下します。携帯電話（スマートフォン）のデータ通信でも場所や時間帯によって通信速度が目に見えて遅くなることがありますが、それと同じような現象がWi-Fiでも発生するというわけです。ちなみに、2.4GHz帯のWi-Fiを利用している場合は、電子レンジなどの家電製品などから発生する電波の影響（ノイズ）によって速度が低下する場合もあります。

このようにWi-Fiは、設置環境の周囲でどの程度Wi-Fiが使われているかなどの外的要因によって、実行速度は大きく変化することを覚えておいてください。

TP-Linkの「Archer AX6000」。最大通信速度は5GHz帯が4804Mbps、2.4GHz帯が1148Mbpsを実現しています。

Q021 WPSについて知りたい！

A 暗号化キーを知らなくてもWi-Fiに接続できるようにするための設定方法です。

WPS（Wi-Fi Protected Setup）は、Wi-Fi Allianceが策定したWi-Fiのアクセスポイントへの接続設定の方法です。Wi-Fiアクセスポイントへの接続設定は、通常、パソコンやスマートフォンなどの機器で接続先アクセスポイントのSSIDを選択後、暗号化キーを入力しなければなりません。WPSでは、この暗号化キーを入力することなく、アクセスポイントへの接続設定が行える点が特徴です。

WPSには、PINコード方式とプッシュボタン方式の2種類が規定されています。PINコード方式は、暗号化キーを入力する代わりに「PINコード」という暗号化キーとは別の暗証番号に相当するコードを入力して接続設定を行います。対して後者のプッシュボタン方式は、暗号化キーを入力する代わりに、アクセスポイントに備わっている「WPSボタン」を数秒間押すことで接続設定を行います。

いずれの方法も「アクセスポイント」「アクセスポイントに接続する機器」の両方がこの方式に対応している必要があります。

現在のWi-Fiルーターは、WPSのプッシュボタン方式に対応している製品が主流です。また、Windowsパソコンに備わっているWi-Fi機能やパソコン用のUSB接続のWi-Fi機器は、プッシュボタン方式に標準対応しており、一部の機器ではPINコードも利用できます。一方で、スマートフォンやタブレットは、対応がまちまちです。

Wi-Fiルーターにプッシュボタンが備わっている場合、WPSのプッシュボタン方式による接続設定が行えます。写真はNECの「Aterm WX3000HP」。

Q022 AOSSについて知りたい！

A バッファローが開発したWi-Fiの簡単設定の方式です。

AOSS（AirStation One-Touch Secure System）は、大手周辺機器メーカー、バッファローが開発したプッシュボタンを用いてWi-Fi機器の接続設定を行う方法です。AOSSは、同社製のWi-Fiルーター／アクセスポイントに搭載されており、AOSSに対応した機器との間で暗号化キーを入力することなく接続設定を行えます。AOSS対応機器は、日本国内では比較的多く存在しています。PS4やWii、ニンテンドー3DSなどのゲーム機が対応しているほか、キヤノンやエプソンのWi-Fi搭載プリンターなどでもAOSSによる設定に対応しています。また、バッファローが無償配布している設定ツール「Client Manager」を利用すると、他社製のWi-Fiが搭載されたパソコンからも、AOSSを利用した設定が行えます。

AOSSは、実際の設定方法も非常に簡単です。最初にアクセスポイントに接続したい機器のWi-Fiの設定画面を開き、AOSSによる設定の開始ボタンを押します。続いてバッファロー製のWi-Fiルーターに備わっているAOSSボタンを押してAOSSによる設定を開始し、設定が完了するまで待ちます。設定操作はこれだけです。初心者でも、難しい操作を行うことなく、手軽に設定できます。なお、AOSSは、WPSのプッシュボタン方式やPINコード方式による設定方法と共存可能です。このため、バッファロー製のWi-Fiルーターは、AOSSによる設定だけでなく、WPSによる設定にも対応しています。

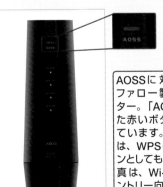

AOSSに対応するバッファロー製のWi-Fiルーター。「AOSS」と書かれた赤いボタンが、備わっています。AOSSボタンは、WPSのプッシュボタンとしても機能します。写真は、Wi-Fi 6対応のエントリー向け製品「WSR-5400AX6-MB」。

Wi-Fiの基本

Wi-Fiの便利技

Wi-Fiの快適技（モバイル）

ルーターの基本

ファイル共有とクラウド

音楽／動画の活用

リモートデスクトップの活用

VPNの活用

ツールの活用

Q 023 AOSS2について知りたい！

A スマートフォンなどからWi-Fi／インターネット接続の設定を行える仕組みです。

AOSS2は、バッファローが開発したパソコン不要でWi-Fiの接続設定とインターネットの接続設定を行える仕組みです。従来のAOSSは、同社製Wi-Fiルーター／アクセスポイントとAOSS対応機器の接続設定のみを行う機能であったため、Wi-Fiルーターのインターネット接続の設定は、パソコンを利用して別途行う必要がありました。また、iPhoneやiPadは、もともとAOSSやWPSに対応していません。AOSS2

ではこれを改め、新たにiPhoneやiPad、Androidスマートフォン／タブレットとの接続設定を「AOSS2キー」と呼ばれる暗証番号を用いて簡単に行えるようにすると同時に、Wi-Fiルーターのインターネット接続に関する設定も行えるようになっている点が特徴です。

パソコンを利用しなくてもiPhoneやAndroidなどのスマートフォンで設定を行えるようにしたAOSS2。AOSS2では、AOSS2キーと呼ばれる3桁の暗証番号を用いて設定を行えるようになっています。

Q 024 らくらく無線スタートについて知りたい！

A NEC プラットフォームズが開発したWi-Fiの簡単設定の方式です。

らくらく無線スタートは、NEC プラットフォームズが開発し、同社の製造するWi-Fiルーター／アクセスポイント製品（AtermシリーズとそのOEM製品）に搭載されている自動設定機能です。WPSのプッシュボタン方式やバッファローのAOSSなどと同様にプッシュボタンを用いることで、アクセスポイントへの接続設定を行えます。対応機器同士でのみ利用できる設定方法ですが、アクセスポイントとの接続設定を行う際に暗号化キーを入力する必要がなく、設定用のプッシュボタン（らくらくスタートボタン）を

押すだけで簡単に接続設定を行える点が特徴です。らくらく無線スタート対応機器は、日本国内には比較的多く存在しており、PS4やWii、ニンテンドー3DSなどのゲーム機が対応しているほか、キヤノン製やエプソン製のWi-Fi搭載プリンターなどが対応しています。また、NEC プラットフォームズが無償配布しているツール「らくらく無線スタートEX」を利用すると、他社製のWi-Fiが搭載されたWindowsパソコンやMacからも、らくらく無線スタートを利用した設定を行えます。なお、Wi-Fi 6対応製品など、同社の最新Wi-Fiルーターは、WPSのみに対応し、らくらく無線スタート非対応の製品が増えてきています。らくらく無線スタート対応／非対応は、設定に使用するボタンの名称で確認できます。対応製品は、ボタンに「らくらくスタート」と記載されていますが、非対応の製品は「SET」と記載されています。

らくらく無線スタートに対応するNECプラットフォームズ製のWi-Fiルーター「WG2600HP3」。「らくらくスタート」と記載されたボタンが備わっています。

プッシュボタンの名称が「SET」になっている製品は、らくらく無線スタートに対応していません。写真はWi-Fi 6対応のWX3000HP。

Q025 「らくらく無線スタート」と「らくらく無線スタートEX」の違いは?

A らくらく無線スタート対応機器との接続設定に使用するアプリです。

らくらく無線スタートEXは、らくらく無線スタート非対応のWi-Fi機器を利用している環境でも、らくらく無線スタートを使用した簡単設定を行える設定用アプリです。たとえば、ノートパソコンに標準で備わっているWi-Fi機能は、通常、らくらく無線スター

トに対応していません。らくらく無線スタートEXを利用すると、このような環境やUSB接続の他社製のWi-Fiネットワークアダプターを使用している環境などでもらくらく無線スタートを使用した簡単設定を利用できるようになります。らくらく無線スタートEXは、Windows用とMac用が用意されており、中でもWPSに対応してないMacにおけるWi-Fiの接続設定をプッシュボタンで行えるようになるというメリットがあります。らくらく無線スタートEXは、NECのWi-Fiルーターの情報サイト「Aterm Station」のダウンロードページから入手できます。

らくらく無線スタートEXを利用すると、らくらく無線スタート非対応のWi-Fi機器を利用している環境でも、らくらく無線スタートを利用し、画面の指示に従って操作を行うだけでWi-Fiの接続設定を行えます。画面はらくらく無線スタートEXを起動したときのもの。

Q026 Wi-Fiは安全に利用できるの?

A セキュリティ設定をきちんと行うことで安全に利用できます。

Wi-Fiは、電波を傍受されても、情報が漏えいしないために暗号化を核としたセキュリティ技術を備えるほか、Wi-Fiルーターには、不正なアクセスからネットワークを守るための機能も備わっています。これらを適切に利用することでWi-Fiを安全に利用できます。

Wi-Fiのセキュリティの種類には、世代の古い順からWEP、WPA、WPA2、WPA3があり、世代が新しい技術を利用するほどセキュリティが高くなります。また、WPA以降には、家庭向けのPersonalと企業向けのEnterpriseの2種類の方式があり、通常、家庭用のWi-Fiルーターは、Personalのみをサポートしています。

Wi-Fiのセキュリティには、組み合わせる暗号化技術にも複数あります。現在の主流は、WPA以降で組み

合わせることができる「AES」です。AESは、CCMPと表記される場合もあります。また、メーカーによって設定方法も異なっており、セキュリティの種類(メーカーによっては「認証方式」)と暗号化技術を別々に設定する場合や、これらをセットにして1つの項目で設定する場合があります。

セキュリティの設定を行う場合は、WPA／WPA2(パーソナルやPSKなどの単語が含まれる場合もあり)とAES(CCMP)の組み合わせを最低でも選択してください。なお、Wi-Fiのセキュリティは、接続する機器同士で同じ技術が利用できる必要がある点に注意してください。たとえば、最新のWPA3は、古い機器では非対応となっていることも多く存在します。WPA3を含む設定を行い、接続できない場合は、WPA／WPA2に設定を変更して利用してください。また、Wi-Fiルーターには、特定の機器以外からのアクセスを防ぐ「MACアドレスフィルタリング(Q168参照)」、Wi-Fiのアクセスポイント名を隠す「SSIDの隠蔽(Q167参照)」などの機能も備わっています。これらを併用することでセキュリティをアップできます。

Q 027 Wi-Fiを利用するときの注意点は？

A セキュリティを高めるための工夫を忘れずに行いましょう。

電波を利用しケーブルレスで通信を行えるWi-Fiは、非常に便利ですが、便利であるがゆえのリスクも多くあります。このため、Wi-Fiではリスクを考慮し、安易なWi-Fiの設定や使い方を使用しないように日頃から心がける必要があります。

たとえば、Wi-Fiは、電波到達範囲内であれば、どこからでも使用でき、集合住宅などでは近隣の人に自宅のWi-Fiを無断で使用されてしまう可能性があります。このため、Wi-Fiルーター／アクセスポイントとの接続に利用する暗号化キーは、できるだけ複雑なものを利用し、第三者に知られないように管理しておく必要があります。

また、友人など第三者が来訪したとき使用するゲスト用のWi-Fiと家族が使用するWi-Fiを分離しておくといった工夫もお勧めです。この使い方は、マルチSSIDと呼ばれる同じ周波数帯に家族用とゲスト用など2つのSSIDを準備し、それぞれの用途によってSSIDを使い分ける方法です。

マルチSSIDを利用する場合は、「隔離」機能の設定も合わせて行っておくこともお勧めします。隔離とは、特定のSSIDをインターネット接続専用に利用する機能です。隔離機能が設定されたSSIDは、有線LANで接続した機器や、もう1つのSSIDで接続している機器とデータのやり取りを行うことができません。これによって、自宅内のデータの漏えいリスクを減らすことができます。

街なかで使える公衆Wi-Fiもむやみに利用しないことです。近年では、有名企業や公共施設などの信頼できる提供元のWi-Fiになりすました、悪意のあるアクセスポイントによる攻撃が懸念されています。このような悪意あるアクセスポイントに接続してしまうと、通信内容を盗聴されたり、のぞき見されたりするだけでなく、パスワードなどの個人情報を盗まれたり、パソコンを乗っ取られたりすることもあります。とくに無料で使用できるフリーのWi-Fiスポットは、危険が潜んでいる可能性が高いため使用する場合は注意が必要です。フリーのWi-Fiスポットを利用する場合は、暗号化されてないWi-Fiには接続しないように心がけてください。

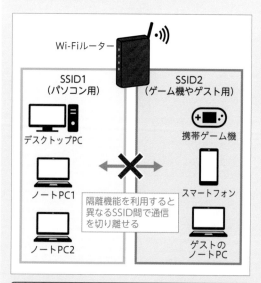

マルチSSIDを利用すると、同じ周波数帯で2つのSSIDを設定し、パソコンとゲーム機や友だちが遊びにきたときに利用するゲスト用など、用途に応じて分けて使用できます。また、隔離機能を合わせて設定すると、隔離機能を設定したSSIDはインターネット接続専用となり、データの漏えいリスクを軽減できます。

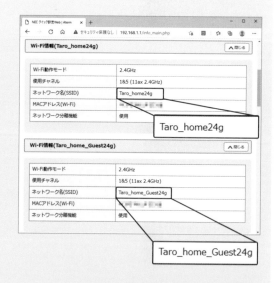

マルチSSIDを設定したときのNEC製Wi-Fi 6対応ルーター「WX3000HP」の情報画面。同じ周波数帯を利用していても異なるSSIDが設定されていることがわかります。NEC製ルーターでは、隔離機能を「ネットワーク分離機能」と呼んでいます。

2

すぐに使える!
自宅や会社で Wi-Fi を
利用する便利技

Wi-Fiの基本

Wi-Fiの便利技

Wi-Fiの快適技
（モバイル）

ルーターの基本

ファイル共有と
クラウド

音楽／動画の活用

リモートデスク
トップの活用

VPNの活用

ツールの活用

Q 028 自宅でWi-Fiを使う方法を知りたい！

A 無線LANルーターを導入しましょう。

自宅に光やADLS、CATVなどのインターネット回線がある場合、Wi-Fi環境を構築するには「無線LANルーター」を導入するのが一般的です。無線LANルーターは「Wi-Fiルーター」とも呼ばれ（以下、Wi-Fiルーター）、Wi-Fi接続と有線LAN接続の両方に対応したネットワーク機器です。Wi-Fiルーターがあれば、パソコン、スマートフォン、ゲーム機など、どのデバイスからも、Wi-Fi経由でのインターネット接続が可能になります。

Wi-Fiルーターは多くのメーカーから、さまざまな製品が発売されていますが、接続できる台数や電波が届く範囲は異なります。自宅の環境に合ったものを選ぶのがよいでしょう。

自宅にWi-Fi環境を作りたい場合は、Wi-Fiルーターを利用するのが一般的です。Wi-Fiルーターは15,000円〜30,000円台を中心に、さまざまなメーカーから発売されています。

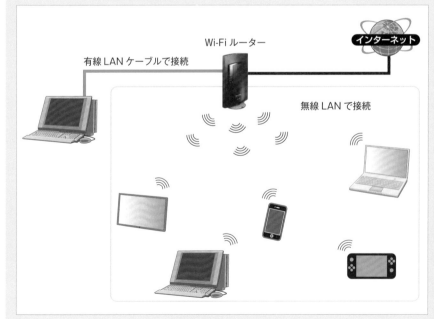

有線LANケーブルで接続　　　Wi-Fiルーター　　　インターネット

無線LANで接続

インターネット回線にWi-Fiルーターを接続すれば、家庭内にあるパソコン、タブレット、スマートフォンにもケーブルレスで接続することができます。

Q 029 Wi-Fi接続の流れを知りたい!

A Wi-Fiルーターの設定を行いデバイスからアクセスしよう。

パソコンやスマートフォンからWi-Fiルーターにアクセスし、インターネットを楽しめるようにするためには、いくつかの設定が必要です。Wi-Fiルーターをインターネットに接続するようにし、Wi-Fi関連の設定を行います。

ONUやモデムとWi-Fiルーターを接続

自宅にある「ONU（光回線終端装置）」やADSLモデムなどインターネット回線とつながる機器とWi-Fiルーターを接続します。

インターネットの設定を行う

Wi-Fiルーターの設定画面から、インターネット接続に関する設定を行います。設定方法は機器やプロバイダーによって異なるため、マニュアルなどで確認しましょう。

Wi-Fiに関する設定を行う

パソコンやスマートフォンからWi-Fiルーターに接続するための、パスワードなどの設定を行います。

Wi-Fiルーターにアクセスする

パソコンやスマートフォンからWi-Fiルーターにアクセスします。これでインターネットに接続できるようになります。

Wi-Fiの基本

Wi-Fiの便利技

Wi-Fiの快適技（モバイル）

ルーターの基本

ファイル共有とクラウド

音楽／動画の活用

リモートデスクトップの活用

VPNの活用

ツールの活用

Q 030 Windowsパソコンを
Wi-Fiに接続したい!

A Windows 10の標準機能で
簡単に接続できます。

1 通知領域の🖵を
クリックすると、

2 Wi-Fiルーターのアクセ
スポイント一覧が表示さ
れます。

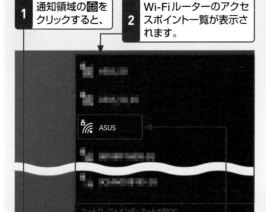

3 自分のWi-FiルーターのSSID(アクセ
スポイントの識別名)をクリックして、

4 <接続>をクリックします。

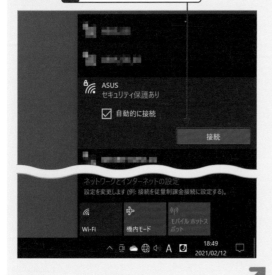

5 設定したパスワードを入力して、

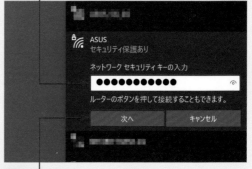

6 <次へ>をクリックします。

7 Wi-Fiルーターへの接続が完了します。

8 ネットワークの状態はWindows設定の<ネット
ワークとインターネット>で確認できます。

左サイドタブ（縦書き）:
Wi-Fiの基本 / Wi-Fiの便利技 / Wi-Fiの快適技（モバイル） / ルーターの基本 / ファイル共有とクラウド / 音楽／動画の活用 / リモートデスクトップの活用 / VPNの活用 / ツールの活用

Q 031 MacをWi-Fiに接続したい！

A メニューバーの
Wi-Fiアイコンから接続できます。

1 メニューバーの 🛜 をクリックして、

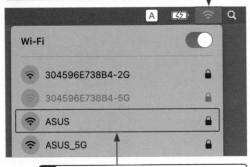

2 自分のWi-FiルーターのSSID（アクセスポイントの識別名）をクリックします。

3 パスワードを入力して、

Wi-Fiネットワーク"ASUS"にはWPA2パスワードが必要です。

連絡先にあなたが登録されていて、このネットワークに接続しているiPhone、iPad、またはMacとこのMacを近づけることでも、このMacはこのWi-Fiネットワークにアクセスできるようになります。

パスワード: ●●●●●●●●●●●

□ パスワードを表示
☑ このネットワークを記憶

? 　　　　　キャンセル　　接続

4 ＜接続＞をクリックします。

5 メニューバーの 🛜 をクリックして、

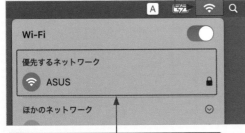

6 「優先するネットワーク」に「ASUS」が表示されていれば正常に接続されています。

7 ネットワーク環境の確認や設定は、＜"ネットワーク"環境設定＞をクリックします。

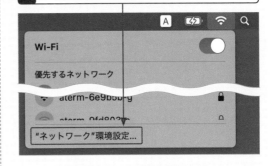

8 ネットワーク画面が表示されるので、IPアドレスの確認や自動的に接続するかの有無などを設定します。

192.168.3.27

9 ＜詳細＞をクリックすると、

10 接続したことのあるネットワーク一覧の確認も可能です。

Q 032 iPhoneをWi-Fiに接続したい！

A 設定のWi-Fiから接続が行えます。

1 ＜設定＞→＜Wi-Fi＞をタップします。

設定

芹澤正芳
Apple ID、iCloud、iTunes StoreとApp S...　>

✈ 機内モード

📶 Wi-Fi　　　　　　　　　未接続 >

🅱 Bluetooth　　　　　　　　オン >

📶 モバイル通信　　　　　　SIMなし >

通知　　　　　　　　　　>

サウンドと触覚　　　　　>

おやすみモード　　　　　>

スクリーンタイム　　　　>

2 ＜Wi-Fi＞の ◯ をタップして ◯ にします。

＜設定　　　　**Wi-Fi**

Wi-Fi　　　　　　　　　　◯

ネットワーク

0C04=05 30+05-20　　🔒 📶 ⓘ

🔒 📶 ⓘ

ASUS　　　　　　　🔒 📶 ⓘ

3 ネットワークの一覧が表示されるので、自分のWi-FiルーターのSSID（アクセスポイントの識別名）をタップします。

4 パスワードを入力して、

"ASUS"のパスワードを入力してください

キャンセル　**パスワードを入力**　接続

パスワード

連絡先にあなたが登録されていて、このネットワークに接続しているiPhone、iPad、またはMacとこのiPhoneを近づけることでも、このiPhoneはこのWi-Fiネットワークにアクセスできるようになります。

5 ＜接続＞をタップします。これで設定は完了です。

Q 033 iPadをWi-Fiに接続したい！

A iPhoneと同じ手順で接続できます。

iPhoneはiOS、iPadはiPadOSと、搭載されるOSは異なりますが、Wi-Fiへの接続方法はほとんど同じです。上記のQ032を参考に接続してください。

若干インターフェースは異なりますが、iPadのWi-Fiへの接続手順はiPhoneとほぼ同じです。

"ASUS"のパスワードを入力してください

キャンセル　**パスワードを入力**　接続

パスワード

連絡先にあなたが登録されていて、このネットワークに接続しているiPhone、iPad、またはMacとこのiPadを近づけることでも、このiPadはこのWi-Fiネットワークにアクセスできるようになります。

Wi-Fiの基本

Wi-Fiの便利技

Wi-Fiの快適技（モバイル）

ルーターの基本

ファイル共有とクラウド

音楽／動画の活用

リモートデスクトップの活用

VPNの活用

ツールの活用

Q 034 Androidスマートフォン／タブレットをWi-Fiに接続したい!

A ネットワークとインターネットから接続の設定ができます。

ここでは、OSにAndroid 10を搭載するROG Phone IIを使用しています。Androidは端末によって、メニューが大きく異なる場合があるので注意してください。

1 <設定>→<ネットワークとインターネット>をタップして、

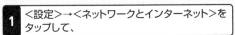

Q	設定を検索

〰️ 　　　　　　　　　　　　　　　∨

📶 ネットワークとインターネット
Wi-Fi、モバイル、データ使用量、アクセス ポイント、SIM

📟 接続済みのデバイス
Bluetooth、NFC

⠿ アプリと通知
アプリの権限、デフォルトアプリ

↓

2 <Wi-Fi>の ⬤ をタップして ●⬤ にします。

← ネットワークとインターネット Q

Wi-Fi
接続されていません　　　　　　　　　●⬤

WiGig
OFF　　　　　　　　　　　　　　　⬤

モバイル ネットワーク
なし

デュアルSIMカード設定

↗

3 アクセスポイント一覧が表示されるので、自分のWi-FiルーターのSSID（アクセスポイントの識別名）をタップします。

← Wi-Fi　　　　　　　🔳 Q ⋮

ON　　　　　　　　　　　　　　　●⬤

📶 ASUS　　　　　　　　　　　🔒

📶 ASUS_5G　　　　　　　　　🔒

↓

4 パスワードを入力して、

← ASUS

電波強度　　　　　　　　　　　非常に強い
セキュリティ　　　　　　　　WPA2-Personal
パスワード

•••••••••••|

◯ パスワードを表示する

詳細設定　　　　　　　　　　　　　　　∨

〰️〰️〰️〰️〰️〰️〰️〰️〰️

　　　　　　　　　キャンセル　[接続]

1	2	3	4	5	6	7	8	9	0
q	w	e	r	t	y	u	i	o	p

5 <接続>をタップします。

↓

6 SSIDに<接続済み>と表示されます。

← Wi-Fi　　　　　　　🔳 Q ⋮

ON　　　　　　　　　　　　　　　●⬤

📶 ASUS
　　[接続済み]　　　　　　　　　⚙️

📶 ASUS_5G　　　　　　　　　🔒

Wi-Fiの基本
Wi-Fiの便利技
Wi-Fiの快適技（モバイル）
ルーターの基本
ファイル共有とクラウド
音楽／動画の活用
リモートデスクトップの活用
VPNの活用
ツールの活用

Wi-Fiの基本

Wi-Fiの便利技

Wi-Fiの快適技
（モバイル）

ルーターの基本

ファイル共有と
クラウド

音楽／動画の活用

リモートデスク
トップの活用

VPNの活用

ツールの活用

Q 035 Nintendo Switchを
Wi-Fiに接続したい！

A インターネット設定から
Wi-Fiに接続できます。

1 HOMEメニューから<設定>→<インターネット>を選び、<A>ボタンを押します。

2 「インターネット設定」が選ばれるので、

3 再度<A>ボタンを押します。

4 アクセスポイント一覧が表示されるので、自分の
Wi-FiルーターのSSID（アクセスポイントの識別名）に移動し、

5 <A>ボタンを押します。

6 パスワードを入力して、

7 <OK>をタッチします。

8 すぐに接続テストがスタートし、問題がなければ
「接続しました。」と表示されます。

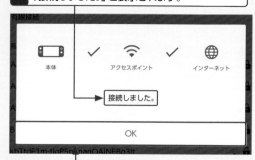

9 <OK>をタッチします。

10 設定メニューの「インターネット」の接続状況に
「Wi-Fiで接続中」と表示されます。

Q 036 Nintendo 3DSを Wi-Fiに接続したい!

A 本体設定のインターネット設定から Wi-Fiにアクセスが可能です。

1 <本体設定>→<インターネット設定>→<インターネット接続設定>とタッチします。

2 <接続先の登録>をタッチします。

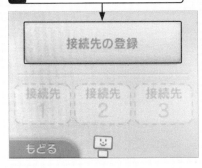

3 <自分で設定する>→<アクセスポイントを検索>とタッチします。

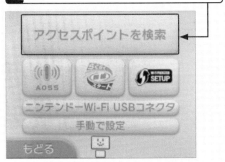

4 アクセスポイント一覧が表示されるので、自分の Wi-FiルーターのSSID(アクセスポイントの識別名)をタッチします。

5 パスワードを入力して、

6 <決定>をタッチします。

7 <OK>をタッチします。

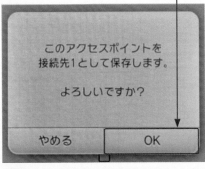

このアクセスポイントを 接続先1として保存します。

よろしいですか?

8 Wi-Fi設定を保存して完了です。 接続テストも行われます。

Wi-Fiの基本

Wi-Fiの便利技

Wi-Fiの快適技 (モバイル)

ルーターの基本

ファイル共有と クラウド

音楽／動画の活用

リモートデスク トップの活用

VPNの活用

ツールの活用

Wi-Fiの基本

Wi-Fiの便利技

Wi-Fiの快適技（モバイル）

ルーターの基本

ファイル共有とクラウド

音楽／動画の活用

リモートデスクトップの活用

VPNの活用

ツールの活用

Q 037　PS4をWi-Fiに接続したい！

A　設定のネットワークからWi-Fiにアクセスできます。

1 設定メニューから＜ネットワーク＞→＜インターネット接続を設定する＞を選択します。

2 ＜Wi-Fiを使う＞を選択し、

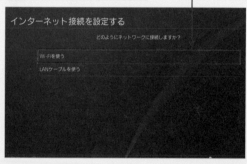

3 ＜かんたん＞を選択します。

4 アクセスポイント一覧が表示されるので、自分のWi-FiルーターのSSID（アクセスポイントの識別名）を選択します。

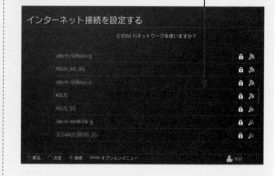

5 パスワードを入力して、

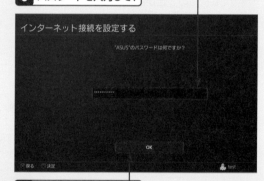

6 ＜OK＞を選択します。

7 これでWi-Fi設定は完了です。インターネットに接続されているか診断も可能です。

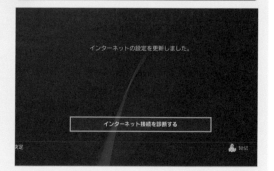

Q 038 WindowsパソコンでSSIDが表示されないWi-Fiに接続する方法を知りたい！

A 手動で設定を作ることで接続を行えます。

多くのWi-FiルーターにはSSIDを隠す機能（SSIDステルス）が備わっています。その場合、通常のWi-Fi接続方法が使えません。事前にWi-FiルーターのSSIDを確認し、手動で設定を作る必要があります。なお、ここで紹介する方法とは別に、Q030の手順■の画面で表示される＜非公開のネットワーク＞をクリックして、ネットワークに接続する方法もあります。その際は、＜非公開のネットワーク＞→＜接続＞をクリックして、SSID、セキュリティキーを入力し、画面の指示に従って操作を進めます。

1 Windowsの設定から＜ネットワークとインターネット＞→＜ネットワークと共有センター＞→＜新しい接続またはネットワークのセットアップ＞をクリックします。

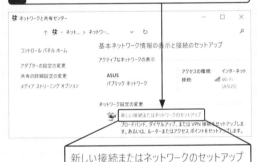

新しい接続またはネットワークのセットアップ

↓

2 ウィザードが起動するので、＜ワイヤレスネットワークに手動で接続します＞を選択して、

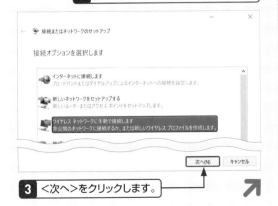

3 ＜次へ＞をクリックします。

↗

4 下記の表を参考に、必要な項目を設定して、

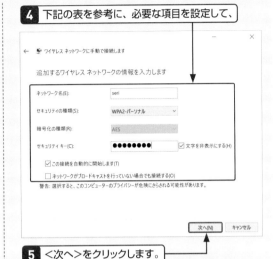

5 ＜次へ＞をクリックします。

ネットワーク名	接続するWi-FiルーターのSSIDを入力します。
セキュリティの種類	Wi-Fiルーターで設定されているセキュリティの種類を選択します。現在では＜WPA2－パーソナル＞が一番使われています。
暗号化の種類	Wi-Fiルーターの暗号化の種類を選択します。
セキュリティキー	Wi-Fiルーターのパスワードを入力します。
この接続を自動的に開始します	チェックを入れます（自動的に接続したくない場合は、チェックを入れないようにします）。
ネットワークがブロードキャストを行っていない場合でも接続する	チェックは不要です。

↓

6 これで設定は完了です。

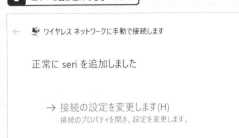

正常に seri を追加しました

→ 接続の設定を変更します(H)
接続のプロパティを開き、設定を変更します。

Wi-Fiの基本

Wi-Fiの便利技

Wi-Fiの快適技（モバイル）

ルーターの基本

ファイル共有とクラウド

音楽／動画の活用

リモートデスクトップの活用

VPNの活用

ツールの活用

Wi-Fiの基本

Wi-Fiの便利技

Wi-Fiの快適技（モバイル）

ルーターの基本

ファイル共有とクラウド

音楽／動画の活用

リモートデスクトップの活用

VPNの活用

ツールの活用

Q 039 MacでSSIDが表示されないWi-Fiに接続する方法を知りたい!

A1 ほかのネットワークに接続を使うことで接続できます。

MacでもWindowsと同じくWi-FiルーターがSSIDを隠している場合、通常のWi-Fi接続手順が使えません。手動で設定を行う必要があります。

1 メニューバーにある 🛜 をクリックし、

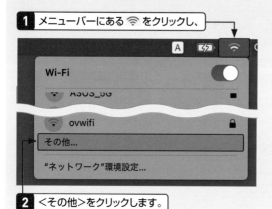

2 <その他>をクリックします。

3 下記の表を参考に、必要な項目を入力して、

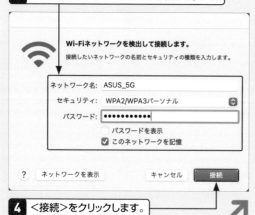

4 <接続>をクリックします。

5 メニューバーにある 🛜 をクリックし、

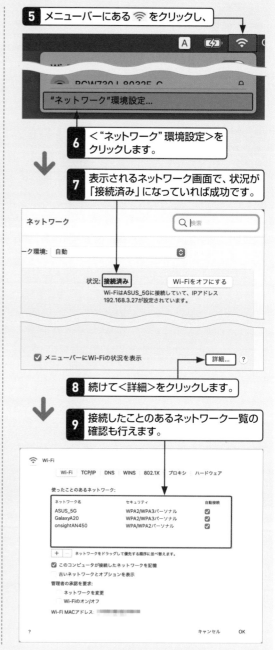

6 <"ネットワーク"環境設定>をクリックします。

7 表示されるネットワーク画面で、状況が「接続済み」になっていれば成功です。

8 続けて<詳細>をクリックします。

9 接続したことのあるネットワーク一覧の確認も行えます。

ネットワーク名	接続するWi-FiルーターのSSIDを入力します。
セキュリティ	Wi-Fiルーターで設定されているセキュリティの種類を選択します。現在では<WPA2/WPA3パーソナル>が一番使われています。
パスワード	Wi-Fiルーターのパスワードを入力します。
パスワードを表示	入力したパスワードを確認したい場合はチェックを入れます。
このネットワークを記憶	チェックを入れます。

Q 040 iPhoneでSSIDが表示されない Wi-Fiに接続する方法を知りたい！

A 設定メニューのWi-Fiから ネットワーク名を入力します。

1 <設定>→<Wi-Fi>をタップし、Wi-Fiが無効になっている場合は<Wi-Fi>の欄を有効にし、<その他>をタップします。

<設定　　　　Wi-Fi

（ネットワーク一覧）　　🔒 📶 ⓘ
　　　　　　　　　　　　🔒 📶 ⓘ
　　　　　　　　　　　　🔒 📶 ⓘ
　　　　　　　　　　　　🔒 📶 ⓘ
　　　　　　　　　　　　🔒 📶 ⓘ
　　　　　　　　　　　　🔒 📶 ⓘ

その他...

接続を確認　　　　　　　　　通知 >

接続したことのあるネットワークに自動的に接続します。接続したことのあるネットワークが見つからない場合は、接続可能なネットワークをお知らせします。

インターネット共有へ自動接続　接続を確認 >

見えないSSIDにアクセスするには、手動でネットワーク名を入力する必要があります。なお、iPhoneでは、見えないSSIDへの接続はバッテリー消費が大きくなるため、推奨はされていません。

2 下記の表を参考に、必要な項目を入力して、

3 <接続>をタップします。

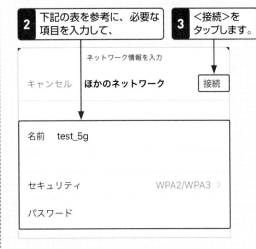

ネットワーク情報を入力
キャンセル　　**ほかのネットワーク**　　接続

名前　　test_5g

セキュリティ　　　　　　WPA2/WPA3 >
パスワード

名前	接続するWi-FiルーターのSSIDを入力します。
セキュリティ	Wi-Fiルーターで設定されているセキュリティの種類を選択します。現在では<WPA2/WPA3>が一番使われています。また、この<セキュリティ>をタップして表示される、<プライベートアドレス>は、Q172で解説しているプライベートアドレスと同等の機能を有するものです。
パスワード	Wi-Fiルーターのパスワードを入力します。

Q 041 iPadでSSIDが表示されない Wi-Fiに接続する方法を知りたい！

A iPhoneと同じ手順で接続できます。

iPadの見えないSSIDへの接続は、iPhoneと基本的に同じ手順で行えます。

若干インターフェースは異なりますが、見えないSSIDへの接続手順はiPhoneとほぼ同じです。

ネットワーク情報を入力
キャンセル　　**ほかのネットワーク**　　接続

名前　　test_5g

セキュリティ　　　　　　WPA2/WPA3 >
パスワード

Wi-Fiの基本
Wi-Fiの便利技
Wi-Fiの快適技（モバイル）
ルーターの基本
ファイル共有とクラウド
音楽／動画の活用
リモートデスクトップの活用
VPNの活用
ツールの活用

Q 042 AndroidでSSIDが表示されない Wi-Fiに接続する方法を知りたい!

A <ネットワークを追加>から Wi-Fi接続が可能です。

Androidのスマートフォンやタブレットでも Wi-Fi ルーターが SSID を隠している場合、通常の Wi-Fi 接続手順が使えません。手動で設定を行う必要があります。

1 <設定>→<ネットワークとインターネット>→ <Wi-Fi>をタップします。

← ネットワークとインターネット 🔍

Wi-Fi
接続されていません ⬤

WiGig
OFF ⬤

⬇

2 一番下までスクロールし、

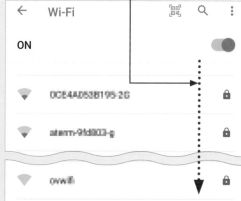

← Wi-Fi 🔲 🔍 ⋮

ON ⬤

🛜 0CE4A0638195-2G 🔒

🛜 atserm-9td9003-g 🔒

🛜 oywifi 🔒

🛜 W04_44C346366-1D0 🔒

＋ ネットワークを追加

Wi-Fi データ使用量
3.15 GB 使用（7月6日〜8月3日）

3 <ネットワークを追加>をタップします。 ↗

4 下記の表を参考に、必要事項を入力して、

ネットワーク名

test_5g

セキュリティ

WPA/WPA2-Personal ⌄

パスワード

・・・・・・・・・・・

◯ パスワードを表示する

詳細設定 ⌄

キャンセル 　保存

| 1 | 2 | 3 | 4 | 5 | 6 | 7 | 8 | 9 | 0 |
| q | w | e | r | t | y | u | i | o | p |

5 <保存>をタップします。

ネットワーク名	接続する Wi-Fi ルーターの SSID を入力します。
セキュリティ	Wi-Fi ルーターで設定されているセキュリティの種類を選択します。現在では<WPA/WPA2-Personal>が一番使われています。
パスワード	Wi-Fi ルーターのパスワードを入力します。
パスワードを表示する	入力したパスワードを確認したい場合はチェックを入れます。

⬇

6 <Wi-Fi>にSSIDが表示され<接続済み>となっていれば、問題なく接続されています。

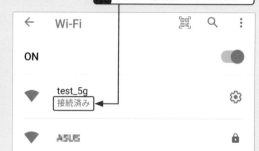

← Wi-Fi 🔲 🔍 ⋮

ON ⬤

🛜 test_5g
接続済み ⚙

🛜 ASUS 🔒

Wi-Fiの基本

Wi-Fiの便利技

Wi-Fiの快適技（モバイル）

ルーターの基本

ファイル共有とクラウド

音楽／動画の活用

リモートデスクトップの活用

VPNの活用

ツールの活用

Q 043 Windowsパソコンから WPSで接続するには？

A 通常のWi-Fi接続から 利用できます。

WPS（Wi-Fi Protected Setup）は、パソコンやスマートフォンなどWi-Fiに対応した端末と、Wi-Fiルーターの接続をボタン1つで行える規格です。Windows 10なら標準でWPSを利用できる機能が備わっています。ここでは、ASUSTeKのWi-Fiルーター「RT-AC68U」を使用したWPSの設定方法を紹介します。Wi-Fiルーター側のWPS機能が有効になっているか確認を忘れないようにしましょう。

1 Wi-FiルーターのWPSボタンをPOWERランプが高速点滅するまで押します。

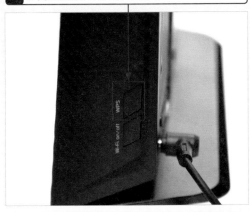

2 をクリックし、

3 自分のWi-FiルーターのSSID（アクセスポイントの識別名）をクリックして、

4 ＜接続＞をクリックします。

5 自動的にWi-Fiの設定が行われます。

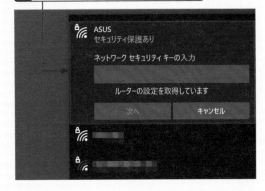

6 POWERランプが点滅から点灯に変わったら設定完了となります。

7 ネットワークの一覧から接続されていることが確認できます。

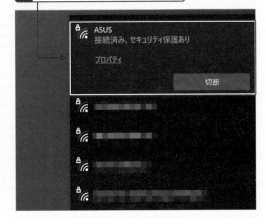

Wi-Fiの基本

Wi-Fiの便利技

Wi-Fiの快適技（モバイル）

ルーターの基本

ファイル共有とクラウド

音楽／動画の活用

リモートデスクトップの活用

VPNの活用

ツールの活用

Wi-Fiの基本

Wi-Fiの便利技

Wi-Fiの快適技（モバイル）

ルーターの基本

ファイル共有とクラウド

音楽／動画の活用

リモートデスクトップの活用

VPNの活用

ツールの活用

● Wi-Fi接続の便利技　　重要度 ★★★

Q 044　AndroidスマートフォンからWPSで接続するには？

A Android 8までなら利用が可能です。

ワンボタンでWi-Fi設定を完了できるWPS（Wi-Fi Protected Setup）ですが、利用できるのはAndroid 8までです。Android 9以降では使えないのでQ034の手順を参考にしてください。ここではAndroid 8.0.0での設定方法を紹介します。

1 Wi-FiルーターのWPSボタンをWPSランプが点滅するまで押します。

2 Wi-Fiの設定画面の右上にある⋮をタップし、

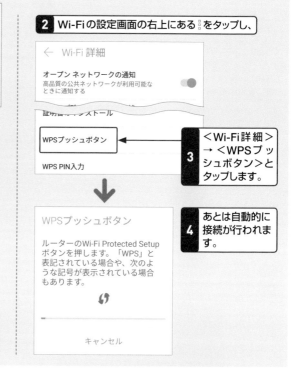

3 ＜Wi-Fi詳細＞→＜WPSプッシュボタン＞とタップします。

4 あとは自動的に接続が行われます。

● Wi-Fi接続の便利技　　重要度 ★★★

Q 045　MacからWPSで接続するには？

A 残念ながらMacはWPSに対応していません。

macOSはWPSによるWi-Fiルーターとの接続に対応していません。Q031の方法で設定する必要があります。

参照 ▶ Q 031

● Wi-Fi接続の便利技　　重要度 ★★★

Q 046　iPhone／iPadからWPSで接続するには？

A iPhone／iPadはWPSに対応していません。

iPhone／iPadは、macOSと同じくWPSによるWi-Fiルーターとの接続に対応していません。Q032、Q033の方法で設定する必要があります。

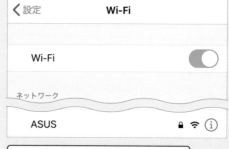

WPSには対応していないため、Q032、Q033での接続方法を利用します。

Q 047 Windowsパソコンから AOSS2で接続するには?

A AOSSボタンとセットアップカードで 接続できます。

バッファロー製のWi-Fiルーターにはパソコンや スマートフォンと簡単にWi-Fi接続するための ＜AOSS2＞が搭載されています。

製品に付属される セットアップカード

1 AOSSボタンをWIRELESSランプが 2回ずつ点滅するまで押します。

2 通知領域の 🌐をクリック して、

3 セットアップカード に記載されている ＜AOSS2（!AOSS-xxxx）＞をクリックし、

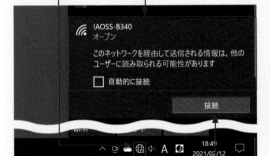

4 ＜接続＞をクリックします。

5 Webブラウザーが自動的に起動するので、 セットアップカードのAOSS2キーに記載 されている3桁の数字を入力し、

6 ＜次へ＞をクリックします。

7 ＜無線セキュリティ設定の手順＞が 表示されるので、

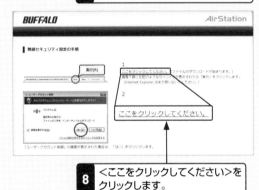

8 ＜ここをクリックしてください＞を クリックします。

9 ダウンロードされたファイルを実行 すると、セットアップが完了します。 ＜完了＞をクリックします。

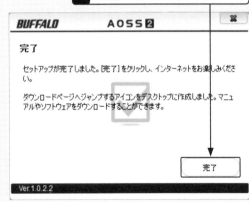

Wi-Fiの基本

Wi-Fiの便利技

Wi-Fiの快適技（モバイル）

ルーターの基本

ファイル共有と クラウド

音楽／動画の活用

リモートデスクトップの活用

VPNの活用

ツールの活用

Q048 MacからAOSS2で接続するには？

A AOSSボタンとセットアップカードで接続できます。

ここでは、バッファロー製のWi-Fiルーターのに搭載されている＜AOSS2＞でのWi-Fi接続方法を解説します。

製品に付属される
セットアップカード

1 AOSSボタンをWIRELESSランプが2回ずつ点滅するまで押します。

2 メニューバーにある 🛜 をクリックして、

Wi-Fi

ほかのネットワーク

!AOSS-B340

48E24420238B 2G

3 セットアップカードに記載されている＜AOSS2（!AOSS-xxxx）＞をクリックします。

4 Webブラウザー（Safari）を起動します。

5 アドレス欄に＜http://86886.jp/set/＞と入力し、

6 Return キーを押します。

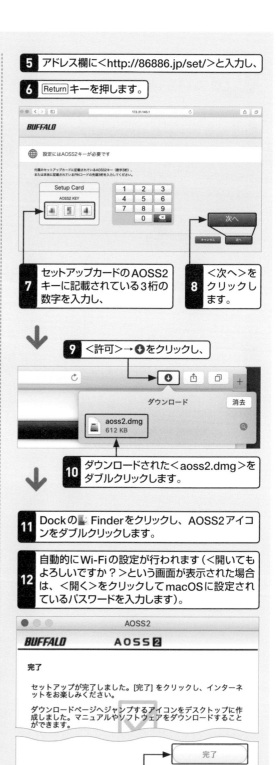

BUFFALO

🌐 設定にはAOSS2キーが必要です

付属のセットアップカードに記載されているAOSS2キー（数字3桁）、
または本体に記載されているPINコードの先頭3桁を入力してください。

Setup Card
AOSS2 KEY

1	2	3
4	5	6
7	8	9
0	✕

次へ

キャンセル　戻る

7 セットアップカードのAOSS2キーに記載されている3桁の数字を入力し、

8 ＜次へ＞をクリックします。

9 ＜許可＞→ ⬇ をクリックし、

ダウンロード　　　消去

aoss2.dmg
612 KB

10 ダウンロードされた＜aoss2.dmg＞をダブルクリックします。

11 Dockの 😀 Finderをクリックし、AOSS2アイコンをダブルクリックします。

12 自動的にWi-Fiの設定が行われます（＜開いてもよろしいですか？＞という画面が表示された場合は、＜開く＞をクリックしてmacOSに設定されているパスワードを入力します）。

AOSS2

BUFFALO　　　AOSS2

完了

セットアップが完了しました。[完了] をクリックし、インターネットをお楽しみください。

ダウンロードページへジャンプするアイコンをデスクトップに作成しました。マニュアルやソフトウェアをダウンロードすることができます。

完了

Ver.2.1.0

13 ＜完了＞をクリックします。

Wi-Fiの基本
Wi-Fiの便利技
Wi-Fiの快適技（モバイル）
ルーターの基本
ファイル共有とクラウド
音楽／動画の活用
リモートデスクトップの活用
VPNの活用
ツールの活用

Q 049 iPhone／iPadから AOSS2で接続するには？

A AOSSボタンとセットアップカードで接続できます。

ここでは、バッファロー製のWi-Fiルーターに搭載されている＜AOSS2＞でのWi-Fi接続方法を解説します。

製品に付属される
セットアップカード

1 AOSSボタンをWIRELESSランプが2回ずつ点滅するまで押します。

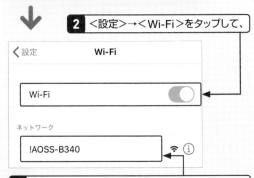

2 ＜設定＞→＜Wi-Fi＞をタップして、

3 ネットワークの一覧から、セットアップカードに記載されている＜AOSS2（!AOSS-xxxx）＞をタップします。

4 Webブラウザー（Safari）を起動します。

Webブラウザーを起動してもセットアップ画面が表示されない場合は、アドレス欄に＜http://86886.jp/set/＞と入力してください。

5 セットアップカードのAOSS2キーに記載されている3桁の数字を入力し、

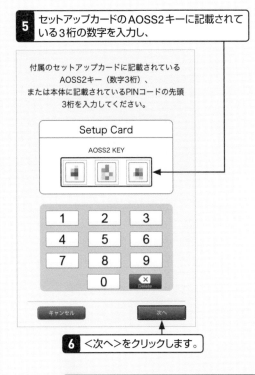

付属のセットアップカードに記載されている
AOSS2キー（数字3桁）、
または本体に記載されているPINコードの先頭
3桁を入力してください。

6 ＜次へ＞をクリックします。

7 ＜接続はプライベートではありません＞と表示されたら、

8 ＜詳細を表示＞→＜このWebサイトを閲覧＞→＜Webサイトを閲覧＞→＜許可＞とタップしていきます。

このWebサイトは構成プロファイルをダウンロードしようとしています。許可しますか？

　　　　　　　　　　　　　　無視　　許可

9 設定メニューから＜プロファイルがダウンロードされました＞をタップし、

プロファイルがダウンロードされました
プロファイルをインストールするには"設定" Appで再確認してください。

閉じる

10 ＜インストール＞を数回タップすれば設定は完了です。パスコードの入力が求められた場合は、設定してあるパスコードを入力します。

11 最後に＜閉じる＞をタップします。

Wi-Fiの基本
Wi-Fiの便利技
Wi-Fiの快適技（モバイル）
ルーターの基本
ファイル共有とクラウド
音楽／動画の活用
リモートデスクトップの活用
VPNの活用
ツールの活用

Q 050 AndroidスマートフォンからAOSS2で接続するには？

A AOSSボタンとセットアップカードそしてアプリの導入で接続できます。

ここでは、バッファロー製のWi-Fiルーターに搭載されている＜AOSS2＞でのWi-Fi接続方法を解説します。

製品に付属されるセットアップカード

1 AOSSボタンをWIRELESSランプが2回ずつ点滅するまで押します。

2 ＜設定＞→＜ネットワークとインターネット＞→＜Wi-Fi＞とタップして、

3 ネットワークの一覧からセットアップカードに記載されている＜AOSS2（!AOSS-xxxx）＞をタップします。

4 Webブラウザーを起動します。

5 アドレス欄に＜http://86886.jp/set/＞と入力して、

6 セットアップカードのAOSS2キーに記載されている3桁の数字を入力し、

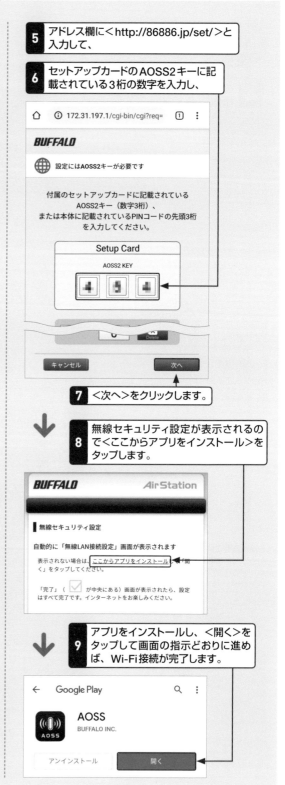

7 ＜次へ＞をクリックします。

8 無線セキュリティ設定が表示されるので＜ここからアプリをインストール＞をタップします。

9 アプリをインストールし、＜開く＞をタップして画面の指示どおりに進めば、Wi-Fi接続が完了します。

Q 051 Windowsパソコンから らくらく無線スタートで接続するには?

A WPSと同じ手順で Wi-Fiルーターと接続できます。

らくらく無線スタートはNECのWi-Fiルーターに搭載されている、Wi-Fi設定を簡単に行える機能です。過去にはWindows用の専用アプリが用意されていましたが、現行機種は対応していません。そのため、Windows 10ではWPSと同じ手順で接続します。

1 Wi-Fiルーターのらくらく無線スタートボタンをランプが点滅するまで押します。

↓

2 通知領域の 📶 をクリックして、

3 Wi-FiルーターのSSID(アクセスポイントの識別名)をクリックして、

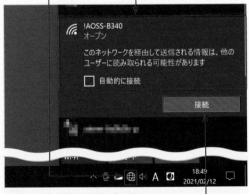

4 <接続>をクリックします。

5 自動的にWi-Fiの設定が行われます。

Q 052 Macから らくらく無線スタートで接続するには?

A NECの現行機種のWi-Fiルーターは Macでらくらく無線スタートは使えません。

NECの現行機種のWi-FiルーターはMacでのらくらく無線スタートに対応していません。Q031の方法で設定する必要があります。
参照▶Q 031

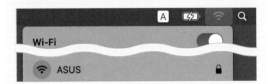

Q 053 iPhone／iPadから らくらく無線スタートで接続するには?

A iPhone／iPadは らくらく無線スタートに対応していません。

NECの現行機種のWi-Fiルーターは、iPhone／iPadで「らくらく無線スタート」は使えません。QRコードを使った「らくらくQR スタート 2」が主要な設定方法となっています。少々わかりづらいのですが、「らくらくQRスタート 2」に対応したNECのルーターに、QRコードでアクセスできるアプリが「Aterm らくらくQRスタート」というわけです。
参照▶Q 055

「らくらくQR スタート 2」を解説しているWebページ(https://www.aterm.jp/function/wf800hp/guide/list/main/m01_m64.html)。

Wi-Fiの基本

Wi-Fiの便利技

Wi-Fiの快適技（モバイル）

ルーターの基本

ファイル共有とクラウド

音楽／動画の活用

リモートデスクトップの活用

VPNの活用

ツールの活用

Wi-Fiの基本

Wi-Fiの便利技

Wi-Fiの快適技
（モバイル）

ルーターの基本

ファイル共有と
クラウド

音楽／動画の活用

リモートデスク
トップの活用

VPNの活用

ツールの活用

Q 054 Androidスマートフォンから
らくらく無線スタートで接続するには?

A Androidなら専用アプリで
簡単に設定が可能です。

Android 8.0.0までなら、専用アプリの＜らくらく無線スタートEX for Android＞を使って簡単にWi-Fi設定が可能です。それ以降のAndroidではWi-Fiルーターに付属するQRコードと＜らくらくQRスタート2＞アプリを使って設定が主流となっています。

1 ＜らくらく無線スタートEX for Android＞を
ダウンロードして起動し、

2 ＜設定開始＞をタップします。

3 STEP1では＜続ける＞をタップし、

4 STEP2ではWi-Fiルーターの＜らくらくスタート＞ボタンをPOWERランプが緑色に点滅するまで押します。

5 ＜らくらくスタート＞ボタンを押します。

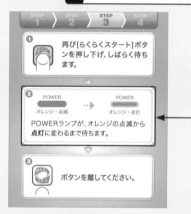

6 STEP3では再びWi-Fiルーターの＜らくらくスタート＞ボタンをオレンジ色の点滅から点灯に変化するまで押します。

7 これでWi-Fi設定は完了です。
＜終了＞をタップします。

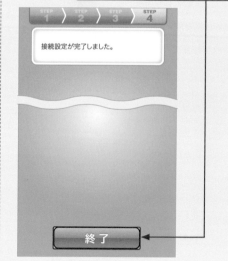

Q 055 QRコードでWi-Fiに接続するには？

A QRコード化したWi-Fi設定は、スマートフォンで簡単に読み込めます。

スマートフォンからWi-Fiルーターに接続するには、SSIDの選択やパスワードの入力など面倒な手順が必要です。複数のスマートフォンやタブレットを持っている場合は、それぞれ入力する必要があり、非常に手間がかかります。それを簡潔にしてくれるのがQRコードです。

QRコードを読み取るだけでWi-Fi設定が行えるので便利です。iPhoneやiPad、Androidの現行バージョンであれば、標準でQRコードを読み取る機能が備わっています。そのためには、Wi-Fi設定をQRコード化しなければなりません。ちなみに、QRコード化すなわちQRコードを作成する方法は大きく2つあります。次のQ056で解説している方法と、ルーターのメーカーが用意しているサービスと機能を利用して作成する方法です。ただし、この方法はどのようなルーターにも対応しているわけではありません。比較的古いルーターで対応しているのが一般的です。

ここではNECのルーターを例に解説します。なお、ルーターの設定が初期値から変更されていた場合は利用できないので注意してください。

● NEC のルーター Aterm の場合

1 AtermらくらくQRスタートアプリをApp Store（iPhoneの場合）、Playストア（Androidの場合）からダウンロードします。

2 AtermらくらくQRスタートアプリを起動し、画面の指示に従って進めます。

本端末のWi-Fi設定はオンになっていますか？

ホーム画面の[設定]から[Wi-Fi]がオンになっている事、機内モードがオフになっている事を確認して、下の[OK]ボタンをタップしてください。

3 製品に付属しているQRコードを読み取ります。

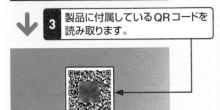

4 設定内容が表示されるので、＜設定適用＞をタップします。

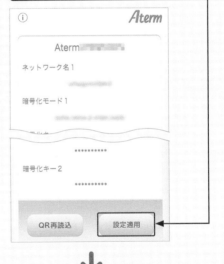

5 プロファイルをダウンロードします。あとは画面の指示に従って操作を進めてください。

以上で接続設定の取得は完了です。

下の[OK]ボタンを押すと、[Safari]を経由してプロファイルのダウンロードに進みます。

ダウンロード後、設定を確認してプロファイルのインストールを行ってください。
それにより、無線設定の保存が完了します。

WiFi Configuration
NEC Platforms, Ltd.

署名者 未署名

キャンセル　　OK

Wi-Fiの基本

Wi-Fiの便利技

Wi-Fiの快適技（モバイル）

ルーターの基本

ファイル共有とクラウド

音楽／動画の活用

リモートデスクトップの活用

VPNの活用

ツールの活用

Wi-Fiの基本

Wi-Fiの便利技

Wi-Fiの快適技
（モバイル）

ルーターの基本

ファイル共有と
クラウド

音楽／動画の活用

リモートデスク
トップの活用

VPNの活用

ツールの活用

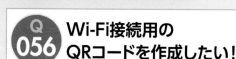 QRコード活用技　重要度 ★★★

Q 056　Wi-Fi接続用の
QRコードを作成したい！

A QRコード作成サービスの
利用が便利です。

Wi-Fi設定をQRコード化する手段はいくつかありますが、機種や環境に左右されず、手軽に作れるのがQRコード作成サイトの利用です。自分が使っているWi-FiルーターのSSID、パスワードを入力、暗号化方式を選択するだけでQRコードを作成できます。手軽にWi-Fi設定をQRコード化できるのが「WiFi簡単登録」です。

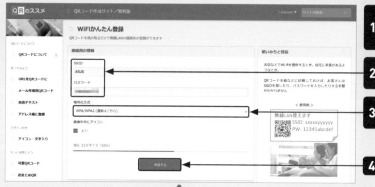

1 「WiFi簡単登録」にアクセスし（https://qr.quel.jp/form-wifi.php）、

2 Wi-FiルーターのSSID、パスワードを入力し、

3 暗号化方式に通常は＜WPA/WPA2＞を選び、

4 ＜作成する＞をクリックします。

5 これでWi-Fi設定のQRコードが作成されます。

画像としてダウンロードもできるので、複数のスマートフォンやタブレットでも手軽に読み込めます。

Androidであれば、＜設定＞→＜ネットワークとインターネット＞→＜Wi-Fi＞とタップし、接続済みのWi-Fi設定をタップするとQRコードが表示されます。

このQRコードを別のスマートフォンに読み込ませるという方法もあります（ROG Phone IIの場合、機種によって表示方法は異なります）。

Q 057 QRコードでiPhoneを Wi-Fiに接続したい！

A 標準のカメラアプリで QRコードを読み込めます。

iPhoneがiOS11以降であれば、標準のカメラアプリでQRコードの読み込みが可能です。ここではQ056の＜WiFi簡単登録＞で作成したQRコードを利用します。

1 標準のカメラアプリを起動してQRコードに近づけると、

2 自動的に＜ネットワーク"XXXX"に接続＞と上部に表示されたら、タップします。 ↗

3 「Wi-Fiネットワーク"XXXX"に接続しますか？」と表示されるので、＜接続＞をタップします。

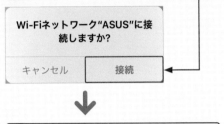

↓

4 これでWi-Fiルーターに接続が完了します。

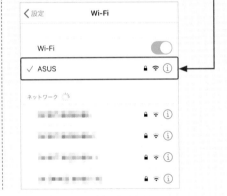

Q 058 QRコードでiPadを Wi-Fiに接続したい！

A iPhoneと同じく標準の カメラアプリでQRコードを読めます。

iOS11以降またはiPadOSのiPadならば、iPhoneと同じく標準カメラアプリでQRコードの読み込みが可能です。

iPhoneと同じ手順でQRコードからWi-Fiに接続できます。

Wi-Fiの基本

Wi-Fiの便利技

Wi-Fiの快適技（モバイル）

ルーターの基本

ファイル共有とクラウド

音楽／動画の活用

リモートデスクトップの活用

VPNの活用

ツールの活用

Q 059 QRコードでAndroidスマートフォン／タブレットをWi-Fiに接続したい！

A Google Lensを利用すれば QRコードを読み込めます。

Android 10であれば、Google Lens機能を使えばQRコードを読み込むことが可能です。Google Lens機能がない場合は、Play ストアで「Google レンズ」アプリをダウンロード・インストールしておきます。

1 Google Lens機能がない場合は、「Googleレンズ」アプリをインストールしておきます。

2 ＜Googleレンズ＞をタップするか、

3 ホームボタンを長押しで表示されるメニューから、

4 ◎をタップします。

5 Google Lensが起動します。

6 カメラをQRコードに近づけると自動的に認識し、

シャッター ボタンをタップして検索

7 QRコードを白く囲むのでそこをタップします。

8 画面の下からメニューが表示されるので、

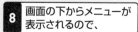

QR コード: Wi-Fi

🛜 ネットワークに参加

ネットワーク名　ASUS
パスワード　██████
ネットワークの種類　WPA/WPA2

9 ＜ネットワークに参加＞をタップします。

10 これでWi-Fiルーターに接続が完了します。

← Wi-Fi

ON

ASUS
接続済み

██████

Wi-Fiの基本

Wi-Fiの便利技

Wi-Fiの快適技（モバイル）

ルーターの基本

ファイル共有とクラウド

音楽／動画の活用

リモートデスクトップの活用

VPNの活用

ツールの活用

Q 060 Windowsパソコンで接続先Wi-Fiの優先順位を付けたい！

A コマンドプロンプトから優先順位の変更が可能です。

2.4GHz帯と5GHz帯、両方のSSIDを登録しているなど、複数のWi-Fi設定がWindows内にある場合、最優先に接続したいWi-Fiがあると思います。しかし、Windows 10には標準機能としてWi-Fi設定の優先順位を変更する方法が用意されていません。そのためコマンドプロンプトを使う必要があります。

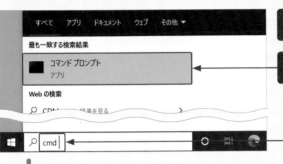

1 Windows 10の下段にある検索欄に「cmd」と入力し、

2 検索結果の＜コマンドプロンプト＞をクリックします。

3 コマンドプロンプトに「netsh wlan show profiles」と入力して、

4 Enter キーを押すと、

5 現在のWi-Fi設定の優先順位が表示されます。最優先にしたいプロファイル名をメモしておきます。

6 続いて「netsh wlan show interfaces」と入力して、

7 Enter キーを押します。

8 インターフェースに関する情報が表示されますが、ここでは＜名前＞の部分だけをメモします。この場合は「Wi-Fi」です。

9 次に優先順位を決めるコマンドを「netsh wlan set profileorder name="プロファイルの名前" interface="インターフェースの名前" priority="優先順位"」と入力します。たとえばここでは、「netsh wlan set profileorder name=ASUS_5G interface=Wi-Fi priority=1」と入力してASUS_5Gを最優先にしています。

10 Enter キーを押して実行すると、

11 「優先順位が正常に更新されました」と表示されます。

Wi-Fiの基本

Wi-Fiの便利技

Wi-Fiの快適技（モバイル）

ルーターの基本

ファイル共有とクラウド

音楽／動画の活用

リモートデスクトップの活用

VPNの活用

ツールの活用

Wi-Fiの基本

Wi-Fiの便利技

Wi-Fiの快適技（モバイル）

ルーターの基本

ファイル共有とクラウド

音楽／動画の活用

リモートデスクトップの活用

VPNの活用

ツールの活用

Q 061 Macで接続先Wi-Fiの優先順位を付けたい！

A ネットワークの設定から簡単に変更が可能です。

macOS で複数のWi-Fi設定が存在する場合、どれに最優先で接続するのか決めたいときはネットワークの設定で簡単に行うことができます。

● 優先順位を変更する

1 🍎をクリックし、

2 <システム環境設定>をクリックします。

3 メニューの一覧から<ネットワーク>をクリックします。

4 右下にある<詳細>をクリックします。

5 ネットワーク名はドラッグで入れ替えが可能です。最優先にしたWi-Fi設定を一番上にドラッグで移動させます。

● 不要な Wi-Fi 設定を削除する

1 ネットワーク名をクリックし、

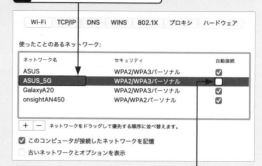

2 ☑をクリックすると、Wi-Fi設定を削除できます。

Q 062 紛らわしいWi-Fiを非表示にしたい！

A netshコマンドのブロックリストにSSIDを追加します。

自宅のWi-Fiルーターに接続するとき、近所のSSID（アクセスポイント）も認識して、一覧にズラッと表示されてしまうことはよくあります。Windows 10では、netshコマンドを使って、使わないSSIDを非表示にすることが可能です。Wi-Fiに接続している場合は一度切断してから作業を行います。

1 Windows 10の下段にある検索欄に「cmd」と入力し、

2 ＜コマンドプロンプト＞を右クリックして、

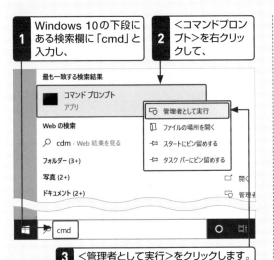

3 ＜管理者として実行＞をクリックします。

4 コマンドプロンプトが表示されたら、「netsh wlan show networks」と入力し、

5 Enterキーを押します。

```
(c) 2020 Microsoft Corporation. All rights reserved.

C:¥Users¥seritest>netsh wlan show networks

インターフェイス名 : Wi-Fi
現在 15 のネットワークが表示されています。

SSID 1 :
    ネットワークの種類              : インフラストラクチャ
    認証              : WPA2-パーソナル
    暗号化              : CCMP

SSID 2 :
    ネットワークの種類              : インフラストラクチャ
    認証              : WPA2-パーソナル
    暗号化              : CCMP

SSID 3 :
    ネットワークの種類              : インフラストラクチャ
    認証              : WPA2-パーソナル
    暗号化              : CCMP

SSID 4 :
    ネットワークの種類              : インフラストラクチャ
    認証              : WPA2-パーソナル
    暗号化              : CCMP

SSID 5 :
    ネットワークの種類              : インフラストラクチャ
    認証              : WPA2-パーソナル
```

6 SSIDの一覧が表示されるので、非表示にしたいSSIDを確認しておきます。

7 メモ帳などテキストエディターを開き、

8 「netsh wlan add filter permission=block ssid="ここにSSIDを入力" networktype=infrastructure」と非表示にしたいSSIDの数だけ入力します。たとえば非表示にしたいSSIDがASUS_5Gならば「netsh wlan add filter permission=block ssid=ASUS_5G networktype=infrastructure」となります。ここでは4つのSSIDを入力しました。

9 書き込んだものをCtrl+Aキーですべて選択し、Ctrl+Cキーでコピーします。

10 コマンドプロンプトに戻り、Ctrl+Vキーで貼り付けます。

11 Enterキーを押して実行すると、書き込んだSSIDが表示されなくなります。

SSIDを再び表示したい場合は「netsh wlan delete filter permission=block ssid="非表示にしたSSID" networktype=infrastructure」で表示させることができます。"非表示にしたSSID"の部分に再表示させたいSSIDを入力します。

Wi-Fiの基本
Wi-Fiの便利技
Wi-Fiの快適技（モバイル）
ルーターの基本
ファイル共有とクラウド
音楽／動画の活用
リモートデスクトップの活用
VPNの活用
ツールの活用

Q063 Wi-Fi非搭載のWindowsパソコンでWi-Fiを使いたい！

A USB接続のWi-Fiアダプターを買いましょう。

デスクトップパソコンや古いノートパソコンではWi-Fiが搭載されていないこともあります。その場合は、USB接続の「Wi-Fiアダプター（無線LAN子機ともいいます）」を導入するのが一番手軽です。Windows 10であれば、USBコネクタに挿し込むだけで自動的に認識し、すぐに利用できるものが多いです。対応するWi-Fiの規格は製品によって異なります。使っているWi-Fiルーターの対応規格に合わせて購入するようにしましょう。

手軽さでは、小型タイプのUSBアダプターが便利です。写真は、バッファローのWi-Fiアダプター「WI-U2-433DMSシリーズ WI-U2-433DMS」。

電波を掴む強さを求める場合は、アンテナの大きいハイパワータイプがお勧めです。写真は、バッファローのWi-Fiアダプター「WI-U2-433DHPシリーズ WI-U2-433DHP」。

Q064 有線LANのみの機器でWi-Fiを使いたい！

A 無線LANコンバーターを導入しましょう。

ネットワーク機能は搭載されていますが、有線LANのみでWi-Fiが搭載されていないデジタル家電や家庭用ゲーム機が存在します。これらはWindowsやMacといったOSが搭載されていないため、USB接続のWi-Fiアダプターは使えません。これら機器をWi-Fiに対応させるのに便利なのが、有線LANをWi-Fiに変換する「無線LANコンバーター」です。最近では、有線LANポートを持つWi-Fi中継機がその役割を担っていることが多くなっています。

ネットワークレコーダーのnasneなど有線LANしか持たないデジタル家電をWi-Fiに接続させるには、無線LANコンバーターや中継機が必要です。写真は、ソニーのネットワークレコーダー「nasne」。

現在中継機は数多く発売されていますが、有線LANポートを備えているものであれば、無線LANコンバーターとして利用が可能です。写真は、バッファローの有線LAN対応機器も無線化できるイーサネットコンバーター機能を搭載したコンセント直挿しタイプのWi-Fi中継機「WEX-733DHPS」。

Q065 突然接続できなくなった！

A 電源を一度切って
再び電源を入れてみましょう。

電波障害や熱、急激な負荷などでWi-Fiルーターがフリーズ（動作不能）になってしまうことがまれにあります。その場合は、一度電源を切り、10秒ほど間を置いて再度電源を入れてみましょう。多くの場合は、これで再接続が行われます。フリーズが頻発するようなら、何かのアプリによって通信量が膨大になっていないか、熱がこもりやすい場所に置いていないかなどを確認してみましょう。

> 電源ボタンを切って、10秒程度間を置いて再び電源を入れましょう。

> メーカーのサポートページを見て、不具合情報などを確認することも大切です。

Q066 電波が飛んでいるかを調べたい！

A 電波の強さを確認できる
アプリの利用が便利です。

iPhoneやAndroidでは電波の強さや接続されているWi-Fiの速度を調べるアプリが存在しています。自宅内のどこが電波が強く、弱いのか確認できれば、Wi-Fiルーターの設置場所やアンテナの向きを調整するなど、対処をしやすくなります。iPhoneでは「Wi-Fi Sweetspot」というアプリが、Androidでは「Wi-Fiミレル」というアプリが便利です。

● iPhone

> 現在接続しているWi-Fiの速度を測り、記録できます。自宅内のそれぞれの場所で測定すれば、どこが電波が届きにくいのか判断できます。

● Android

> 電波の強度や混雑具合、間取り図を読み込んで自宅のそれぞれの場所の電波強度を記録できるヒートマップといった機能が用意されています。

Wi-Fiの基本

Wi-Fiの便利技

Wi-Fiの快適技（モバイル）

ルーターの基本

ファイル共有とクラウド

音楽／動画の活用

リモートデスクトップの活用

VPNの活用

ツールの活用

Wi-Fiの基本

Wi-Fiの便利技

Wi-Fiの快適技（モバイル）

ルーターの基本

ファイル共有とクラウド

音楽／動画の活用

リモートデスクトップの活用

VPNの活用

ツールの活用

 接続時のトラブル　　　　　　重要度 ★★★

Q067 暗号化キーを忘れた場合は？

A Wi-Fiルーターの設定を確認しましょう。

Wi-Fiルーターに接続するための暗号化キー（パスワード）を忘れた場合は、Wi-Fiルーターの設定画面にアクセスし、指定したキーを確認しましょう。Wi-Fiルーターによっては、初期設定の暗号化キーを本体に貼られたシールや付属のカードで確認できる場合もあります。

Wi-Fiルーターの設定画面で確認しましょう。

認証方式	WPA2-Personal
WPA暗号化方式	AES
WPA-PSK暗号化キー	
管理フレーム保護	無効

製品によっては、キーが書かれたカードを用意している場合もあります。

Wi-Fiルーターの設定画面は、パソコンのブラウザーのアドレス欄に文字列を入力して表示させます。ただし、メーカーによってその表示方法は異なり、初期値の場合、バッファローのルーターであれば「192.168.11.1」を、ASUSのルーターであれば、「router.asus.com」を入力します。利用しているルーターの取り扱い説明書を読んでアクセスしてください。なお、管理画面にアクセスした場合、ユーザー名とパスワードを求められます。これはどのルーターであっても変わりはありません。

 接続時のトラブル　　　　　　重要度 ★★★

Q068 SSIDが表示されないのはなぜ？

A Wi-FiルーターでSSIDステルス機能が使われています。

多くのWi-Fiルーターには他人にSSIDを知らされたくない人のために、SSIDを非表示にする機能が備わっています。SSIDステルスと呼ばれることが多い機能で、これが有効になっているとQ038〜042のように少々接続に手間がかかるようになります。iPhoneではバッテリー駆動時間に影響が出ることから、無効が推奨されているなど、セキュリティ設定がきちんと行われているなら、SSIDステルス機能は無効にしても問題ありません。

Wi-Fiルーターの設定画面からSSIDを非表示にすることができます。

バンド	2.4GHz
ネットワーク名（SSID）	ASUS
SSIDを非表示	●はい ○いいえ
ワイヤレスモード	自動　□Xbox用に最適化
チャンネル帯域	20/40 MHz

SSIDステルス機能が有効になっていると、パソコンやスマートフォンのSSID一覧に表示されなくなります。

③

いつでもどこでも接続!
外出先で Wi-Fi を
利用する快適技

Q 069 外出先でWi-Fiを利用するには？

A 公衆Wi-Fiやモバイルルーター、テザリングなどを利用します。

外出先でWi-Fiを利用してインターネットを楽しむには、「公衆Wi-Fi（公衆無線LAN）サービス」「モバイルルーター」「スマートフォンのテザリング」の3つの方法があります。

公衆Wi-Fiサービスは、街なかに設置されている有料または無料のWi-Fiアクセスポイントを利用する方法です。NTTドコモやau、ソフトバンクなどの携帯キャリアがサービスを提供しているほか、ワイヤ・アンド・ワイヤレスやワイヤレスゲート、セールスパートナーなどの通信事業者もサービスの提供を行っています。また、コンビニやカフェ、ハンバーガーショップ、ホテル、図書館などのほか、新幹線やバス、駅や空港、観光名所などでも独自のWi-Fiサービスの提供が行われています。これらの施設や店舗内で提供されているサービスは、無料で利用できることが一般的ですが、1日のうちで利用できる回数が制限されていたり、1回当たりの利用時間制限が設けられていたりする場合があります。

モバイルルーターは、NTTドコモやau、ソフトバンク、楽天モバイル、格安SIM業者などが提供する4Gや5Gといった通信回線を利用して、外出先からインターネットを楽しむためのインターネット接続専用の携帯機器です。月額固定の通信料金が必要になりますが、契約した通信キャリアの電波が届く場所ならど

こででもインターネットを利用できる点がメリットです。また、モバイルルーターとよく似た機器を利用するインターネット接続サービスに「クラウドWi-Fi」や「クラウドSIM」と呼ばれるものもあります。基本的にはモバイルルーターを使用したインターネット接続サービスの一種です。一般的なモバイルルーターと異なっているのは、通信回線の業者が固定されておらず、NTTドコモやau、ソフトバンクなどが提供している通信回線を電波強度などに応じて自動で切り替える機能を備えた専用の携帯機器を利用することです。クラウドWi-Fi／クラウドSIMでは、サービス提供業者からレンタルで貸し出される専用機器を利用し、モバイルルーター同様に電波が届く場所ならどこからでもインターネットを利用できます。

最後のテザリングは、スマートフォンで利用しているインターネット接続機能をパソコンなどのほかの機器と共有する機能です。テザリングは、スマートフォンを前述したモバイルルーターのように使用する機能と考えてもらって差し支えありません。テザリングは、通常、携帯キャリアのオプションサービスとして提供されています。

NECプラットフォームズが開発／製造しているモバイルルーター「Aterm MR05LN」。スマートフォンのテザリング機能のみを提供するインターネット接続専用の携帯機器です。

ワイヤ・アンド・ワイヤレスが提供している公衆公衆Wi-Fi（公衆無線LAN）サービスのWebページ。サービス契約を結ぶことで、同社が街なかに設置したWi-Fiアクセスポイントに接続し、インターネットを利用できます。

スマートフォンに搭載されているテザリングの設定画面（iOS14のテザリング機能を有効にしたときの画面）。

Q 070 公衆Wi-Fiとは？

A Wi-Fiを利用した
インターネット接続サービスです。

公衆Wi-Fi（公衆無線LAN）は、街なかや駅、空港、公共施設や商業施設などで展開されているWi-Fiを利用したインターネット接続サービスです。家庭内で利用されている光ファイバーなどの固定のインターネット接続サービスや、NTTドコモ、au、ソフトバンク、楽天モバイルの通信キャリアのスマートフォンなどで提供されているモバイルデータ通信を利用したインターネット接続サービスの「Wi-Fi版」というべきサービスです。

公衆Wi-Fiは、有償サービスと無償サービスに大別されます。有償サービスは、月額固定プランや6時間、24時間、3日、1週間などの利用期間制限が付いたワンタイムプランで提供されています。公衆Wi-Fiサービスを提供している事業者が街なかや駅、商業施設などさまざまな場所に設置しているWi-Fiアクセスポイントを利用してインターネットを楽しめます。後者の無償サービスは、家庭内で使用しているWi-Fiを第三者に無償開放したようなサービスです。基本的にはそのお店や施設などを利用しているユーザー向けのサービスとして展開されており、観光名所などでは地方自治体が独自に提供しているケースも多く見られます。

個人経営の喫茶店や居酒屋などの店舗で提供されているものは、自宅のWi-Fiと同様の方法で利用できることが多く、店内に表示されるSSIDや暗号化キーを入力することでWi-Fiを利用できます。また、指定のSSIDに接続し、Webブラウザーを起動すると専用のWebページが表示され、そのWebページからインターネット接続の利用を開始するように設計されているケースもあります。このようなケースでは、Webブラウザーを起動すると、専用のWebページに「利用開始」ボタンが用意されており、これをクリックすることでインターネットが利用できるようになる場合や、アカウントのサインインページが表示され、SNSアカウントによる認証やメールアドレスを登録することでインターネットが利用できるようになるケースもあります。このように公衆Wi-Fiサービスでは、インターネット接続サービスの利用開始までの手続きに複数の方法があります。公衆Wi-Fiサービスを利用する場合は、どのような手順でサービスの利用が行えるかを事前に調べておくと、スムーズに利用できます。

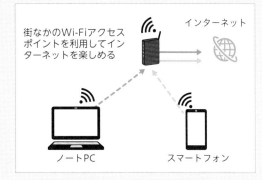

公衆Wi-Fiを利用すると、街なかに設置されているWi-Fiアクセスポイントに接続し、インターネットを楽しめます。

Q 071 公衆Wi-Fiと
公衆無線LANは違うの？

 表記が違いますが同じものです。

公衆Wi-Fiと公衆無線LANは、Wi-Fiと無線LANという表記の違いこそありますが、基本的に同じものと考えてもらって差し支えありません。これは、Wi-Fiが通信技術として無線LANの技術を採用しており、無線LANの一種であるためです。また、現在では、表記こそ統一されていませんが、Wi-Fiと無線LANは、事実上同じものとして捉えられており、実際に同じものとして扱われています。このため、公衆Wi-Fiは、そのサービスを提供している業者によって、公衆無線LANと表記されていることもあります。また、最近では、公衆Wi-Fi（無線LAN）や公衆無線LAN（Wi-Fi）といった表記がなされていることも増えてきています。

参照 ▶ Q 004

Wi-Fiの基本

Wi-Fiの便利技

Wi-Fiの快適技（モバイル）

ルーターの基本

ファイル共有とクラウド

音楽／動画の活用

リモートデスクトップの活用

VPNの活用

ツールの活用

Q072 公衆Wi-Fiサービス利用の流れが知りたい！

A 利用する公衆Wi-Fiによってはユーザー登録が必要です。

公衆Wi-Fiサービス利用の流れは、利用開始前の事前準備と利用開始時の操作に大別されます。

利用開始前の事前準備は、多くの場合、有償の公衆Wi-Fiサービスを利用するときに必要な作業となります。有償サービスの公衆Wi-Fiは、Wi-Fiアクセスポイント接続後にユーザー認証を必要とするケースが一般的です。利用の流れは以下の図のようになります。利用期間制限が付いたワンタイムプランを利用する場合は、事前に目的のワンタイムプランのチケットを購入しておくとスムーズに利用できます。もちろん、チケットを購入しただけでサービスの利用が始まるわけではありません。通常は、Wi-Fiアクセスポイント接続後に、ユーザー認証を行い、購入したチケットの有効化を行った段階から利用がスタートします。

利用開始時の最初の操作は、公衆Wi-Fiサービスのアクセスポイントへの接続となります。この作業は、専用アプリをインストールして利用する方法と、手動でアクセスポイントに接続する方法があります。専用アプリを利用する方法は、通常、スマートフォンやタブレットなどで利用するとき向けの方法です。事業者によっては、WindowsやMac向けの接続アプリが用意されている場合もあります。一方で後者の方法は、家庭内に設置したWi-Fiを利用する場合と同じ手順で利用します。事業者が指定しているSSIDのアクセスポイントに接続し、必要に応じて暗号化キーの入力を行います。

有償サービス場合は、通常、契約を行うと、自分専用のアカウントページが準備されます。そのページにアクセスすることでアクセスポイントのSSIDや暗号化キーなどの情報を入手できます。有償サービスを利用する場合は、事前にこれらの情報を取得しておく必要があります。無償サービスの場合は、暗号化キーを利用しないケースが多く、通常は、SSIDのみを事前に調べておけば利用できます。

なお、公衆Wi-Fiサービスでは、アクセスポイント接続後にWebブラウザーが起動して利用開始操作を求められる場合があります。有償サービスでは、契約時に取得したユーザー名やパスワードの入力が、無償のサービスでは利用規約の同意などが求められることがあります（SNSアカウントによる認証やメールアドレスの登録を行うことで利用できるようになるケースもあります）。

● 公衆 Wi-Fi サービス利用の流れ

有償サービスの場合	無償サービスの場合
Step ① サービス提供事業者のホームページで利用契約を結ぶ（初回時のみ）	**Step ①** 指定のSSIDとパスワード（暗号化キー）でアクセスポイントに接続
Step ② 指定のSSIDとパスワード（暗号化キー）でアクセスポイントに接続	**Step ②** Webブラウザーで利用開始操作（提供事業者による）
Step ③ Webブラウザーでユーザー認証ワンタイムプランの場合はチケットの有効化を実施	**Step ③** インターネットの利用開始
Step ④ インターネットの利用開始	

Q 073 公衆Wi-Fiの利用を申し込みたい！

A サービスの提供事業者のWebページで行います。

公衆Wi-Fiサービスは、無償で提供されているサービスの場合、NTTドコモやauが提供している「d Wi-Fi」や「au Wi-Fiアクセス」などの一部の例外を除き、通常、事前の利用申し込みを行う必要はありません。無償のサービスでは、利用開始時にメールアドレスの登録などのユーザー情報の登録が行えるようになっていたり、FacebookやLINE、Twitter、Googleなどのアカウントを利用したSNS認証を行えるようになっていたりします。

また、無償のサービスの場合、利用可能な期間が登録を行った日から1年間や半年などのように制限されているケースが多いため、利用期限を超えると再登録する必要があります。また、メールアドレスによる登録を行う場合は、登録したメールアドレス宛てに本人確認のための認証リンクが記載されたメールが送付されることが一般的です。Wi-Fiの利用を開始するには、メール記載の認証リンクをクリックして本人確認を行う必要があります。

これらのことからわかるように事前の利用申し込みが必要になるのは、通常、一部の例外を除き、有償サービスとして提供されている公衆Wi-Fiを利用する場合のみです。有償サービスは、サービス提供事業者のホームページで申し込みが行えます。代表的な有償／無償の公衆Wi-Fiサービスの登録ページは、以下のURLからアクセスできます。

なお、NTTドコモのd Wi-Fiは、NTTドコモの「dポイントクラブ」に入会している会員向けの無償サービスです。d Wi-Fiの利用登録を行うには、「dアカウント発行」や「dポイントクラブ入会」「dポイントカード利用登録」などを行って、d Wi-Fiを利用できる条件を満たしておく必要があります。auのau Wi-Fiアクセスは、同社の提供している決済サービス、「au PAY」を利用しているユーザー向けのサービスです。au Wi-Fiアクセスを利用するには、au PAYを利用していることが条件となります。

NTTドコモが提供しているd Wi-Fiの申し込みページ。

ワイヤ・アンド・ワイヤレスが提供しているギガぞうWi-FiのWebページ。

● 代表的な公衆Wi-FiサービスのURL

		サービス名	URL
有償	ワイヤ・アンド・ワイヤレス	Wi2 300／ギガぞうWi-Fi	https://wi2.co.jp/jp/
	セールスパートナー	エコネクト	https://econnect.jp/
	NTTコミュニケーションズ	OCN モバイル ONE Wi-Fiスポット	https://www.ntt.com/personal/services/mobile/one/wi-fi_spot.html
	ワイヤレスゲート	ワイヤレスゲートWi-Fi	http://www.wirelessgate.co.jp/service/wifi.html
無償	NTTドコモ	d Wi-Fi	https://www.nttdocomo.co.jp/service/d_wifi/
	au	au Wi-Fiアクセス	https://au.wi2.ne.jp/aupay/
	Freespot協議会	FREESPOT	https://www.freespot.com/users/register_mail.php

Q 074 公衆Wi-Fi利用時の注意点を知りたい！

A セキュリティに注意しましょう。

公衆Wi-Fiは、外出先で手軽にインターネットを楽しめるという利便性の高さの半面、リスクも潜んでいるサービスです。たとえば、無料で利用できる公衆Wi-Fiサービスの多くは、暗号化キーの入力を行うことなく利用できます。しかも、無料の公衆Wi-Fiサービスで利用されているSSIDは公開されていることが一般的です。このため、接続したWi-Fiが正規のものであるのか、悪意のある第三者が盗聴や乗っ取りなどを目的として用意した「なりすましアクセスポイント」であるのかを見分けるすべはありません。

ほかにも、暗号化キーを用いていないWi-Fiは、パソコンやスマートフォンなどの機器からアクセスポイントまでの通信経路が暗号化されないため、情報の漏えいリスクが非常に高いというリスクもあります。近年では、インターネット上のWebサイトなどとのやり取りを行うときに、暗号化したデータをやり取りすることでデータの改ざんや盗聴を防ぐ、「SSL（Secure Sockets Layer）」という仕組みを利用することが一般的になってきました。しかし、SSLは、実際に送受信するデータを暗号化する仕組みであり、Wi-Fiの通信経路を物理的に暗号化するわけではありません。このため、暗号化キーを使用しないWi-Fiに接続し、SSLを利用していないWebサイトとデータのやり取りを行うと、IDやパスワードなどの重要な情報を含むすべてのデータが第三者に対して"丸見え"の状態になるという非常に高いリスクにさらされます。

暗号化を行っていない（暗号化キーを入力しなくても使用できる）公衆Wi-Fiを利用する場合は、できるだけSSLを利用しているWebサイトの閲覧を心がけてください。SSLを利用しているWebサイトは、「https」から始まるURLを入力することで閲覧でき、Webブラウザーのアドレスバーに鍵マークが付きます。ただし、SSLを利用しているWebサイトだとしても、暗号化を利用していない公衆Wi-Fiは、暗号化された公衆Wi-Fiよりも情報漏えいのリスクが高く、ネット通販やオンラインバンキングなどのユーザー認証を必要とするサイトなどの利用は避けてください。これらのサイトを利用したいときは、暗号化されていないWi-Fiでも秘匿性の高い通信環境を提供する「VPN（Virtual Private Network）」サービスとの併用を検討してください。VPNサービスの詳細については、Q118を参照してください。

なお、利用したい公衆Wi-Fiが暗号化されているかどうかは、アクセスポイントの接続に利用するリストに表示されるSSIDのアンテナマークまたはアンテナマーク横に「鍵マーク」があるかどうかで確認できます。鍵マーク付きのSSIDは、暗号化されているWi-Fiのアクセスポイントです。鍵マークがないアクセスポイントは、暗号化されていません。また、WindowsパソコンやMacを利用している場合はファイル共有など共有機能はオフに設定し、Macを利用している場合はファイアウォールを手動で有効にして利用してください。

暗号化されたデータのやり取りを行うWebサイトでは、URLが「https」から始まり、アドレスバーに鍵マークが付いています。

暗号化されている
暗号化されてない

Windows 10のWi-Fiアクセスポイントのリスト。SSID横のアンテナマークに「鍵マーク」が付いているのが暗号化されたアクセスポイントです。

Q 075 Windowsパソコンで公衆Wi-Fiを利用するには？

A 自宅のWi-Fiとほぼ同じ手順で利用できます。

Windowsパソコンで利用するときの手順は、基本的には自宅に設置したWi-Fiを利用するときとほとんど同じです。有償／無償に関係なく公衆Wi-Fiのサービスを提供している事業者ごとに用意されているアクセスポイントに自宅のWi-Fiに接続するときと同じ手順で接続し、続いてWebブラウザーを用いて、ユーザー認証や利用規約への同意などの作業を行う

ことで利用できます。

なお、Webブラウザーを用いたユーザー認証や利用規約への同意などの作業は、必須作業というわけではありません。事業者によっては、アクセスポイントに接続するだけで利用できる場合もあります。公衆Wi-Fiでは、サービスの提供事業者ごとに利用する「SSID」が異なっています。公衆Wi-Fiの利用にあたって、事前にサービス提供事業者のホームページなどでアクセスポイントの接続に利用するSSIDを調べておいてください。ここでは、ワイヤ・アンド・ワイヤレスが提供している有償の公衆Wi-Fiサービス「ギガぞうWi-Fi」を例に、Windowsパソコンで公衆Wi-Fiを利用する手順を紹介します。

1 通知領域の🌐をクリックし、

2 接続先のSSID（ここでは「Wi2premium_club」）をクリックします。

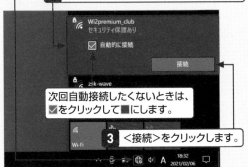

次回自動接続したくないときは、☑をクリックして■にします。

3 ＜接続＞をクリックします。

4 必要に応じて、ネットワークセキュリティー（暗号化キー）を入力し、

5 ＜次へ＞をクリックします。

6 この画面が表示されたら、＜いいえ＞をクリックします。

7 ユーザー認証画面が表示されたときはログインIDを入力し、

8 パスワードを入力して、

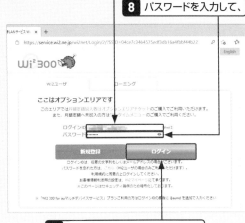

9 ＜ログイン＞をクリックします。

10 ユーザー認証が完了すると、インターネットを利用できます。

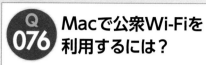

Q076 Macで公衆Wi-Fiを利用するには？

A ファイアウォール機能を有効にし、自宅のWi-Fiと同じ手順で接続してください。

Macは、標準ではファイアウォール機能がオフに設定されています。公衆Wi-Fiを利用する場合は、まず、ファイアウォール機能をオンに設定し、それから公衆Wi-Fiのアクセスポイントに接続します。また、ファイル共有などの機能を利用している場合は、共有機能の停止も忘れずに行ってください。

公衆Wi-Fiのアクセスポイントへの接続手順は、自宅で利用しているWi-Fiを利用するときとほぼ同じです。有償／無償に関係なく公衆Wi-Fiのサービスを提供している事業者が用意したアクセスポイントに自宅のWi-Fiに接続するときと同じ手順で接続し、Webブラウザーを用いて、ユーザー認証や利用規約への同意などの作業を行うことで利用できます。

Webブラウザーを用いたユーザー認証や利用規約への同意などの作業は、必須作業というわけではなくサービスを提供している事業者によっては、アクセスポイントに接続するだけで利用できる場合もあります。公衆Wi-Fiでは、サービスの提供事業者ごとに利用する「SSID」が異なっています。公衆Wi-Fiの利用にあたっては、事前にサービス提供事業者のホームページなどでアクセスポイントの接続に利用するSSIDを調べておいてください。

ここでは、Macのファイアウォール機能を有効にする手順を紹介します。Wi-Fiのアクセスポイントへの接続手順については、Q031を参照してください。また、公衆Wi-Fiのアクセスポイント接続後の操作については、Q075の手順7以降を参照してください。

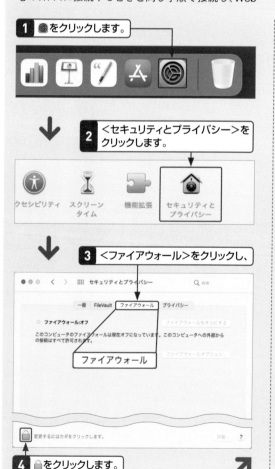

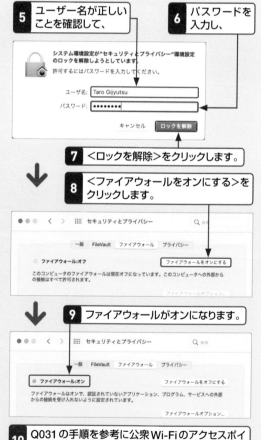

Q 077 iPhone／iPadで公衆Wi-Fiに接続するには？

A 接続アプリが用意されているときはアプリをインストールします。

公衆Wi-Fiでは、iPhone／iPad向けの接続アプリが用意されている場合があります。接続アプリが用意されているときは、そのアプリをインストールすることで接続時に必要となるSSIDや暗号化キーなどの情報も同時に設定されます。これによって、利用したい公衆Wi-Fiの電波を検出すると自動接続するようになります。

また、専用アプリが用意されていないときは、手動で接続を行います。手動で接続するときは、有償／無償に関係なく公衆Wi-Fiのサービスを提供している事業者ごとに用意されているアクセスポイントに自宅のWi-Fiと同じ手順で接続し、続いてWebブラウザーを用いて、ユーザー認証や利用規約への同意などを行います。

Webブラウザーを用いたユーザー認証や利用規約への同意などの作業は、必須作業というわけではありません。サービスの提供事業者によっては、アクセスポイントに接続するだけで利用できる場合もあります。Wi-Fiのアクセスポイントへの接続手順については、Q032またはQ033を参照してください。また、公衆Wi-Fiのアクセスポイント接続後の操作については、Q075の手順**7**以降を参照してください。

ワイヤ・アンド・ワイヤレスが提供している有償の公衆Wi-Fiサービス「ギガぞうWi-Fi」で提供されている接続アプリの画面。アプリをインストールするだけで接続設定などが行われる。

Q 078 Androidスマホで公衆Wi-Fiに接続するには？

A 接続アプリが用意されているときはアプリをインストールします。

公衆Wi-Fiでは、Androidスマートフォン／タブレット向けの接続アプリが用意されている場合があります。接続アプリが用意されているときは、そのアプリをインストールしましょう。接続アプリをインストールすると、その事業者が提供する公衆Wi-Fiの接続に必要なSSIDや暗号化キーなどの情報を手動で設定する必要がなく、簡単に目的の公衆Wi-Fiを利用できるほか、電波を検出すると自動接続するようにできます。

また、専用アプリが用意されていないときは、手動で接続を行います。手動で接続するときは、有償／無償に関係なく公衆Wi-Fiのサービスを提供している事業者が用意しているアクセスポイントに自宅のWi-Fiと同じ手順で接続し、続いてWebブラウザーを用いて、ユーザー認証や利用規約への同意などの作業を行うという手順で行います。Webブラウザーを用いたユーザー認証や利用規約への同意などの作業は、必須作業というわけではありません。サービスの提供事業者によっては、アクセスポイントに接続するだけで利用できる場合もあります。Wi-Fiのアクセスポイントへの接続手順については、Q034を参照してください。また、公衆Wi-Fiのアクセスポイント接続後の操作については、Q075の手順**7**以降を参照してください。

ワイヤ・アンド・ワイヤレスが提供している有償の公衆Wi-Fiサービス「ギガぞうWi-Fi」で提供されている接続アプリの画面。アプリのインストール時に接続設定などが行われる。

Q079 Nintendo 3DSで公衆Wi-Fiに接続するには？

A 自宅のWi-Fiに手動で接続するときと同じ手順で設定を行います。

Nintendo 3DSで公衆Wi-Fiを利用するときの手順は、有償／無償に関係なく公衆Wi-Fiのサービスを提供している事業者が用意しているアクセスポイント用の接続設定を自宅のWi-Fiに接続するときと同じ手順で行います。ただし、自宅のWi-Fiルーターを利用するときのようにプッシュボタンを利用した接続設定は行えません。接続設定はすべて手動で行う必要があります。

また、公衆Wi-Fiでは、はじめて利用するときに限ってアクセスポイント接続後にWebブラウザーを利用してメールアドレスの登録が必要になる場合があるほか、ユーザー認証や利用規約への同意などの作業を求められる場合があります。メールアドレスの登録を求められるような公衆Wi-Fiを利用するときは、パソコンやスマートフォンなどのメールの送受信が行える機器で事前に登録を済ませておきましょう。また、ユーザー認証や利用規約への同意などの作業を求められるときは、アクセスポイント接続後にNintendo 3DS内蔵のWebブラウザーを起動し、これらの作業を行います。なお、Nintendo 3DS内蔵のコンテンツフィルターによってユーザー認証や利用規約への同意などの作業が行えない場合は、その公衆Wi-Fiを利用してインターネットを楽しむことはできない点に注意してください。公衆Wi-Fiでは、サービスの提供事業者ごとに利用する「SSID」が異なります。公衆Wi-Fiの利用にあたって、事前にサービス提供事業者のホームページなどでアクセスポイントの接続に利用するSSIDを調べておいてください。Wi-Fiのアクセスポイントへの接続手順については、Q036を参照してください。

Nintendo 3DSのWi-Fiアクセスポイントの接続設定の画面。公衆Wi-Fiへの接続設定もここで行えます。接続設定は、手動で作成します。

Q080 Nintendo Switchで公衆Wi-Fiに接続するには？

A 自宅のWi-Fiを利用するときとほぼ同じ操作で利用できます。

Nintendo Switchで公衆Wi-Fiを利用するときの手順は、自宅のWi-Fiに接続するときとほぼ同じです。有償／無償に関係なく公衆Wi-Fiのサービスを提供している事業者が用意したアクセスポイントに対して、自宅のWi-Fiに接続するときと同じ手順で接続します。また、公衆Wi-Fiでは、アクセスポイント接続後にWebブラウザーによるユーザー認証や利用規約への同意などの作業を求められる場合があります。このような公衆Wi-Fiに接続したときは、アクセスポイント接続後に「このネットワークを使うには、手続きが必要です。」というメッセージが画面に表示され、＜つぎへ＞を選ぶと内蔵のWebブラウザーが起動し、ユーザー認証や利用規約への同意などの作業を行えます。ただし、公衆Wi-Fiでは、はじめて利用するときにメールアドレスの登録とそのメールアドレスに送付されたリンクによる認証を必要とする場合があります。この作業は、Nintendo Switchでは行えません。このような公衆Wi-Fiを利用したいときは、パソコンやスマートフォンなどで事前に接続を行い、これらの作業を済ませておいてから公衆Wi-Fiへの接続を行ってください。

公衆Wi-Fiでは、サービスの提供事業者ごとに利用する「SSID」が異なっています。公衆Wi-Fiの利用にあたって、事前にサービス提供事業者のホームページなどでアクセスポイントの接続に利用するSSIDを調べておいてください。Wi-Fiのアクセスポイントへの接続手順については、Q035を参照してください。

Nintendo Switchで認証などの操作が必要な公衆Wi-Fiに接続すると、このような画面が表示されます。＜つぎへ＞を選択すると、Webブラウザーが起動し認証などの操作が行えます。

Wi-Fiの基本

Wi-Fiの便利技

Wi-Fiの快適技（モバイル）

ルーターの基本

ファイル共有とクラウド

音楽／動画の活用

リモートデスクトップの活用

VPNの活用

ツールの活用

Q 081 Windowsパソコンで接続中のWi-Fiのセキュリティを確認するには？

A 接続中のアクセスポイントのプロパティを開くことで確認できます。

Windows 10は、接続中のアクセスポイントのプロパティを開くことで、セキュリティの種類や各種通信状態の確認、ネットワークプロファイルの確認／変更が行えます。また、アクセスポイント接続時にWi-Fiのセキュリティ強度に応じて以下のようなメッセージが表示されます。公衆Wi-Fiのアクセスポイントに接続するときは、これらのメッセージも参考にしてください。

● 非暗号化アクセスポイント接続時

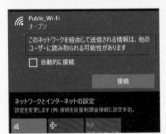

暗号化を行っていないアクセスポイントでは、通信内容が第三者に読み取られることがあるという警告のメッセージが表示されます。

● 暗号化に WEP を採用しているアクセスポイント接続時

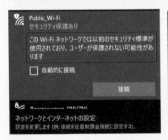

暗号化技術にWEPを採用しているアクセスポイントでは古いセキュリティ技術が利用されていることを警告するメッセージが表示されます。

1 通知領域の 📶 をクリックし、

2 接続中アクセスポイントの<プロパティ>をクリックします。

3 接続中のアクセスポイントのプロパティが表示されます。

4 公衆Wi-Fi利用時はネットワークプロファイルに「パブリック」が選択されていることを確認します。

5 画面をスクロールすると、

6 プロトコルやセキュリティの種類、通信速度など情報が確認できます。

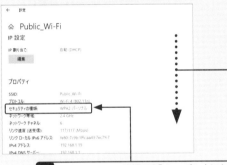

7 セキュリティの種類が「オープン」になっていなければ十分なセキュリティがあります。

8 セキュリティの種類が「オープン」の場合は、「暗号化なし」またはWEPによる暗号化で接続しており、セキュリティの強度は高くありません。

Q 082 Macで接続中のWi-Fiの セキュリティを確認するには？

A システムレポートでセキュリティに 関する情報を確認できます。

Macでは、システムレポートを表示することで、現在接続中のWi-Fiに関するセキュリティの種類やプロトコル（PHYモード）などの通信状態の確認やファイアウォールの有無を確認できます。

● Wi-Fiメニュー

暗号化なしやセキュリティにWEPを利用したWi-Fiに接続すると、Wi-Fiメニューに「セキュリティ保護されていないネットワーク」という項目が追加されます。

● WEPを利用したWi-Fiに接続する場合

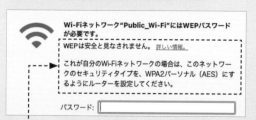

セキュリティにWEPを採用したWi-Fiに接続するときは、パスワードの入力画面に「WEPは安全と見なされません。」というメッセージが表示されます。

● システムレポートで情報を確認する

1 をクリックし、

2 ＜このMacについて＞をクリックします。

3 ＜システムレポート＞をクリックします。

また、Macでは、暗号化を行っていないWi-Fiのアクセスポイントに接続しているときやセキュリティにWEPを利用しているアクセスポイントに接続しているときは、Wi-Fiメニューに「セキュリティ保護されていないネットワーク」という項目が追加され、これをクリックすると、接続中のWi-Fiに関するセキュリティの警告画面が表示されます。加えて、セキュリティにWEPを採用したアクセスポイントに接続する場合に限って、パスワード（暗号化キー）入力時に以下のような警告のメッセージが表示されます。

4 システムレポートが 表示されます。

5 ＜Wi-Fi＞をクリック すると、

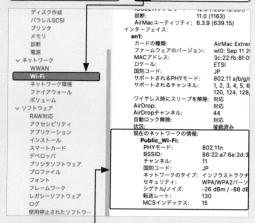

6 「現在のネットワークの情報」に接続中の Wi-Fiのセキュリティの状態などが表示されます。

7 セキュリティが「WPA2」や「WPA3」の場合は、十分なセキュリティがあります。「なし」または「WEP」の場合は、セキュリティの強度が高くありません。

8 ＜ファイアウォール＞をクリックすると、 ファイアウォールの状態を確認できます。

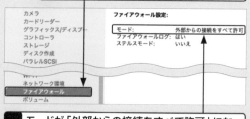

9 モードが「外部からの接続をすべて許可」になっている場合は、ファイアウォールがオフになっています。

Q 083 iPhone／iPadで接続先Wi-Fiのセキュリティを確認するには？

A 設定の「Wi-Fi」画面で確認できます。

iPhone／iPadは、「設定」の「Wi-Fi」画面で接続中のWi-Fiのセキュリティに関する情報を確認できます。暗号化されていないWi-FiやセキュリティにWEPを利用しているWi-Fiを利用しているときは、接続中のWi-Fiの下に簡易メッセージが表示され、接続中のWi-Fiをタップすると、より詳細な情報が表示されます。

● 暗号化されてない Wi-Fi に接続している場合

● セキュリティに WEP を利用している Wi-Fi に接続している場合

● セキュリティに問題がない場合

問題がないときはメッセージが表示されない。

1 ホーム画面で＜設定＞をタップします。

2 ＜Wi-Fi＞をタップします。

3 セキュリティに問題があるときは、接続中のWi-FiのSSIDの下に簡易のメッセージ（ここでは「セキュリティ保護されていないネットワーク」）が表示されます。

4 接続中のWi-Fi（ここでは＜Public_Wi-Fi＞）をタップすると、

5 セキュリティに関する詳細な情報が表示されます。

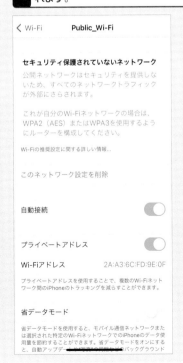

＜ Wi-Fi　　　Public_Wi-Fi

セキュリティ保護されていないネットワーク

公開ネットワークはセキュリティを提供しないため、すべてのネットワークトラフィックが外部にさらされます。

これが自分のWi-Fiネットワークの場合は、WPA2（AES）またはWPA3を使用するようにルーターを構成してください。

Wi-Fiの推奨設定に関する詳しい情報...

このネットワーク設定を削除

自動接続

プライベートアドレス

Wi-Fiアドレス　　　2A:A3:6C:FD:9E:0F

プライベートアドレスを使用することで、複数のWi-Fiネットワーク間のiPhoneのトラッキングを減らすことができます。

省データモード

省データモードを使用すると、モバイル通信ネットワークまたは選択された特定のWi-FiネットワークでのiPhoneのデータ使用量を節約することができます。省データモードをオンにすると、自動アップデートや同期タスクなどのバックグラウンド

Wi-Fiの基本

Wi-Fiの便利技

Wi-Fiの快適技（モバイル）

ルーターの基本

ファイル共有とクラウド

音楽／動画の活用

リモートデスクトップの活用

VPNの活用

ツールの活用

Q 084 Androidスマホで接続先Wi-Fi のセキュリティを確認するには？

A 設定の「Wi-Fi」画面で 確認できます。

Androidスマートフォン／タブレットは、「設定」の 「Wi-Fi」画面で接続中のWi-Fiのセキュリティやネットワーク速度などに関する情報を確認できます。ここでは、Android 10のスマートフォンを例に、セキュリティの確認方法を説明します。

1 ホーム画面で下から上にスワイプし、

2 ＜設定＞をタップします。

3 ＜接続＞をタップします。

4 ＜Wi-Fi＞をタップします。

5 現在接続中のWi-Fi（ここでは「aterm-d4eab 1」）の右横にある ⚙ をタップします。

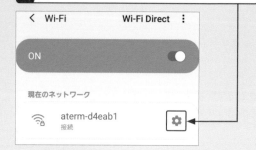

6 接続中のWi-Fiの情報が表示されます。

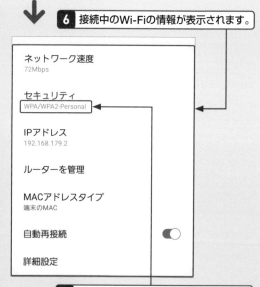

7 セキュリティが「なし」または「WEP」になっていなければ、十分なセキュリティがあります。

8 セキュリティが「なし」の場合は、暗号化を行っていないWi-Fiを利用しています。「WEP」となっている場合は、WEPによる暗号化を利用したWi-Fiを利用しています。

左側縦見出し：
Wi-Fiの基本
Wi-Fiの便利技
Wi-Fiの快適技（モバイル）
ルーターの基本
ファイル共有とクラウド
音楽／動画の活用
リモートデスクトップの活用
VPNの活用
ツールの活用

Q 085 新幹線でWi-Fiを利用したい！

A JR提供の無料のWi-Fiを利用できます。

東海道、山陽、九州新幹線は、「Shinkansen_Free_Wi-Fi」という共通のSSIDで無料サービスが提供されており、利用条件も共通です。利用開始時にSNSによる認証またはメールアドレスの登録が求められ、登録から最大21日間利用できます。1回当たりの利用時間は最大30分間に制限されていますが、規定期間内（登録から21日間）であれば、再接続することで何度でも利用できます。利用開始時にメールアドレスを登録した場合は、本人確認が必要になります。本人確認は、登録メールアドレスに対して送付されたメールを開き、それに記載されている本人確認用のURLリンクをクリックすることで行います。この作業は規定時間以内に行う必要があります。

北陸、山形、秋田、上越、東北新幹線は、「JR-EAST FREE Wi-Fi」または「JR-WEST FREE Wi-Fi」というSSIDで無料サービスが提供されています。

JR-EAST FREE Wi-Fiは、JR東日本が提供しているサービスです。1回のエントリー当たり最大3時間利用でき、再エントリーすることで何度でも利用できます。エントリー時にメールアドレスの登録が必須で、送付されるメールを用いた本人確認を規定時間以内に行う必要があります。新幹線だけでなく、JR東日本が運行している一部の特急や駅構内などでも利用できる場合があります。

JR-WEST FREE Wi-Fiは、JR西日本が提供しているサービスです。Shinkansen_Free_Wi-Fi同様に利用開始時にSNSによる認証またはメールアドレスの登録が求められ、登録から最大8日間、何度でも利用できます。新幹線だけでなく、JR西日本が運行している一部の特急や駅構内などでも利用できる場合があります。

そのほか、新幹線では、携帯電話事業者による自社の契約ユーザー向けのWi-Fiサービスが提供されているほか、フレッツ・スポット、ワイヤ・アンド・ワイヤレスなどの公衆Wi-Fiサービスの利用ユーザー向けのサービスも提供されています。新幹線でWi-Fiを利用したいときは、これらのWi-Fiサービスも利用できます。

● JR が提供する Wi-Fi サービスの利用手順

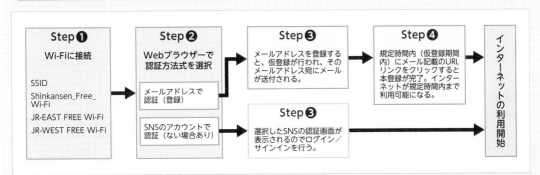

● JR 各社が提供している Wi-Fi サービス

	東海道／山陽／九州新幹線	北陸／山形／秋田／上越／東北新幹線	東海道新幹線の各駅
SSID	Shinkansen_Free_Wi-Fi	JR-EAST FREE Wi-Fi／JR-WEST FREE Wi-Fi	JR-Central_FREE
制限時間	1回30分。何度でも利用可 登録から21日間	JR-EAST FREE Wi-Fiは3時間 JR-WEST FREE Wi-Fiは登録から8日間	1回60分。何度でも利用可
料金	無料	無料	無料
認証	メールアドレス／SNSアカウント	メールアドレス／SNSアカウント（メールアドレスのみの場合あり）	メールアドレス／SNSアカウント

Q 086 飛行機でWi-Fiを利用したい！

A JALやANAでは機内Wi-Fiサービスを行っています。

JALやANAでは、国内線において機内で誰でも無料で利用できるWi-Fiサービスを提供しています。ただし、すべての旅客機に機材が搭載されているわけではなく、一部の旅客機では、サービスが提供されていない場合があるので注意してください。

スカイマークやエアドゥ、スターフライヤーなどのLCC各社では、機内のWi-Fiサービスは提供されていません。加えて、携帯電話各社の加入者向けのWi-Fiサービスや公衆Wi-Fi事業者のWi-Fiサービスなども提供されていません。このため、現在のところ航空機内でWi-Fiを利用できるのは、JALとANAが提供している機内Wi-Fiサービスのみとなっています。

JALやANAの機内Wi-Fiサービスの利用手順は、無料で提供されている公衆Wi-Fiサービスを利用するときとほぼ同じです。指定のSSIDに接続し、Webブラウザーを起動して、メールアドレスを入力することで利用できます。

JALの機内Wi-FiのSSIDは「gogoinflight」または「Japan Airlines」です。ANAは「ANA-WiFi-Service」というSSIDに接続します。利用可能な時間は、離陸後約5分後から着陸約5分前までとなっています。

また、JAL／ANAともにiPhoneやiPad、Androidスマートフォン／タブレット向けに専用アプリを用意しています。iPhone／iPad、Androidを利用しているときは、専用アプリから機内Wi-Fiの利用を開始することもできます。

なお、ANA Wi-Fi Serviceを利用する場合は、事前に専用アプリをダウンロードして、インストールしておく必要があります。

● JAL／ANAのWi-Fiサービスの概要

	JAL	ANA
SSID	gogoinflight／Japan Airlines	ANA-WiFi-Service
制限時間	離陸後約5分後から着陸約5分前まで	離陸後約5分後から着陸約5分前まで
料金	無料	無料
利用方法	メールアドレスの入力	メールアドレスの入力

Q 087 空港でWi-Fiを利用したい！

A 空港が提供している無料のWi-Fiを利用できます。

日本国内の空港では、それぞれの空港が独自で誰でも利用できる無料のWi-Fiサービスを提供しています。このサービスは、暗号化を利用しない無料で提供されている公衆Wi-Fiサービスを利用するときとほぼ同じ手順で利用できます。

具体的には、空港ごとに用意されている独自のSSIDに接続後、Webブラウザーを起動すると、専用のWebページが表示されます。利用規約などを一読して、「利用開始」ボタンをクリックすると、インターネットの利用がスタートするというものです。

また、空港では、JALやANAなどが自社の空港ラウンジで独自のWi-Fiサービスを提供している場合もあります。空港ラウンジを利用する場合は、JALやANAの独自のWi-Fiサービスを利用してインターネットを楽しむこともできます。

ほかにも携帯電話各社が、自社の加入者向けのWi-Fiサービスも展開されています。また、ワイヤ・アンド・ワイヤレスなどの有料の公衆Wi-Fi事業者もサービスを行っており、有料の公衆Wi-Fiサービスも利用できるようになっています。

● 空港が提供している主な無料Wi-Fiサービス

	SSID
新千歳空港	NewChitose_Airport_Free_Wi-Fi
仙台国際空港	00-FREE_Wi-Fi_Sendai_Airport
成田空港	FreeWiFi-NARITA
羽田空港	HANEDA-FREE-WIFI
中部国際空港セントレア	FreeWiFi-centrair
関西国際空港	_FreeWiFi-KansaiAirports _FreeWiFi-KansaiAirports_2.4G
大阪国際空港（伊丹空港）	_FreeWiFi-KansaiAirports _FreeWiFi-KansaiAirports_2.4G
松山空港	Matsuyama_Airport_Free_Wi-Fi Ehime_Free_Wi-Fi
福岡空港	AirportFreeWiFi-2.4G AirportFreeWiFi-5.0G
那覇空港	Free_Wi-Fi_NAHA_Airport

Wi-Fiの基本

Wi-Fiの便利技

Wi-Fiの快適技（モバイル）

ルーターの基本

ファイル共有とクラウド

音楽／動画の活用

リモートデスクトップの活用

VPNの活用

ツールの活用

Q 088 ホテルでWi-Fiを利用したい!

A ホテルが独自のWi-Fiサービスを行っています。

現在のホテルでは、多くの場合、宿泊者が自由に利用できる無料のWi-Fiサービスを提供しています。ホテルでWi-Fiを利用したいときは、このサービスを活用しましょう。

なお、ホテルで提供されているWi-Fiサービスの利用方法は、ホテルごとに異なります。これは、Wi-Fiの暗号化の有無や利用開始操作の有無など、ホテルによって提供方法が異なるためです。たとえば、暗号化

を行っているWi-Fiサービスを提供しているホテルの場合、接続先のSSIDと暗号化キー(パスワード)の情報を記載した案内が部屋の中などに提示されています。Wi-Fiを利用するときは、この情報を用いて、自宅のWi-Fiを利用するときと同じ手順で接続します。

一方で暗号化を行っていないWi-Fiサービスの場合は、指定のSSIDに接続するだけですぐさま利用できる場合と、無料の公衆Wi-Fiサービスによく見られるアクセスポイント接続後にWebブラウザーを用いた利用開始操作が求められる場合があります。このようにホテルの宿泊者向けのWi-Fiサービスは、ホテルによってサービスの利用方法が異なります。ホテルのWi-Fiを利用するときは、カウンターなどで詳細な使い方を確認することをお勧めします。

 公衆Wi-Fiサービスの接続技　　重要度 ★ ★ ★

Q 089 高速バスでWi-Fiを利用したい!

A Wi-Fiを利用できるバスは年々増えています。

乗客向けの無料で利用できるWi-Fiを備えた高速バスは年々増加しており、大手バス会社を中心に多くのバスで利用できるようになってきています。Wi-Fiが利用可能なバスには、無料のWi-Fiサービスを提供している旨のステッカーが貼られているほか、車

内にWi-Fiへの接続方法や利用時の制限事項などを説明した冊子や貼り紙が用意されています。Wi-Fiが利用できるかどうかは、これらを目印するとよいでしょう。

なお、乗客が無料で利用できるWi-Fiを備えたバスは、高速バスに限りません。首都圏だけでなく、地方などの路線バスや観光バスでも無料のWi-Fiサービスが提供されているケースが全国的に増えています。バスでWi-Fiを利用したいときは、前述したステッカーや冊子、貼り紙などを探してみることをお勧めします。

 公衆Wi-Fiサービスの接続技　　重要度 ★ ★ ★

Q 090 高速道路でWi-Fiを利用したい!

A サービスエリアやパーキングエリアで無料のWi-Fiを利用できます。

高速道路では、サービスエリアやパーキングエリアでNEXCO東日本やNEXCO中日本、NEXCO西日本が提供している無料のWi-Fiサービスを利用できます。SSIDは、NEXCO3会社共通で「NEXCO_FREE_Wi-Fi」で運用されています。接続方法も3会社共通で、共通のSSIDである「NEXCO_FREE_Wi-Fi」に

接続し、Webブラウザーを開いて認証方式などのアカウント設定を行うというものです。認証方式は、SNSアカウントまたはメールアドレス、電話番号の中から選択でき、登録したアカウントは、最大90日間利用できます。

ほかにもNTTドコモやau、ソフトバンクなどの携帯電話各社も自社の加入者向けのWi-Fiサービスを展開しているほか、ワイヤ・アンド・ワイヤレスなどの有料の公衆Wi-Fi事業者もサービスを行っています。高速道路では、これらのWi-Fiサービスを利用してインターネットを楽しめます。

Wi-Fiの基本

Wi-Fiの便利技

Wi-Fiの快適技(モバイル)

ルーターの基本

ファイル共有とクラウド

音楽／動画の活用

リモートデスクトップの活用

VPNの活用

ツールの活用

Q 091 d Wi-Fi／docomo Wi-Fiについて知りたい！

A NTTドコモが提供している無料の公衆Wi-Fiサービスです。

「d Wi-Fi」は、NTTドコモが提供している無料の公衆Wi-Fiサービスです。同社がサービスを提供している年会費無料のポイントプログラム「dポイントクラブ」の会員であれば利用できます。NTTドコモでは、「docomo Wi-Fi」という自社回線を利用しているユーザー向けの公衆Wi-Fiサービスも行っていますが、docomo Wi-Fiは、2022年2月8日のサービス終了がアナウンスされており、d Wi-Fiへの移行が促されています。このため、d Wi-Fiは、docomo Wi-Fiの事実上の後継サービスと考えても差し支えありません。

d Wi-Fiは、NTTドコモ以外の他社回線ユーザーでも利用できるほか、パソコンやスマートフォン、ゲーム機など最大5台の機器を同時に接続して利用できるなど、利便性も向上しています。また、WPA2やIEEE802.1Xのユーザー認証に対応するアクセスポイントも用意されています。これによって、より安全なWi-Fiの利用を行えるという特徴もあります。

d Wi-Fiを利用するには、❶「dアカウント」の取得→❷「dポイントクラブ」への入会→❸お手持ちのdポイントカードの利用登録（dポイントカードを持っていない場合は、モバイルdポイントカードの発行も可能）→❹d Wi-Fiの契約という手順を踏む必要があります。

dアカウントは、NTTドコモが提供するサービスで利用される共通IDです。従ってdポイントクラブの入会には、dアカウントの取得が必須となります。

d Wi-Fiの契約に必要な作業は、パソコンなどから手続きサイトをWebブラウザーで開いて行えるほか、「dアカウント設定」アプリと「dポイントクラブ」アプリの2つのアプリをiPhone／iPadやAndroidスマートフォン／タブレットにインストールすることでも行えます。「dアカウント設定」アプリでは、❶のdアカウントの取得と❹のd Wi-Fiの契約を行えます。また、iPhone／iPadやAndroidスマートフォン／タブレットをd Wi-Fiのアクセスポイントに接続するための設定を行うこともできます。

「dポイントクラブ」アプリは、モバイルdポイントカードとしても利用できるアプリです。モバイルdポイントカードが自動発行されるので、dポイントカードを持っていない場合でも❷のdポイントクラブへの入会と利用登録を簡単に行えます。

● d Wi-Fi と docomo Wi-Fi の違い

	d Wi-Fi	docomo Wi-Fi
利用条件	dポイントクラブ会員	ドコモ回線ユーザー／サービス契約者
同時接続台数	1アカウント当たり最大5台	1アカウント当たり1台
利用料金	無料	ドコモ回線ユーザーは無料
SSID	0000docomo／0001docomo	docomo／0000docomo／0001docomo
ユーザー認証	SIM認証／Web認証／IEEE802.1X認証	SIM認証／Web認証／IEEE802.1X認証／アプリ認証

● d Wi-Fi 設定の流れ

Step❶	Step❷	Step❸	Step❹
dアカウントの取得	dポイントクラブに入会	dポイントカードの利用登録	d Wi-Fiの契約
Webサイトまたは「dアカウント設定」アプリで取得	Webサイトまたは「dポイントクラブ」アプリで入会	Webサイトまたは「dポイントクラブ」アプリで登録	Webサイトまたは「dアカウント設定」アプリで契約

Wi-Fiの基本
Wi-Fiの便利技
Wi-Fiの快適技（モバイル）
ルーターの基本
ファイル共有とクラウド
音楽／動画の活用
リモートデスクトップの活用
VPNの活用
ツールの活用

Q 092 パソコンからd Wi-Fiを契約したい！

A 手続きサイトをWebブラウザーで開いて、契約します。

d Wi-Fiを契約するには、dポイントカードが必要です。dポイントカードは、ドコモショップで無料配布されているほか、dポイントカードの利用登録時にモバイルdポイントカードを発行し、それを利用することもできます。なお、docomo Wi-Fiを利用しているユーザーは、docomo Wi-Fiの契約を残したまま、d Wi-Fiの契約を追加できます。また、NTTドコモ回線（格安SIM事業者を含む）のユーザーは、d Wi-Fiの契約を「dアカウント設定」アプリから行えないことがあります。その場合は、ここで説明している手順でd Wi-Fiの契約を行ってください。

1 Webブラウザーで、dアカウントのWebサイト（https://id.smt.docomo.ne.jp/）にアクセスします。

2 ＜無料のdアカウントを作成＞をクリックし、画面の指示に従ってdカウントを取得します。

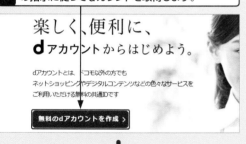

3 dポイントクラブのWebサイト（https://dpoint.jp）にアクセスします。

4 ＜登録＞をクリックします。

5 ＜dアカウントをお持ちの方＞をクリックし、取得しておいたdアカウントでのログインを行います。

6 dアカウントでのログインを行うと、登録するdポイントカードの選択ページが表示されます。

7 お手持ちのdポイントカードの種類をクリックし、画面の指示に従ってdポイントカードの利用登録を行います。

登録するカードを選択してください

dポイントカード
（ マークの入ったデザインカード含む）

dカード/dカード GOLD
（クレジットカード）

dカード プリペイド
（プリペイドカード）

オンライン発行dポイントカード番号

8 dポイントカードを持っていない場合は、＜オンライン発行dポイントカード番号＞をクリックし、画面の指示に従って操作を行ってください。

9 d Wi-FiのWebサイト（https://www.nttdocomo.co.jp/service/d_wifi/）にアクセスします。

お申込み：必要　　　　　月額使用料：無料

お手続きサイトへ

このページの内容
・dポイントクラブ会員ならご利用は無料

10 ＜お手続きサイトへ＞をクリックし、画面の指示に従って、d Wi-Fiの契約を行います。

Wi-Fiの基本

Wi-Fiの便利技

Wi-Fiの快適技（モバイル）

ルーターの基本

ファイル共有とクラウド

音楽／動画の活用

リモートデスクトップの活用

VPNの活用

ツールの活用

Q 093 iPhone／Androidから d Wi-Fiを契約したい！

A アプリをインストールして契約します。

iPhoneやiPad、Androidスマートフォンやタブレットでd Wi-Fiの契約を行うときは、「dアカウント設定」アプリと「dポイントクラブ」アプリの2つをインストールし、アプリから契約を行います。「dポイントクラブ」アプリを利用する場合は、自動的にモバイルdポイントカードが発行され、そのまま利用登録で

きます。

なお、NTTドコモ回線（格安SIM事業者を含む）のユーザーは、dアカウントの作成やdポイントカードの利用登録は行えますが、d Wi-Fiの契約をアプリから行えない場合があります。その場合は、Q092を参考にWebブラウザーでd Wi-Fiの契約を行ってください。ここでは、iPhoneからd Wi-Fiの契約を行っていますが、Androidスマートフォンやタブレット、iPadも同じ手順で契約を行えます。作業を開始する前に「dアカウント設定」アプリと「dポイントクラブ」アプリをインストールしておいてください。

1 「dアカウント設定」アプリを起動します。

2 はじめて起動したときは、「ご利用にあたって」が表示されます。画面の指示に従って操作を進めてください。

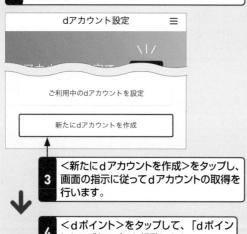

3 ＜新たにdアカウントを作成＞をタップし、画面の指示に従ってdアカウントの取得を行います。

4 ＜dポイント＞をタップして、「dポイントクラブ」アプリを起動します。

5 ＜ログインする＞をタップして、画面の指示に従って、取得しておいたdアカウントでログインします。

6 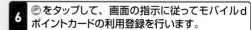 をタップして、画面の指示に従ってモバイルdポイントカードの利用登録を行います。

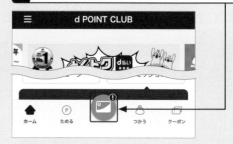

7 「dアカウント設定」アプリを起動します。

8 ＜その他の機能＞をタップします。

9 ＜d Wi-Fiのお申し込み＞をタップして、画面の指示に従ってd Wi-Fiの契約を行います。

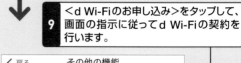

公衆Wi-Fiサービスの接続技　　重要度 ★ ★ ★

Q094 パソコンからd Wi-Fi／docomo Wi-Fiを利用したい！

A パソコンからの利用には
パスワードの設定が必要です。

パソコンからd Wi-Fi／docomo Wi-Fiを利用するには、ユーザー認証を行う必要があります。認証方法は、Web認証またはIEEE802.1X認証が用意されています。Web認証は、dアカウントまたはdocomo Wi-FiユーザIDとd Wi-Fi／docomo Wi-Fiパスワードを用いてユーザー認証を行う方法です。自宅の

Wi-Fiを利用するときと同じ方法でd Wi-Fiのアクセスポイントに接続し、アクセスポイント接続後にWebブラウザーを利用してユーザー認証を行うと、Wi-Fiを利用できます。後者のIEEE802.1X認証は、自動接続したいときに便利な方法です。事前に接続設定をパソコンに行っておく必要がありますが、d Wi-Fi／docomo Wi-Fiのアクセスポイントを検出すると自動接続され、Webブラウザーを利用したユーザー認証を行うことなく利用できます。なお、パソコンからd Wi-Fiを利用するには、「d Wi-Fiパスワード」の設定を行う必要があります。d Wi-Fiパスワードは、以下の手順で設定します。

1 WebブラウザーでMy docomoのWebサイト（https://www.nttdocomo.co.jp/mydocomo/）にアクセスします。

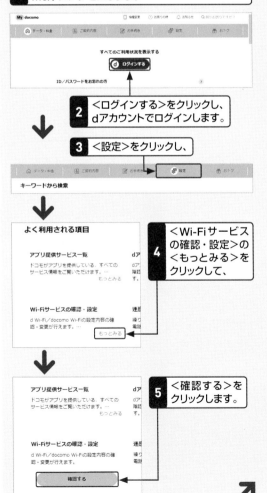

2 ＜ログインする＞をクリックし、dアカウントでログインします。

3 ＜設定＞をクリックし、

4 ＜Wi-Fiサービスの確認・設定＞の＜もっとみる＞をクリックして、

5 ＜確認する＞をクリックします。

6 ＜d Wi-Fiパスワードを設定・変更する＞をクリックします（docomo Wi-Fiの設定を確認したい場合は、＜docomo Wi-Fi設定＞をクリックします）。

7 パスワード確認画面が表示されたときは、dアカウントのパスワードを入力し、＜パスワードを確認＞をクリックします。

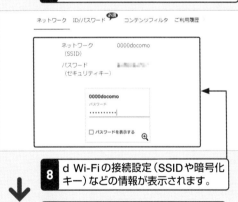

8 d Wi-Fiの接続設定（SSIDや暗号化キー）などの情報が表示されます。

9 ＜ID/パスワード＞をクリックします。

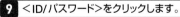

10 ＜パスワードを設定する＞をクリックし、画面の指示に従ってd Wi-Fiパスワードを設定します。

Wi-Fiの基本
Wi-Fiの便利技
Wi-Fiの快適技（モバイル）
ルーターの基本
ファイル共有とクラウド
音楽／動画の活用
リモートデスクトップの活用
VPNの活用
ツールの活用

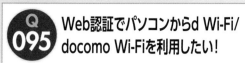

Q 095 Web認証でパソコンからd Wi-Fi/docomo Wi-Fiを利用したい!

A Web認証用のSSIDのアクセスポイントに接続します。

Web認証でパソコンからd Wi-Fi／docomo Wi-Fiを利用したいときは、Web認証用のアクセスポイントを利用します。d Wi-Fi／docomo Wi-FiのWeb認証用のアクセスポイントは、共通のSSID「0000docomo」で運用されており、WPA2-PSK／CCMPによるセキュリティが施されている安全なWi-Fiです。
接続手順もd Wi-Fi／docomo Wi-Fiで共通となっています。アクセスポイントの接続に必要な暗号化

キーは、Q094の手順7の画面で確認できます。
なお、Web認証では、アクセスポイント接続後にWebブラウザーを利用して、ユーザー認証を行います。d Wi-Fiのユーザーは、Q094を参考にd Wi-Fiパスワードを事前に設定しておいてください。また、docomo Wi-Fiのユーザーは、docomo Wi-Fi用のIDとパスワードが必要になります。docomo Wi-Fi用のIDとパスワードは、Q094を参考にすることで確認できます。
ここでは、Windowsパソコンを例に説明していますが、アクセスポイント接続後のユーザー認証の手順は、Windows／Macともに共通です。Macで利用する場合は、Q031を参考にアクセスポイントへの接続を行ってください。

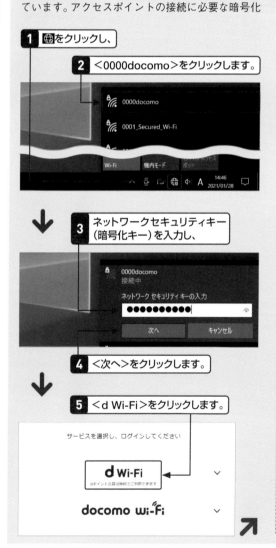

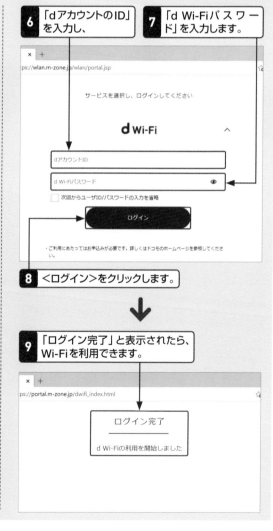

Wi-Fiの基本

Wi-Fiの便利技

Wi-Fiの快適技（モバイル）

ルーターの基本

ファイル共有とクラウド

音楽／動画の活用

リモートデスクトップの活用

VPNの活用

ツールの活用

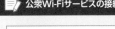
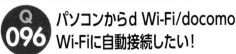

Q 096 パソコンからd Wi-Fi/docomo Wi-Fiに自動接続したい!

A 自動接続の設定を作成します。

d Wi-Fi／docomo Wi-FiにWindowsパソコンやMacから自動接続したいときは、IEEE802.1X認証に対応したd Wi-Fi／docomo Wi-Fiのアクセスポイントに接続します。d Wi-Fi／docomo Wi-FiのIEEE802.1X認証用のアクセスポイントは、共通のSSID「0001docomo」で運用されており、接続設定を

事前に作成しておく必要があります。
なお、d Wi-Fiのユーザーは、d Wi-Fiパスワードが必要になります。Q094を参考に事前にd Wi-Fiパスワードを設定しておいてください。また、docomo Wi-Fiのユーザーは、docomo Wi-Fi用のIDとパスワードが必要になります。docomo Wi-Fi用のIDとパスワードは、Q094を参考にすることで確認できます。接続設定の作成方法については、d Wi-FiのWebサイト（https://www.nttdocomo.co.jp/service/d_wifi/）で詳細な手順が記載されたPDFマニュアルが用意されていますので、そちらを参考に行ってください。

1 Webブラウザーでd Wi-FiのWebサイト（https://www.nttdocomo.co.jp/service/d_wifi/）にアクセスします。

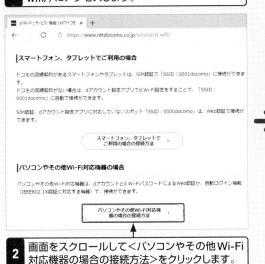

2 画面をスクロールして＜パソコンやその他Wi-Fi対応機器の場合の接続方法＞をクリックします。

3 画面をスクロールすると、自動ログイン機能に関する説明セクションが表示されます。対応する機器のPDFをクリックして、接続設定を行ってください。

Q 097 iPhoneやAndroidでd Wi-Fiを利用する方法を知りたい!

A 自動接続とWeb認証で利用できます。

NTTドコモで回線契約を行っているユーザーは、SIM認証と呼ばれる方法によって自動的にd Wi-Fi／docomo Wi-Fiに接続するように設定されています。このため、設定不要でd Wi-Fi／docomo Wi-Fiを

利用できます。また、NTTドコモの回線契約がないスマートフォンやタブレットでd Wi-Fiを利用したい場合は、Web認証による手動接続（Q100参照）と「dアカウント設定」アプリを利用した自動接続設定（Q098またはQ099参照）を行う方法があります。ただし、NTTドコモの回線を利用した格安SIM事業者の回線を利用している場合は、「dアカウント設定」アプリを利用した接続設定が行えないことがあります。その場合は、Web認証でd Wi-Fiを利用してください。

Wi-Fiの基本

Wi-Fiの便利技

Wi-Fiの快適技（モバイル）

ルーターの基本

ファイル共有とクラウド

音楽／動画の活用

リモートデスクトップの活用

VPNの活用

ツールの活用

公衆Wi-Fiサービスの接続技　重要度 ★ ★ ★

Q 098 iPhone／iPadから d Wi-Fiに自動接続したい!

A 「dアカウント設定」アプリで設定します。

NTTドコモの回線契約がないiPhoneやiPadをd Wi-Fiに自動接続するように設定したい場合は、「dアカウント設定」アプリを利用します。このアプリを利用すると、d Wi-Fiのアクセスポイント（SSIDは「0001docomo」）への自動接続の設定が行えます。ただし、「dアカウント設定」アプリで設定を行ってもd Wi-Fiのアクセスポイントにうまく自動接続できない場合があります。その場合は、「dアカウン

ト設定」アプリで接続設定をいったん削除し、SSID「0001docomo」が検出されている場所で「dアカウント設定」アプリによる接続設定を再度行ってみてください。これでうまく接続できるようになる場合があります。

なお、NTTドコモの回線を利用した格安SIM事業者の回線を利用している場合、「dアカウント設定」アプリを利用した接続設定が行えないことがあります。「dアカウント設定」アプリのトップページに「d Wi-Fi」の項目が表示されないというケースです。その場合は、Web認証でd Wi-Fiを利用してください。「dアカウント設定」アプリを利用した接続設定は、以下の手順で行います。

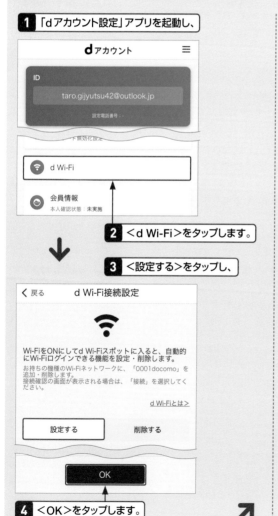

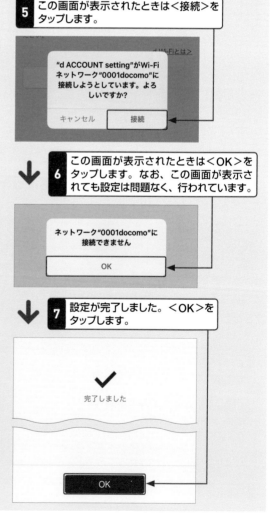

Q 099 Androidスマホ／タブレットから d Wi-Fiに自動接続したい！

A 「dアカウント設定」アプリで 設定します。

NTTドコモの回線契約がないAndroidスマートフォンやタブレットをd Wi-Fiに自動接続するように設定したい場合は、「dアカウント設定」アプリを利用します。このアプリを利用すると、d Wi-Fiのアクセスポイント（SSIDは「0001docomo」）への自動接続の設定が行えます。なお、Android 10以上を搭載したAndroidスマートフォンやタブレットをd Wi-Fiに自動接続するように設定した場合、アクセスポイントへはじめての接続を行うときに、接続を行うことを

知らせる「通知」が表示されます。この通知で「はい」をタップした場合に接続設定のすべての手順が完了します。通知があったときに「いいえ」をタップすると、接続設定が完了しない点に注意してください。間違って、通知で「いいえ」をタップした場合は、再度通知が表示されるように設定を変更して、通知で＜はい＞をタップしてください。

なお、通知の再設定は、「設定」画面を表示し、検索などを利用して「特別なアプリアクセス」という項目を探し、＜Wi-Fi管理＞の中にある＜dアカウント設定＞から＜Wi-Fiの管理アプリに許可＞をOFFからONに変更することで行えます。手順の詳細は、利用しているAndroidスマートフォンやタブレットのマニュアルなどで確認してください。

1 「dアカウント設定」アプリを起動し、

2 ＜d Wi-Fi＞をタップします。

3 ＜設定する＞をタップし、

4 ＜OK＞をタップします。

5 この画面が表示されたときは＜OK＞をタップします。

6 接続設定が完了し、手順**2**の画面に戻ります。

7 設定後にはじめてd Wi-Fiが利用可能な状態になると、通知が表示されるので、必ず＜はい＞をタップしてください。

Wi-Fiの基本
Wi-Fiの便利技
Wi-Fiの快適技（モバイル）
ルーターの基本
ファイル共有とクラウド
音楽／動画の活用
リモートデスクトップの活用
VPNの活用
ツールの活用

Q 100　d Wi-FiをiPhoneやAndroidからWeb認証で利用したい！

A　Web認証用のSSIDのアクセスポイントに接続します。

Web認証でiPhone／iPadやAndroidスマートフォン／タブレットからd Wi-Fiを利用したいときは、Web認証用のアクセスポイントを利用します。Web認証用のアクセスポイントは、SSID「0000docomo」で運用されています。また、WPA2-PSK／CCMPによるセキュリティが施されているアクセスポイントへの接続には、暗号化キー（パスワード）が必要です。暗号化キーは、Q094の手順7の画面で確認できます。なお、Web認証では、アクセスポイント接続後にWebブラウザーを利用して、ユーザー認証を行う必要があります。Q094を参考にd Wi-Fiパスワードを事前に設定しておいてください。ここでは、iPhoneを例に説明していますが、アクセスポイントへの接続手順は、自宅のWi-Fiへの接続方法と同じです。iPadの場合は、Q032、Q033、Androidスマートフォン／タブレットの場合は、Q034を参考に接続を行ってください。また、アクセスポイント接続後に行うユーザー認証の手順は、iPadやAndroidスマートフォン／タブレットともに共通です。

1 Wi-Fiの接続先画面を表示し、＜0000docomo＞をタップします。

2 暗号化キー（パスワード）を入力し、

3 ＜接続＞をタップします。

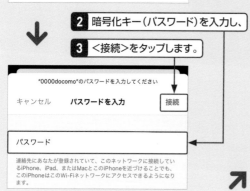

4 認証ページが表示されるので、＜d Wi-Fi＞をタップします。

5 dアカウントのIDを入力し、

6 d Wi-Fiのパスワードを入力して、

7 ＜ログイン＞をタップします。

8 「ログイン完了」と表示されたら、Wi-Fiを利用できます。

9 ＜完了＞をタップします。

Q 101 au Wi-Fi SPOTを利用したい!

A auの回線を契約している機器で利用できます。

「au Wi-Fi SPOT」は、auが同社の携帯電話回線のユーザー向けに提供している公衆Wi-Fiサービスです。1契約に付き1台のiPhone／iPadまたはAndroidスマートフォン／タブレットで利用でき、一部のタブレット向けの料金プランを除く、ほぼすべての料金プランで無料で提供されています。

au Wi-Fi SPOTでは、複数台の機器を利用したいユーザー向けに有償のオプション契約「Wi2 300 for auマルチ デバイスサービス」も用意しています。このサービスを契約すると、auのiPhone／iPad、Androidスマートフォン／タブレットだけでなく、パソコンやゲーム機などのWi-Fi対応機器を最大5台まで同時に利用できます。Wi2 300 for auマルチ デバイスサービスは、月額330円（税込み）で提供されています。

au Wi-Fi SPOTは、通常、同社製の機器を使用している場合は、自動接続するように初期設定されており、設定不要で利用できます。ただし、同社で購入した機器以外で利用する場合は、初期設定が必要になることがあります。たとえば、SIMフリーのAndroidスマートフォンを購入し、auの回線で利用するといったケースがこれに相当します。このようなケースでau Wi-Fi SPOTに自動接続できない場合は、「au Wi-Fi接続ツール」アプリを利用して初期設定を行ってみてください。

ⓘ au Wi-Fi接続ツール	
外出先のau Wi-Fi SPOTを利用する	
au Wi-Fi SPOTの利用設定	>
近くのau Wi-Fi SPOTを調べる	>
その他	
自宅でWi-Fiを利用する	>
マルチデバイスサービス申し込み	>
アプリ改善情報送信設定	>
ヘルプ	>

iPhone用の「au Wi-Fi接続ツール」アプリの画面。iPhone／iPad用とAndroid用のアプリが用意されています。＜au Wi-Fi SPOTの利用設定＞をタップするとau Wi-Fi SPOTの初期設定を行えます。

Q 102 au Wi-Fiアクセスについて知りたい!

A au PAYユーザーが利用できる無料の公衆Wi-Fiサービスです。

「au Wi-Fiアクセス」は、スマートフォン決済サービス「au PAY」のユーザー向けの無料の公衆Wi-Fiサービスです。iPhoneやAndroidスマートフォンなどに「au PAY」アプリがインストールされており、残高をチャージできる状態（支払いに利用可能な状態）になっているユーザーであれば、auの回線ユーザーかどうかに関わらず、誰でも利用できます。

au Wi-Fiアクセスには、スタンダードモードとセキュリティモードの2種類があります。スタンダードモードは、同時利用できる機器が1台に限定されているモードです。セキュリティモードは、auが提供している有償サービス「auスマートパスプレミアム（税込み月額548円）」の会員が利用できるモードです。パソコンやゲーム機など最大2台の機器を同時に利用できるほか、VPN機能も提供されるなど、スタンダードモードよりもセキュリティの高いWi-Fiサービスが用意されています。auの回線を契約しているかどうかに関係なく、加入できます。

au Wi-Fiアクセスを利用するには、au IDを取得した上でスマートフォンに「au PAY」アプリをインストールし、au PAYを利用可能な状態にする必要があります。au IDは、auが提供するサービスで利用される共通IDです。au PAYを利用するには、au IDの取得が必須です。またiPhone／iPadやAndroidスマートフォン／タブレットをau Wi-Fiアクセスのアクセスポイントに接続するための設定は、「au Wi-Fiアクセス」アプリをインストールすることで行えます。

au Wi-Fiアクセスへの接続設定は、「au Wi-Fiアクセス」アプリをインストールすることで行えます。iPhone／iPad用とAndroidスマートフォン／タブレット用が用意されています。

Wi-Fiの基本

Wi-Fiの便利技

Wi-Fiの快適技（モバイル）

ルーターの基本

ファイル共有とクラウド

音楽／動画の活用

リモートデスクトップの活用

VPNの活用

ツールの活用

Q103 au Wi-Fiアクセスを利用したい！

A 「au Wi-Fiアクセス」アプリをインストールします。

au Wi-Fiアクセスを利用するには、スマートフォン決済サービス「au PAY」を利用できるスマートフォンを用意し、次にau Wi-Fiアクセスを利用したいスマートフォンに「au Wi-Fiアクセス」アプリをインストールして初期設定を行います。au Wi-Fiアクセスでは、au PAYが利用できるスマートフォンとau Wi-Fiアクセスを利用したいスマートフォンが同じである必要はありません。また、au回線以外の回線を利用しているユーザーも利用できます。

なお、au PAYの利用には、iPhone／iPadやAndroidスマートフォン／タブレットに「au PAY」アプリをインストールする必要があるほか、au IDの取得も必要になります。au IDは、auが提供するサービスで利用される共通IDです。au IDを持っていない場合は、「au PAY」アプリの利用設定時にau IDを新規取得してください。ただし、「au PAY」アプリの利用設定時にau IDを新規取得する場合は、au IDのID名に携帯電話番号のみが登録できます。ここでは、au IDを新規取得してau Wi-Fiアクセスを利用する手順を説明します。iPhoneを例に説明していますが、Androidスマートフォン／タブレットなどでも同じ手順で作業できます。また、au PAYが利用可能な場合は、手順**6**からの作業を行ってください。

1 「au PAY」アプリをスマートフォンにインストールし、「au PAY」アプリを起動します。

2 通知に関する画面が表示されたときは＜許可＞をタップします。

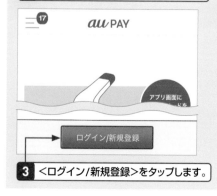

3 ＜ログイン/新規登録＞をタップします。

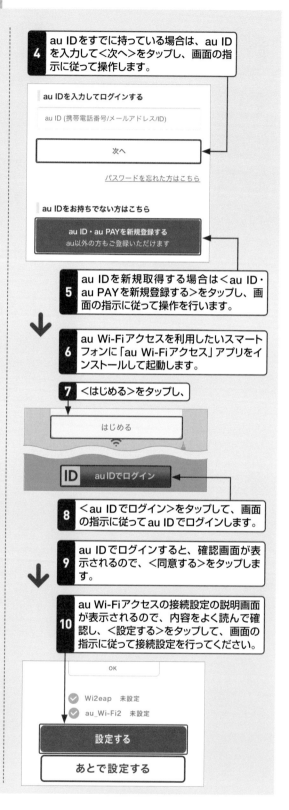

4 au IDをすでに持っている場合は、au IDを入力して＜次へ＞をタップし、画面の指示に従って操作します。

5 au IDを新規取得する場合は＜au ID・au PAYを新規登録する＞をタップし、画面の指示に従って操作を行います。

6 au Wi-Fiアクセスを利用したいスマートフォンに「au Wi-Fiアクセス」アプリをインストールして起動します。

7 ＜はじめる＞をタップし、

8 ＜au IDでログイン＞をタップして、画面の指示に従ってau IDでログインします。

9 au IDでログインすると、確認画面が表示されるので、＜同意する＞をタップします。

10 au Wi-Fiアクセスの接続設定の説明画面が表示されるので、内容をよく読んで確認し、＜設定する＞をタップして、画面の指示に従って接続設定を行ってください。

Wi-Fiの基本

Wi-Fiの便利技

Wi-Fiの快適技（モバイル）

ルーターの基本

ファイル共有とクラウド

音楽／動画の活用

リモートデスクトップの活用

VPNの活用

ツールの活用

Q104 ソフトバンクWi-Fiスポットを利用したい！

A ソフトバンクの回線を契約している機器で利用できます。

「ソフトバンクWi-Fiスポット」は、ソフトバンクが同社の携帯電話回線（ソフトバンクまたはY!mobile）のユーザー向けに提供している公衆Wi-Fiサービスです。多くの料金プランで永年無料で提供されているほか、一部の料金プランでは、機器購入から2年間（期間内に機種変更を行うとそこからさらに2年間）無料で利用できます。

ソフトバンクWi-Fiスポットは、通常、同社製の機器を使用している場合は、自動接続するように初期設定されており、設定不要で利用できます。なお、回線契約を行っている機器でソフトバンクWi-Fiスポットに接続できない場合は、専用のWebサイト（iPhone／iPadの場合）や「Wi-Fiスポット設定」アプリ（Androidの場合）で接続設定のやり直しが行えます。

Q105 BBモバイルポイントを利用したい！

A 対応プロバイダーで契約する必要があります。

「BBモバイルポイント」はソフトバンクが提供している公衆Wi-Fiサービスです。直接ソフトバンクと契約を結ぶことはできませんが、提携プロバイダーによって提供されているオプションサービスを契約することで利用できます。

また、BBモバイルポイントのアクセスポイントは、「Wi2 300」や「ギガぞうWi-Fi」など、提携事業者やローミングプロバイダーが提供している公衆Wi-Fiサービスを契約することでも利用できる場合があります。なお、利用料金は、契約を行うプロバイダーによって異なります。

このステッカーを目印に利用することができます。

Q106 UQ Wi-Fiプレミアムを利用したい！

A UQコミュニケーションズのWiMAX 2+のオプションサービスです。

「UQ Wi-Fiプレミアム」は、UQコミュニケーションズが提供している公衆Wi-Fiサービスです。同社のモバイルネットワークサービス、UQ WiMAXを「WiMAX 2+」の料金プランで利用しているユーザー向けにオプションプランとして無料で提供されています。このため、UQ Wi-Fiプレミアムを利用するには、同社のUQ WiMAXに加入した上で、UQ Wi-Fiプレミアムを契約する必要があります。

また、UQ WiMAXとは、データ通信機能を備えた専用機器を利用したインターネット接続専用のモバイルデータ通信サービスです。スマートフォンのテザリング機能のみを提供するサービスと考えてもらって差し支えありません。

参照 ▶ Q126

Q107 楽天モバイル契約者が公衆Wi-Fiを利用する方法を知りたい！

A 楽天モバイルWiFi by エコネクトが提供されています。

楽天モバイルでは、自社の回線を契約しているユーザー向けに「楽天モバイルWiFi by エコネクト」というオプションサービスを月額362円（税別）で提供しています。楽天モバイルの回線を契約しているユーザーが、外出先などで公衆Wi-Fiを利用したい場合はこのサービスを契約するか、ほかの無料または有料で提供されている公衆Wi-Fiのサービスを利用する必要があります。

このステッカーを目印に利用することができます。

Wi-Fiの基本
Wi-Fiの便利技
Wi-Fiの快適技（モバイル）
ルーターの基本
ファイル共有とクラウド
音楽／動画の活用
リモートデスクトップの活用
VPNの活用
ツールの活用

Wi-Fiの基本

Wi-Fiの便利技

Wi-Fiの快適技（モバイル）

ルーターの基本

ファイル共有とクラウド

音楽／動画の活用

リモートデスクトップの活用

VPNの活用

ツールの活用

 公衆Wi-Fiサービスの接続技　重要度 ★★★

Q 108 UQモバイル契約者が公衆Wi-Fiを利用する方法を知りたい！

A 契約者専用のサービスは用意されていません。

UQモバイルでは、「Wi2 300 for UQ mobile」という契約者向けの無料の公衆Wi-Fiサービスを提供していましたが、2019年7月30日をもってこのサービスの新規受付を終了しています。このため、UQモバイルの回線契約ユーザーは、有料または無料で提供されている公衆Wi-Fiサービスを利用する必要があります。

なお、UQモバイルの回線ユーザーが有料の公衆Wi-Fiを契約したい場合は、ワイヤ・アンド・ワイヤレスの「ギガぞうWi-Fi」がお勧めです。ギガぞうWi-Fiでは、UQモバイルのユーザー向けの専用プラン「スマホ専用プラン for UQ mobile」を一般ユーザーよりも若干お得な価格で用意しています。利用にあたってはau IDが必要になります。

 公衆Wi-Fiサービスの接続技　重要度 ★★★

Q 109 格安SIMの契約者が公衆Wi-Fiを利用する方法を知りたい！

A 有料または無料の公衆Wi-Fiを利用する必要があります。

格安SIMのサービスを行っている事業者は、通常、自社の回線ユーザー向けの公衆Wi-Fiサービスを提供していません。このため、格安SIMのユーザーは、有料または無料で提供されている公衆Wi-Fiサービスを利用する必要があります。

お勧めの公衆Wi-Fiのサービスは、NTTドコモの「d Wi-Fi」やauの「au Wi-Fiアクセス」です。両者は、いずれもNTTドコモやauの回線を契約してないユーザーでも無料で利用できます。また、利用できるアクセスポイントの数も多く、ほかの利用料金が無料のフリーWi-Fiよりもセキュリティの高いWi-Fi環境を提供しています。

参照「d Wi-Fi」▶Q 091〜100
参照「au Wi-Fiアクセス」▶Q 101〜103

 公衆Wi-Fiサービスの接続技　重要度 ★★★

Q 110 セブンスポットを利用したい！

A SSID「7SPOT」に接続します。

「セブンスポット」は、セブン＆アイグループが提供している無料の公衆Wi-Fiサービスです。コンビニのセブンイレブンやデニーズ、イトーヨーカドーなどの各店でサービスが提供されています。セブンスポットの利用には、セブンスポット会員となり「7SPOT ID」の取得が必要です。接続方法には、「セブンイレブン」アプリや「デニーズ」アプリなどのスマート向けアプリから接続する方法とWeb認証を利用する方法があります。スマートフォン向けアプリからは無制限で利用できます。Web認証を利用する場合は、1日3回、1回最大60分間、インターネットを利用できます。また、Web認証で利用する場合は、共通のSSID「7SPOT」に接続後、Webブラウザーでユーザー認証を行うと、インターネットを利用できます。

 公衆Wi-Fiサービスの接続技　重要度 ★★★

Q 111 LAWSON Free Wi-Fiを利用したい！

A SSID「LAWSON_Free_Wi-Fi」に接続することで利用できます。

「LAWSON Free Wi-Fi」は、コンビニのローソン店内で提供されている無料の公衆Wi-Fiサービスです。初回利用時にメールアドレスの登録（有効期限は1年間）が必要になるほか、1回最大60分間、1日5回までの利用制限がありますが、誰でも自由に利用できます。

接続方法は、無料で提供されている多くの公衆Wi-Fiサービスとほぼ同じです。指定のSSID「LAWSON_Free_Wi-Fi」に接続し、Webブラウザーで開始操作を行うことでインターネットを利用できます。また、訪日外国人向けフリーWi-Fi接続アプリ「Japan Connected-free Wi-Fi」をインストールすることで、スマートフォンから簡単に接続することもできます。

Q112 ファミリーマートのWi-Fiを利用したい!

A SSID「Famima_Wi-Fi」に接続することで利用できます。

ファミリーマートでは、全国約16,000店舗のファミリーマートで利用できる「Famima_Wi-Fi(ファミマワイファイ)」という無料の公衆Wi-Fiを提供しています。Famima_Wi-Fiは誰でも利用できるサービスですが、初回利用時にメールアドレスやパスワードなどの利用者登録が必要になります。

インターネットの利用は、SSID「Famima_Wi-Fi」に接続後、「ファミリーマートWi-Fi簡単ログイン」アプリまたはWebブラウザーを利用してユーザー認証を行います。スマホアプリから利用する場合は、1回最大60分、1日3回まで利用できます。また、Web認証を利用する場合は、1回最大20分、1日3回まで利用できます。

Q113 スターバックスのWi-Fiを利用したい!

A SSID「at_STARBUCKS_Wi2」に接続することで利用できます。

スターバックスでは、ワイヤ・アンド・ワイヤレスが無料のWi-Fiサービスを運営しています。このサービスは、スターバックスの営業時間内に限って、1回当たり最大1時間インターネットを利用できます。また、利用時間が1時間を超えた場合は、インターネット接続が一度切断されますが、再度接続操作を行うことでそこからまた最大1時間利用できます。この操作を繰り返すことで利用時間を何度も延長できるのが特徴です。

スターバックスの無料のWi-Fiサービスは、SSID「at_STARBUCKS_Wi2」に接続し、Webブラウザーでインターネットの開始操作を行うだけで利用できます。また、スマートフォンとパソコンなど複数の機器を接続することもできます。

Q114 タリーズのWi-Fiを利用したい!

A SSID「tullys_Wi-Fi」に接続することで利用できます。

タリーズでは、誰でも利用できる無料のWi-Fiサービスが提供されています。このサービスは、パソコンやスマートフォンでSSID「tullys_Wi-Fi」に接続し、Webブラウザーでインターネットの開始操作を行うことで利用できます。

無料の公衆Wi-Fiサービスでよく見られるサービスの最大利用時間などの制限は設けられておらず、サービスの利用に際してメールアドレスなどの登録作業も必要ありません。また、スマートフォンとパソコンなど複数の機器を接続することもできるほか、Webブラウザーによる利用開始操作が行える機器であれば、ゲーム機などを接続することもできます。

Q115 ドトールコーヒーのWi-Fiを利用したい!

A SSID「DOUTOR_FREE_Wi-Fi」に接続することで利用できます。

ドトールでは、誰でも利用できる無料のWi-Fiサービス「DOUTOR FREE Wi-Fi」を提供しています。このサービスは、1回当たり最大60分間インターネットを利用でき、利用時間が1時間を超えた場合は、再度接続操作を行うことで、利用時間を何度も延長できるのが特徴です。

DOUTOR FREE Wi-Fiは、SSID「DOUTOR_FREE_Wi-Fi」に接続し、Webブラウザーでインターネット利用の開始操作を行うだけで利用できます。無料の公衆Wi-Fiサービスでよく見られるサービスの最大利用時間などの制限は設けられておらず、サービスの利用に際してメールアドレスなどの登録作業も必要ありません。スマートフォンとパソコンなど複数の機器を接続することもできます。

Wi-Fiの基本

Wi-Fiの便利技

Wi-Fiの快適技(モバイル)

ルーターの基本

ファイル共有とクラウド

音楽/動画の活用

リモートデスクトップの活用

VPNの活用

ツールの活用

Wi-Fiの基本

Wi-Fiの便利技

Wi-Fiの快適技（モバイル）

ルーターの基本

ファイル共有とクラウド

音楽／動画の活用

リモートデスクトップの活用

VPNの活用

ツールの活用

公衆Wi-Fiサービスの接続技　　重要度 ★★★

Q 116 FREESPOTを利用したい!

A SSID「'freespot'=SecurityPassword（AES）」に接続することで利用できます。

「FREESPOT」は、飲食店や宿泊施設、公共施設などが独自にWi-Fiでインターネットを楽しめる環境を無料で提供しているサービスです。サービスの提供事業社が通信事業を行っている企業ではないため、公衆Wi-Fiのサービスというよりも、個人や企業のインターネット環境を第三者に開放しているといったイメージのサービスです。

FREESPOTは、利用可能なすべての店舗や施設で「'freespot'=SecurityPassword（AES）」という共通のSSIDと「freespot」という暗号化キー（パスワード）で運用されています。また、Web認証を利用する無料

の公衆Wi-Fiサービスとほぼ同じ手順で利用できます。具体的には、前述したSSIDのアクセスポイント接続後にWebブラウザーでユーザー認証を行うと、インターネットが利用可能になるというものです。Web認証に利用するユーザー情報は、初回利用時に登録できるほか、FREESPOT協議会のWebページ（https://www.freespot.com/）で事前登録しておくこともできます。なお、登録したユーザー情報は、最終利用日から6か月間が有効期間となっています。6か月以上、FREESPOTを利用しなかった場合、登録情報は自動的に無効化され、再度利用するには、再登録が必要になります。

● FREESPOTのSSIDと暗号化キー

SSID	'freespot'=SecurityPassword（AES）
暗号化キー	freespot

FREESPOT協議会のWebページ（https://www.freespot.com/）を開き、＜メール認証の登録＞をクリックするとユーザー情報の事前登録の説明ページが表示され、＜FREESPOTに接続する前にあらかじめ登録する＞をクリックするとユーザー情報の事前登録を行えます。

FREESPOTのユーザー情報の事前登録ページ。ユーザー情報の事前登録は、FREESPOTを利用したい「機器単位」で行う必要があり、接続したい機器のMACアドレスの入力が必要です。

公衆Wi-Fiサービスの接続技　　重要度 ★★★

Q 117 災害用統一SSIDについて知りたい!

A 「00000JAPAN（ファイブゼロジャパン）」で災害時に開放されます。

現在、日本国内では大規模災害時に被災地において公衆Wi-Fiサービスの無料開放が実施されるようになりました。その際に利用されるのが、

「00000JAPAN（ファイブゼロジャパン）」と呼ばれるSSIDです。

00000JAPANのSSIDは、通常時は運用されていませんが、大規模災害時が発生し、社会インフラとして公衆Wi-Fiの無料開放が必要と判断された場合に限って、大手通信事業者や地域で通信事業を展開する自治体、独立系通信事業者などが展開します。利用方法も非常に簡単です。SSID「00000JAPAN」に接続するだけで利用できます。

Q118 フリーWi-Fiを安全に使う方法を知りたい！

A VPNサービスの利用がお勧めです。

現在展開されている利用料金が無料の公衆Wi-Fiサービスの多くは、「オープンネットワーク」と呼ばれるセキュリティが施されていない状態で運用されています。オープンネットワークでの運用は、誰でも手軽に利用できるというメリットがある反面、現状ではパソコンやスマートフォンからWi-Fiのアクセスポイントまでの通信経路が暗号化されていないため、専用のソフトウェアなどを用いることで、比較的簡単に通信内容を解析できてしまうというセキュリティ上の課題があります。少々乱暴な表現ですがオープンネットワークのWi-Fiは、「透明な箱」に丸見えの商品（データ）を入れて、搬送しているようなものです。このため、オープンネットワークのWi-Fiでは、IDやパスワードなどの個人情報のやり取りが必要になるWebサイトの利用はお勧めできません。このようなサイトを利用したいときは、VPNサービスの利用をお勧めします。

VPNサービスとは、特定の人のみが利用できる安全な専用ネットワークをインターネット上に設けて、Webサイトの閲覧などを行えるようにするサービスです。オープンネットワークのWi-Fiでは「透明な箱」に商品（データ）を入れていましたが、VPNサービスでは、透明な箱の中に外からは見えない箱を入れ、その中に商品（データ）を入れて配送を行うといったイメージで利用できます。似たような技術にSSL（Secure Sockets Layer）がありますが、SSLは、Webサイトとやり取りする情報（データ）そのものを暗号化して普通には見えないように技術です。つまり、VPNサービスとSSLの両方を利用すると、透明な箱の中に、VPNによって外からは見えない箱が収められ、その中にSSLによって見えない商品（データ）が収められているというイメージで利用でき、強固なセキュリティを築くことができます。

VPNサービスは、ノートン360やマカフィートータルプロテクションなどのセキュリティソフトにおいて標準で備わっているほか、ウイルスバスターでは、「フリーWi-Fiプロテクション」というオプションサービスとして月額280円（税込み）で提供されています。また、ワイヤ・アンド・ワイヤレスの有料の公衆Wi-Fiサービス「ギガぞうWi-Fi」では、VPNサービスが標準で提供されています。オープンネットワークの無料のWi-Fiサービスを利用するときは、これらのサービスを利用することをお勧めします。

なお、VPNサービスでは、送受信される全データが、事業者が用意した専用のVPNサーバーを経由します。このため、悪意ある事業者が設置したVPNサーバーを利用すると、個人情報が抜き取られてしまう危険性をはらんでいます。VPNサービスを利用するときは、必ず、信頼がおける事業者が提供しているサービスを選ぶようにしてください。

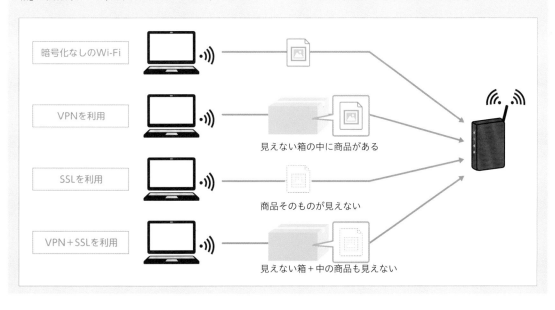

Q119 格安SIM事業者について知りたい！

A 低価格な料金で利用できる通信サービスが格安SIMです。

格安SIMとは、文字どおり、低価格な料金で提供されている通信サービスです。格安SIMでは、NTTドコモやau、ソフトバンクなどの大手通信事業者から通信回線を借り受けることで、サービスを提供しています。自社で通信回線を持たないため、設備投資やメンテナンスにかかるコストが不要になるほか、Webによる申し込みを主体とし、ショップ展開を行わない、提供サービスを厳選するなどの方法でコストを抑え、低価格な料金を実現しています。大手通信事業者と比較して、とくに小容量のデータ通信プランが充実しているケースが多く、インターネットなどのデータ通信はあまり利用しない代わりに、月額の固定料金をできるだけ減らしたいといった方には検討する価値が高いサービスです。

格安SIMは、大手通信事業者の通信回線を利用しているため、格安SIMだからといって電波の飛びが悪いといったこともありません。基本的には、借り受けている通信事業者と同じエリアで利用できます。

なお、格安SIMの導入法には、現在利用中のスマートフォンなどをそのまま利用し、通信回線のみの契約を行う方法と、通信回線の契約と同時にスマートフォンなどの機器も購入する方法があります。通信回線の契約のみでも利用をスタートできるという手軽さもあります。

格安SIM事業者「mineo」の導入方法。持っている機器をそのまま利用し、通信回線の契約のみを行うことができます。

Q120 モバイルルーターについて知りたい！

A 持ち運んで利用できるインターネット接続専用の機器です。

モバイルルーターは、インターネットとの接続にスマートフォンのデータ通信機能の仕組みを採用したインターネット接続専用の小型軽量の携帯機器です。自宅などで利用する固定のインターネット接続回線とは異なり、配線不要、回線工事不要で利用できるほか、バッテリーを備え、家でも外出先でもインターネットを利用できる点が特徴です。外出先で利用する場合は、通常、10時間から20時間程度インターネットを楽しむことができます。

また、モバイルルーターとパソコンやスマートフォンなどの機器との接続には、Wi-FiやBluetooth、USBなどを用いて行えるほか、機器によっては、別売りの専用クレードルを利用することで、有線LANによる接続を行える製品もあります。

モバイルルーターは、NTTドコモやau、ソフトバンクなどの大手通信事業者で自社の通信回線を利用した製品が販売されているほか、家電量販店やネット通販などで通信事業者と契約が結ばれていない未契約のSIMフリーの機器を購入できます。未契約の機器を購入した場合は、ユーザーが自由に通信事業者と契約を結ぶことができます。

NECプラットフォームズが開発／製造しているモバイルルーター「Aterm MR05LN」。SIMフリーの製品で、NTTドコモやau、ソフトバンクの通信回線は、SIMカードをセットするだけでインターネットを利用できます。

Q121 モバイルルーター購入時のポイントを知りたい！

A 利用環境やWi-Fiの速度を考慮して購入しましょう。

モバイルルーターの利用には、インターネット接続に利用する通信回線の契約が欠かせません。このため、モバイルルーターを購入するときは、どの通信事業者の回線で利用したいかを最初に考えておく必要があります。

利用したい通信事業者を決めたら、次は、料金プランなどを考慮した上で、機器選定を行います。モバイルルーターは通信事業者で購入できるほか、大手家電量販店やネット通販などでも未契約の機器を購入できます。通信事業者でモバイルルーターを購入する場合は、その通信事業者の回線を利用することが前提です。

一方で、ネット通販などで未契約のモバイルルーターを購入する方法は、通信回線に格安SIMを利用したい場合にお勧めです。未契約のモバイルルーターは、通常、SIMフリーとなっており、利用したい通信事業者を自由に選択できます。たとえば、データ通信に必要な料金を、格安SIMによって抑えたい場合などに有効な方法です。

なお、未契約のモバイルルーターを購入する場合は、その機器が対応しているネットワークや周波数を必ず確認してください。機器によっては、対応している周波数が少なく、利用したい通信事業者の電波の一部しか捕まえることができなかったり、最悪、利用できない場合があります。

モバイルルーターが対応しているWi-Fiの通信規格も確認しておきましょう。Wi-Fiの通信規格はできるだけ最新の通信規格に対応しているものがお勧めです。さらにモバイルルーターの中には、充電台としての機能と有線LAN機器の接続機能の両方を備えた専用クレードルを用意している製品があります。このタイプの製品を利用すると、外出先ではWi-Fiで利用し、自宅ではWi-Fiのほか、デスクトップパソコンなどを有線LANで接続して利用といった使い方ができます。

Q122 モバイルルーターの使い方について知りたい！

A 初期設定はほぼ不要ですぐに利用できます。

モバイルルーターの使い方は、難しくありません。とくに大手通信事業者でモバイルルーターを購入した場合は、インターネット接続に必要な設定などがすべて完了した状態で購入できるため、モバイルルーターの電源をオンにするとすぐに使い始めることができます。また、ネット通販などで未契約のモバイルルーターを購入した場合も、難しくありません。NTTドコモやau、ソフトバンクなどの大手3社の通信回線を利用する場合は、通常、SIMカードをセットするだけで利用できます。モバイルルーターは、大手3社の通信回線用の設定については標準で備えていることが一般的だからです。

一方で、格安SIM事業者の通信回線を利用する場合は、「APN（Access Point Name）」と呼ばれるインターネット接続用の設定が必要になる場合があります。SIMカードをセットしただけでインターネットが利用できない場合は、モバイルルーターの取り扱い説明書を参考に、格安SIM事業者が指定したAPNの設定を手動で行ってください。

なお、モバイルルーターとパソコンなどの機器との接続には、Wi-Fiが利用できるほか、Bluetooth、USBなども利用できることが一般的です。Bluetoothは、Wi-Fiよりも通信速度は遅くなりますが、低消費電力で利用できることがメリットです。USBは、USBケーブルでモバイルルーターとパソコンを接続して利用する方法です。ケーブルを用いて接続するため、電波状況に左右されず、安定した速度で利用できる点がメリットです。

格安SIM事業者の回線をモバイルルーターで利用するときは、「APN（Access Point Name）」の設定が必要になる場合があります。左はNECプラットフォームズ社製モバイルルーターのAPN設定画面。

Wi-Fiの基本
Wi-Fiの便利技
Wi-Fiの快適技（モバイル）
ルーターの基本
ファイル共有とクラウド
音楽／動画の活用
リモートデスクトップの活用
VPNの活用
ツールの活用

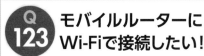

Q 123 モバイルルーターに Wi-Fiで接続したい!

A 自宅のWi-Fiを利用する場合と 同じ方法で接続できます。

モバイルルーターにパソコンなどからWi-Fiで接続する場合は、一般的なWi-Fiと同じ手順で接続できます。モバイルルーターの取り扱い説明書などを参考に、接続に利用するSSIDと暗号化キー(パスワード)を事前に確認してから、接続作業を行ってください。また、一部のモバイルルーターでは、WPSなどのかんたん設定機能を利用できる製品もあります。
WindowsパソコンをWi-Fiでモバイルルーターに接続する場合の詳細な手順については、Q030を参照してください。また、Macの場合は、Q031、iPhoneの場合はQ032、iPadの場合はQ033、Androidスマートフォン/タブレットの場合はQ034を参照してください。

1 🌐をクリックし、

2 接続先のSSIDを クリックして、

3 <接続>をクリックします。

4 暗号化キー(ネットワークセキュリティキー/パスワード)を入力し、

5 <次へ>をクリックすると、

6 モバイルルーターにWi-Fiで接続します。

Q 124 モバイルルーターに USBで接続したい!

A USBケーブルでパソコンと 接続します。

モバイルルーターとパソコンをUSBケーブルで接続すると、モバイルルーターを通してインターネットを利用できます。この使い方は、「USBテザリング」とも呼ばれ、モバイルルーターをパソコンに接続する中でも設定不要で利用できるもっとも簡単な使い方です。USBケーブルで接続されたモバイルルーターをパソコンが検出すると、すぐにインターネットが利用できるようになります。
USBケーブルを通してパソコンからモバイルルーターに電源を供給するため、モバイルルーターの充電を行いながらインターネットを利用できるというメリットもあります。また、有線ケーブルで接続されるため、周囲の電波干渉を気にすることなく利用でき、安定した速度で利用できるというメリットもあります。
ただし、USBケーブルでパソコンと接続すると、インターネット共有を行える機器が1台(接続中のパソコンのみ)に制限される製品が一般的です。複数の機器をモバイルルーターに接続したいときは、USB接続を行わないようにしてください。
なお、モバイルルーターをUSBケーブルでパソコンに接続してもインターネットが利用できない場合は、モバイルルーターのUSB接続の設定が「オン」に設定されているかどうかを確認してください。この設定が「オン」になっていれば、通常は、USBケーブルで接続するだけでインターネットが利用できるはずです。

NECプラットフォームズ社製モバイルルーターのUSB接続の設定画面。同社の製品では、「USBテザリング機能」の項目で設定を確認できます。

Q125 モバイルルーターにBluetoothで接続したい!

A 機器同士のペアリングと接続操作が必要です。

モバイルルーターにBluetoothで接続したいときは、事前に機器同士のペアリングを行っておく必要があります。たとえば、パソコンを接続したいときは、モバイルルーターとパソコンのペアリングを行います。ペアリグを行ったら、次にパソコンからモバイルルーターに対して接続を行い、接続が完了すると、インターネットを利用できます。なお、Bluetoothを利用した接続は消費電力が低く、バッテリーに優しい点はメリットですが、通信速度がWi-Fiと比較して遅いというデメリットもあります。大きなファイルをダウンロードしたい場合など、通信速度が必要なシーンでは、Wi-Fiによる接続を行うことをお勧めします。ここでは、Windowsパソコンを例にモバイルルーターにBluetoothで接続する方法を説明します。

● ペアリング操作

1 モバイルルーターをペアリグ状態に設定し、Windows 10の「設定」を起動し、＜デバイス＞をクリックします。

2 ＜Bluetoothとその他のデバイス＞をクリックして、

3 ＜Bluetoothまたはその他のデバイスを追加する＞をクリックし、

4 ＜Bluetooth＞をクリックします。

5 ペアリングを行いたい機器（ここでは＜aterm-a1cd5a＞をクリックし、画面の指示に従ってペアリングを行います。

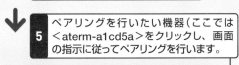

デバイスを追加する

デバイスの電源が入っていて、検出可能になっていることを確かめてください。接続するには、以下からデバイスを選択してください。

aterm-a1cd5a

● モバイルルーターへの接続操作

1 ⌃ をクリックし、

2 ❄ をクリックして、

3 ＜パーソナルエリアネットワークへ参加＞をクリックします。

4 接続したい機器をクリックし、

5 ＜接続方法＞をクリックします。

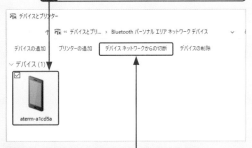

6 ＜アクセスポイント＞をクリックすると、選択した機器に接続し、インターネットを利用できるようになります。

7 モバイルルーターとの接続を切断したいときは、切断したい機器をクリックし、

8 ＜デバイスネットワークから切断＞をクリックします。

Wi-Fiの基本

Wi-Fiの便利技

Wi-Fiの快適技（モバイル）

ルーターの基本

ファイル共有とクラウド

音楽／動画の活用

リモートデスクトップの活用

VPNの活用

ツールの活用

Q126 スマホをモバイルルーターとして使う方法を知りたい！

A 「テザリング」機能を利用します。

iPhoneやiPad、Androidスマートフォン／タブレットには、「テザリング」という機能が備わっています。テザリングとは、機器自身が備えるインターネット接続機能をパソコンなどのほかの機器と共有する機能です。この機能を利用すると、インターネット接続を行えるiPhone／iPadやAndroidスマートフォン／タブレットをモバイルルーターのように利用できます。

テザリングには、「Wi-Fiテザリング」「Bluetoothテザリング」「USBテザリング」の3種類の方法があります。Wi-Fiテザリングは、パソコンなどのほかの機器との接続にWi-Fiを利用するテザリングです。自宅などに設置したWi-Fiルーターと同じ感覚で利用できます。

Bluetoothテザリングは、パソコンなどのほかの機器との接続に「Bluetooth」を利用するテザリングです。通信速度は、Wi-Fiよりもひと桁以上遅くなりますが、省電力性に優れるためバッテリーの消耗が少な

く、セキュリティが高い点が特徴です。

USBテザリングは、主にパソコンとの接続に用いられ、USBケーブルを用いてパソコンとの接続を行う方法です。USBケーブルを通してパソコンからiPhoneやAndroidスマートフォンに電源を供給するため、充電を行いながらインターネットを利用できるというメリットがあります。また、有線ケーブルで接続されているため、周囲の電波干渉に受けることなく利用でき、通信速度が安定しています。

なお、テザリングは、通信事業者によって別途契約が必要なオプションサービスとして提供しているケースと、契約不要の標準サービスとして提供しているケースがあります。別途契約が必要な通信事業者の場合は、料金プランによって無料であったり、有料であったりします。たとえば、大手通信事業者のauやソフトバンクは、別途契約が必要なオプションサービスとして提供しており、料金プランによって有料の場合と無料の場合があります。一方で、NTTドコモは、利用料金が無料の標準サービスとしてテザリングを提供しています。格安SIMを提供している事業者もテザリングを無料の標準サービスとして提供しているケースが多くあります。テザリングを利用したい場合は、事前にテザリングが利用可能かどうかを調べておくことをお勧めします。

● 3種類のテザリング方法

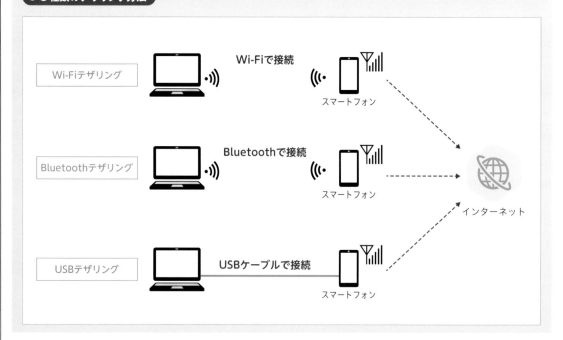

Wi-Fiの基本

Wi-Fiの便利技

Wi-Fiの快適技（モバイル）

ルーターの基本

ファイル共有とクラウド

音楽／動画の活用

リモートデスクトップの活用

VPNの活用

ツールの活用

テザリングの接続技　　　　　重要度 ★ ★ ★

Q 127 iPhoneでWi-Fiテザリングを設定したい！

A ＜インターネット共有＞をオンにします。

iPhoneでテザリングを利用したいときは、「インターネット共有」の「ほかの人の接続を許可」をオンに設定します。この設定を行うとiPhone搭載のWi-Fiがほかの機器との接続用に自動的に利用され、Wi-Fiテザリングを利用できます。パソコンなどからiPhoneに接続してインターネットを利用する方法は、Q030〜034を参照してください。

● iPhoneのテザリングをオンにする

1 「設定」画面を表示し、

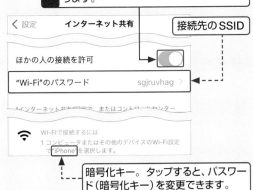

2 ＜インターネット共有＞をタップします。

3 「ほかの人の接続を許可」の　をタップして　にすると、テザリングが有効になります。

接続先のSSID

暗号化キー。タップすると、パスワード（暗号化キー）を変更できます。

● テザリングで接続中の状態

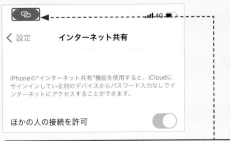

テザリング中のiPhoneにパソコンなどから接続すると、時計が一時的に　に変更され、その後、時計の時間の背景が青 `12:29` になります。

● テザリングを終了する

テザリングを終了するときは、「ほかの人の接続を許可」の　をタップして、　にします。

テザリングの接続技　　　　　重要度 ★ ★ ★

Q 128 iPhoneでUSBテザリングを使ってインターネットを利用したい！

A ＜インターネット共有＞をオンにして、USB-Lightningケーブルで接続します。

iPhoneでUSBテザリングを利用したいときは、Q127の手順で＜インターネット共有＞をオンに設定します。続いて、USB-LightningケーブルでiPhoneとパソコンを接続すると、iPhoneの時計が一時的に　に変更され、その後、時計の時間の背景が青に変更されます。この状態になると、機器の接続が完了

しており、インターネットを利用できます。

なお、USBテザリングでWindowsパソコンを接続する場合は、事前にMicrosoft Storeアプリを利用して「iTunes」のインストールをWindowsパソコンに行っておいてください。

また、iTunesを起動した状態で＜インターネット共有＞がオフの状態のiPhoneを接続し、画面の指示に従って初期設定を済ませておくと、USBテザリングがうまく利用できないといったトラブルが減ります。USBテザリングでiPhoneにMacを接続する場合は、USB-Lightningケーブルで接続するだけですぐにインターネットを利用できます。

📄 テザリングの接続技　　　重要度 ★★★

Q 129 iPhoneでBluetoothテザリングを利用したい！

A Bluetoothをオンにして、＜インターネット共有＞をオンにします。

iPhoneでBluetoothテザリングを利用したいときは、「設定」画面を開き、Bluetoothがオンになっていることを確認して、Q127の手順で＜インターネット共

有＞をオンに設定します。これでiPhoneの準備は完了です。

続いて、Q125を参考に、Bluetoothで接続する機器（パソコンなど）とペアリングを行い、iPhoneに接続を行います。iPhoneにBluetoothテザリングでパソコンなどが接続すると、iPhoneの時計が一時的に 🔗 に変更され、その後、時計の時間の背景が青に変更されます。この状態になると、機器の接続が完了しており、インターネットを利用できます。

📄 テザリングの接続技　　　重要度 ★★★

Q 130 AndroidスマートフォンでWi-Fiテザリングを設定したい！

A Wi-Fiテザリングをオンにします。

Androidスマートフォンでテザリングを利用したいときは、設定画面を開き、「Wi-Fiテザリング」をオンに設定します。この設定を行うとAndroidスマートフォン搭載のWi-Fiがほかの機器との接続用となり、Wi-Fiテザリングを利用できます。パソコンなどからAndroidスマートフォンに接続してインターネットを利用する方法は、Q030〜034を参照してください。

1 「設定」画面を開き、＜接続＞をタップします。

2 ＜テザリング＞をタップします。

3 ＜Wi-Fiテザリング＞をタップします。

4 「OFF」の ⬭ をタップし、

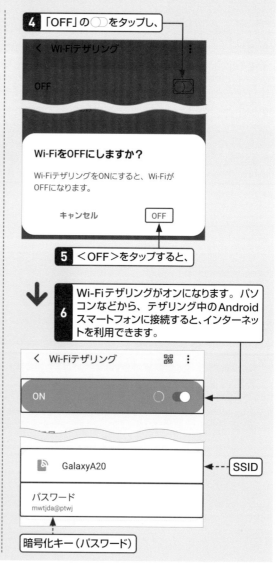

Wi-FiをOFFにしますか？
Wi-FiテザリングをONにすると、Wi-FiがOFFになります。
キャンセル　　OFF

5 ＜OFF＞をタップすると、

6 Wi-Fiテザリングがオンになります。パソコンなどから、テザリング中のAndroidスマートフォンに接続すると、インターネットを利用できます。

SSID

暗号化キー（パスワード）

Q131 Androidスマートフォンで Bluetoothテザリングを利用したい!

A Bluetoothテザリングを オンにします。

AndroidスマートフォンでBluetoothテザリングを利用したいときは、「設定」画面を開き、「Bluetoothテザリング」をオンに設定します。続いて、Q125を参考に、Bluetoothで接続する機器(パソコンなど)とペアリングを行い、ペアリングした機器からAndroidスマートフォンに接続を行うことでインターネットを利用できます。

1 「設定」画面を開き、<接続>をタップします。

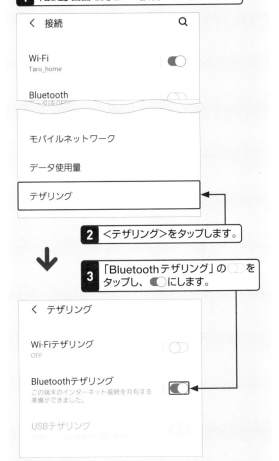

2 <テザリング>をタップします。

3 「Bluetoothテザリング」の ◯ をタップし、 ◉ にします。

4 Bluetoothテザリングの準備が完了しました。AndroidスマートフォンにBluetoothで接続すると、インターネットを利用できます。

Q132 AndroidスマートフォンでUSBテザリングを使ってインターネットを利用したい!

A USBケーブルでパソコンを接続後、「USBテザリングを」をオンにします。

AndroidスマートフォンでUSBテザリングを利用したいときは、パソコンとAndroidスマートフォンをUSBケーブルで接続してから、設定画面を開き、「USBテザリング」をオンに設定します。これで、パソコンからインターネットを利用できます。Wi-FiテザリングやBluetoothテザリングでは、テザリング機能をオンにしてから機器の接続を行いますが、USBテザリングを利用するときは、逆の手順で先に機器同士を接続する点に注意してください。

1 USBケーブルでパソコンとAndroidスマートフォンを接続します。

2 「設定」画面を開き、<接続>をタップします。

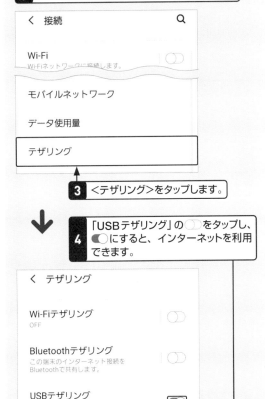

3 <テザリング>をタップします。

4 「USBテザリング」の ◯ をタップし、 ◉ にすると、インターネットを利用できます。

Wi-Fiの基本

Wi-Fiの便利技

Wi-Fiの快適技（モバイル）

ルーターの基本

ファイル共有とクラウド

音楽／動画の活用

リモートデスクトップの活用

VPNの活用

ツールの活用

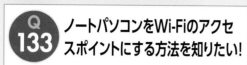

Q 133 ノートパソコンをWi-Fiのアクセスポイントにする方法を知りたい!

A モバイル ホットスポット機能を利用します。

Windows 10には、「モバイル ホットスポット」というインターネット接続の共有機能が備わっています。この機能は、Wi-Fiや有線LANなどで利用しているインターネット接続をWi-FiまたはBluetoothのいずれかを利用して共有する機能です。WindowsパソコンをWi-Fiルーターのように利用したいときは、モバイル ホットスポットを利用します。モバイル ホットスポットは、以下の手順で利用できます。

1 ⊞ をクリックし、　**2** ⚙ をクリックします。

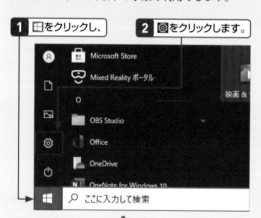

3 <ネットワークとインターネット>をクリックします。

4 <モバイル ホットスポット>をクリックして、

5 インターネット接続の共有の方法（ここでは<Wi-Fi>）をクリックして選択し、

6 「インターネット接続を他のデバイスと共有します」の⚪をクリックして⚪にします。

7 <編集>をクリックすると、

SSIDと暗号化キー（パスワード）

8 ネットワーク名（SSID）やネットワークパスワード、共有に利用するWi-Fiの周波数帯域などを動作中でも変更できます。

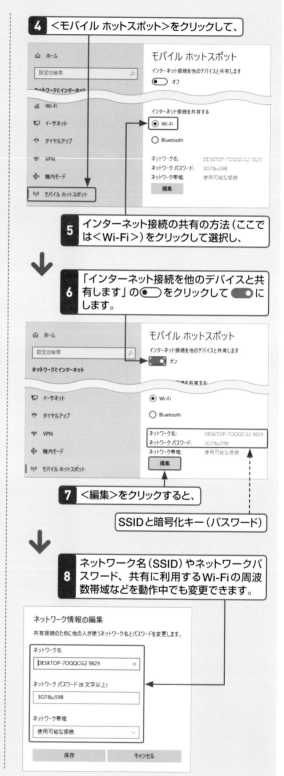

サイドタブ（縦書き）:
Wi-Fiの基本 / Wi-Fiの便利技 / Wi-Fiの快適技（モバイル） / ルーターの基本 / ファイル共有とクラウド / 音楽／動画の活用 / リモートデスクトップの活用 / VPNの活用 / ツールの活用

4

自宅で快適!
Wi-Fi ルーターを利用した
自宅 LAN の基本技

📖 ネットワークの基礎知識　　重要度 ★★★

Q 134 LANについて知りたい！

A 限定された範囲内で使用される
ネットワークの呼称です。

LANとは「Local Area Network」の略称が示すように、「家庭内」や「会社内」など、限定された範囲内（ローカルエリア）で使用されるネットワークの呼称です。

ネットワークは、「節点（ノード）」と「経路（リンク）」の2つの要素から成り立つグループの形です。
パソコンやスマートフォン、ゲーム機などで家庭内にネットワークを構築する場合は、パソコンやスマートフォン、ゲーム機などのネットワークに参加している機器が節点（ノード）になります。これらの機器が、情報のやり取りを行うために用いている通信技術が経路（リンク）です。

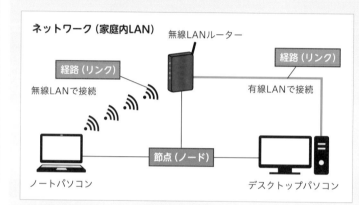

ネットワーク（家庭内LAN）
無線LANルーター
経路（リンク）
経路（リンク）
無線LANで接続
有線LANで接続
節点（ノード）
ノートパソコン
デスクトップパソコン

> LANで使用される通信技術には、物理的なケーブルで機器間を接続する「有線LAN」と無線によって機器間を接続する「無線LAN（Wi-Fi）」の2つの方式があります。

📖 ネットワークの基礎知識　　重要度 ★★☆

Q 135 ネットワークの仕組みについて知りたい！

A データは小さな小包に分解されて
送受信されます。

目的の機器にデータを送るには、住所に相当する情報を各機器に割り当て、きちんとデータが届けられたかを確認するための仕組みが必要です。このような仕組みを「通信プロトコル」と呼び、コンピューターネットワークでは、「TCP／IP」が標準的に利用されています。TCP／IPは、TCP（Transmission Control Protocol）とIP（InternetProtocol）の2つの仕組みを組み合わせたものです。
TCPは、送受信したデータが壊れていないか、正しく送れたかなどを保証するプロトコルです。IPは、ネットワーク上のコンピューターそれぞれに固有の「住所」を割り当て、それを探し出すためのプロトコルです。住所に相当する情報は、「IPアドレス」と呼ばれる番号で表現され、ほかの機器と「重複することが

ない番号を割り当てることと決められています。

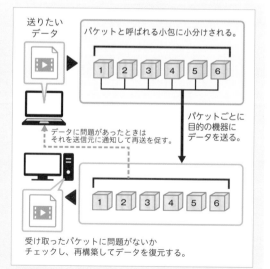

送りたいデータ
パケットと呼ばれる小包に小分けされる。
1 2 3 4 5 6
データに問題があったときはそれを送信元に通知して再送を促す。
パケットごとに目的の機器にデータを送る。
1 2 3 4 5 6
受け取ったパケットに問題がないかチェックし、再構築してデータを復元する。

> 送受信されるデータは、パケットと呼ばれる小包に分解されて、目的の相手に送られます。

Q 136 LAN構築に必要な機器を知りたい!

A ルーターやハブ、Wi-Fiアクセスポイントなどが必要です。

LANを構築するには、何らかの方法で機器同士の間でデータのやり取りが行えなければなりません。そのために使用されるのが、「NIC（Network Interface Card）」と呼ばれる通信カード機器です。NICには、有線LAN用の機器とWi-Fi（無線LAN）用の機器があります。現在のパソコンには、どちらか一方または両方が標準搭載されています。また、スマートフォンや携帯用ゲーム機などでは、Wi-Fiを標準搭載することが一般的です。

有線LANは、「LANケーブル」という物理的なケーブルを用いてデータの送受信を行う機器です。機器同士をケーブルで直接接続することでもデータのやり取りを行えますが、通常は「ハブ」と呼ばれる「集線装置」を利用します。ハブは、機器接続用の端子を複数備えており、ハブに備わっている端子の数だけ有線LAN機器を接続できます。また、機器を接続するための端子が足りなくなった場合は、ハブとハブをLANケーブルで接続することで、接続用の端子を増やすことできます。

一方、Wi-Fiは「電波」を利用してデータの送受信を行うため、ケーブルレスで利用できます。通常、アクセスポイントと呼ばれる有線LANとの中継機能を備えた機器とセットで利用します。たとえば、ノートパソコンやスマートフォン、ゲーム機などのWi-Fiを備えた機器を家庭内などのネットワークに接続するときは、アクセスポイント機能を備えた機器を用意します。アクセスポイントは、Wi-Fiルーターにその機能が備わっているほか、ルーター機能を持たないアクセスポイント機能のみを備えた製品もあります。

● **Wi-Fiルーター**

Wi-Fi（無線LAN）のアクセスポイント機能を備えたルーター。背面に有線LAN機器を接続するためのハブを搭載することが一般的です。

● **ハブ**

有線LAN機器を接続するときに利用する集線装置である「ハブ」。ハブを利用することで有線LANでは複数の機器をネットワークに接続できます。写真は、バッファローのマルチギガビット対応のハブ「LXW-10G2/2G4」。

● **NIC**

有線LAN用のNIC。写真は、バッファローのUSB接続のNIC「LUA4-U3-AGTE-BK」。

● **USB Wi-Fi**

Wi-Fi用のNIC。写真は、バッファローのパソコン用のUSB接続のWi-FiのNIC「WI-U3-866DS」。

Wi-Fiの基本

Wi-Fiの便利技

Wi-Fiの快適技（モバイル）

ルーターの基本

ファイル共有とクラウド

音楽／動画の活用

リモートデスクトップの活用

VPNの活用

ツールの活用

Q 137 家庭内LANの基本構成を知りたい!

A Wi-Fiルーターを中心に構成します。

家庭内LANの構築方法には、有線LANのみ、Wi-Fi（無線LAN）のみ、有線LANとWi-Fiの混在環境の3つのパターンがあります。主流は、Wi-Fiのみ、または有線LANとWi-Fiの混在環境です。現在のパソコンは、ノートパソコンを中心にWi-Fiが標準搭載され、デスクトップパソコンでもWi-Fiを搭載する製品が増えています。また、スマートフォンやゲーム機などには、Wi-Fiが標準搭載されています。このため、Wi-Fi環境を必要としないケースはほぼ考えられません。有線LANとWi-Fiを混在させた環境を構築する場合は、有線LANの環境にWi-Fiのアクセスポイントを追加します。Wi-Fiのアクセスポイントは、Wi-Fi機器同士でデータのやり取りを行う機能を提供するだけでなく、Wi-Fi環境と有線LAN環境との間に入って、両者の間でデータのやり取りを行う機能も提供します。

また、インターネットを利用するには、「ルーター」と呼ばれる機器も必要になります。ルーターは、インターネットと家庭内のLAN環境の間に入って、データのやり取りを行う中継機能を提供する機器です。現在販売されている家庭用のルーターは、多くの場合、Wi-Fiのアクセスポイント機能や有線LAN機器を接続するための「ハブ」機能も備えています。このため、Wi-Fiルーターを準備すれば、有線LAN環境とWi-Fi環境の混在環境を簡単に構築できるだけでなく、インターネット接続も行えるようになります。Wi-Fiのアクセスポイントを購入するときは、便利なWi-Fiルーターを購入することをお勧めします。なお、Wi-Fiルーターは、家電量販店やネット通販などで購入できるほか、光ファイバー（光回線）などの固定のインターネット回線を導入するときに、通信事業者からレンタルすることもできます。

参照 ▶ Q 136

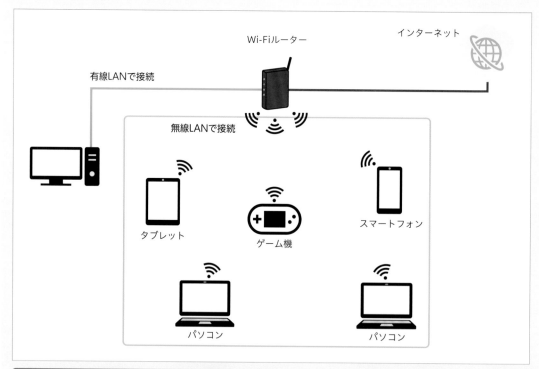

有線LANとWi-Fi（無線LAN）が混在した環境を構築する場合は、Wi-Fiのアクセスポイントを設置します。さらにインターネットを利用する場合は、ルーターを設置する必要があります。Wi-Fi搭載ルーターを利用すると、有線LANとWi-Fiの両方を利用でき、インターネットも利用できて便利です。

Q 138 自宅でインターネットを使う方法を知りたい！

A 通信事業者やISPとの契約が必要です。

インターネットを利用するには、通信（回線）事業者やインターネットサービスプロバイダー（ISP）と契約を結ぶ必要があります。通常、通信（回線）事業者は「光ファイバー（光回線）」などのインターネット接続専用の「通信回線」を提供し、ISPは契約通信回線を利用したインターネット接続サービスを提供する

というように役割を分担しています。

自宅でインターネットを利用したい場合は、通常、ISPから申し込みを行うと、同時にインターネット接続専用の通信回線も契約も行えます。また、携帯電話事業者が提供しているインターネット接続サービスでは、ISPと通信回線がセットになったプランを用意しています。ケーブルテレビやモバイルルーターで提供されているインターネット接続サービスでは、通信事業者がISPを兼ねている場合もあります。このケースでは、ISPとの契約は必要ありません。サービスを契約するだけでインターネットを利用できるようになります。

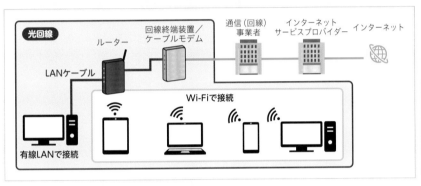

回線終端装置やケーブルモデムなどの通信回線専用の通信機器の設置が必要な場合は、事業者からレンタルなどによって提供されます。

Q 139 インターネット接続の方法と種類を知りたい！

A 固定回線とモバイル回線の2種類があります。

自宅などでインターネットを利用するケースでは、固定回線を利用する方法とモバイル回線を利用する方法に大別されます。固定回線は、光ファイバー（光回線）やケーブルテレビ局で提供されているインターネット接続サービスなどのように、物理的なケーブルで接続された固定の通信回線を利用する方法です。固定回線は、回線終端装置やケーブルモデムなどの通信回線専用の通信機器の設置を行うため、通常は、宅内工事が必要になります。固定回線は、申し込んですぐに利用できるわけではありませんが、有線で接続されているため、安定した通信速度で利用できることがメリットです。

また、固定回線はモバイル回線とは異なり、通常、データ通信量無制限で利用できます。このため、データ通信量を気にすることなく、インターネットを利用できるというメリットもあります。インターネットを制限なく、快適に利用したい場合は、固定回線の利用をお勧めします。

モバイル回線は、NTTドコモやau、ソフトバンクなどの携帯電話事業者の移動体通信網を利用したインターネット接続です。スマートフォンでもインターネットを利用できますが、この機能のみを利用できる専用サービスと考えもらって差し支えありません。モバイル回線は工事不要で、契約を結び機器さえ手に入ればすぐに利用できる点がメリットです。一方で、通信速度は、電波状況などに左右されるほか、通常、固定回線よりも実測値の速度が遅いというデメリットもあります。また、データ通信量に制限が設けられていることがあります。

Q140 通信事業者について知りたい！

A NTTやau、ケーブルテレビ局、携帯電話事業者があります。

インターネット接続は、インターネット接続用の通信回線が必要です。この通信回線を個人向けに提供している通信事業者は、固定回線を提供している事業者と携帯電話事業者があります。固定回線を提供している事業者としては、NTTやau、ケーブルテレビ局が有名です。

NTT東日本／西日本では、「フレッツ光」という光ファイバー（光回線）のインターネット接続用の固定通信回線を提供しています。フレッツ光には、戸建てタイプとマンションタイプが用意されています。戸建てタイプは、一戸建て住宅に直接光ファイバーを引き込むタイプです。マンションタイプは、マンション内に引き込まれた光ファイバーを各戸で共有して利用します。通常、利用料金は、マンションタイプのほうが安価に設定されています。フレッツ光は、NTT東日本／西日本に直接申し込めるほか、ISP経由で申し込むこともできます。

auでは、auひかりという光ファイバー（光回線）のインターネット接続用の固定通信回線を提供しています。フレッツ光同様に、戸建てタイプとマンションタイプが用意されています。利用料金も、フレッツ光同様に通常、マンションタイプのほうが安価に設定されています。

ケーブルテレビ局は、大手としてはJ:COMが有名ですが、地方のケーブルテレビ局などでもインターネット接続サービスを展開しています。基本的には、ケーブルテレビを利用しているユーザー向けのサービスです。自宅にケーブルテレビが引き込まれていない場合は、ケーブルテレビを引き込む必要があります。

携帯電話事業者は、NTTドコモやau、ソフトバンク、楽天モバイルなどです。携帯電話のサービスを行っており、モバイル回線に利用する通信回線を提供しています。

インターネットを利用する場合は、これらの中から通信事業者を選ぶ必要があります。通常、戸建て住宅では事業者を自由に選択できますが、集合住宅では、すでに固定回線が引き込まれているケースがあります。その際は、引き込み済みの回線を利用します。

Q141 ISPの選び方を知りたい！

A ネットの評判などを参考に決めることをお勧めします。

インターネットサービスプロバイダー（ISP）は、契約通信回線を利用したインターネット接続サービスを提供する事業者です。ISPの事業者は数多く存在し、利用料金も各事業者によって異なります。このため、どのISPを選択するかは、インターネット上の評判などを参考にしながら選択するのがお勧めです。その際にとくに注目したいのが、速度などの使用感です。インターネットを利用するときの使用感は、ISPによって違いがあります。たとえば、スマートフォンで利用するインターネットでも時間帯によって快適に利用できたり、できなかったりします。

これと同じことが、自宅のインターネットでも発生します。とくにインターネットは、1人当たりの利用時間が増えているだけでなく、動画視聴などの重いコンテンツの消費が多くなった結果、利用者が増える夕方から夜中にかけて速度の低下が見られるケースが増えています。これは、ユーザーの利用量に対してISPの設備が追いついていない結果ですが、設備の増強には多くのコストが必要になるだけでなく、それなりの準備期間も必要です。このため、足りなくなったからすぐに設備を増強というわけにもいかないという事情もあります。

ISPは、インターネットを利用する場合の起点となるため、速度の遅いプロバイダーを利用すると、そのまま使用感に直結します。少しでも快適にインターネットを利用したいならば、月額の使用料金にだけ注目するのではなく、速度などの使用感を中心にリサーチしてください。

なお、インターネットの使用感は、利用環境によっても異なる点に留意してください。たとえば、集合住宅でインターネット接続の設備が共有されている場合、自分以外の第三者の利用量が少なければ、それだけ快適に利用できる可能性が高まります。

ちなみにISP選びのもう1つのポイントとして、自分に合ったIPv6サービスを提供しているISPをチェックするというアプローチも考えてみるとよいでしょう。以降の内容も参考にして、仕組みも理解した上で導入を検討してください。

参照 ▶ Q 142〜149

Wi-Fiの基本　Wi-Fiの便利技　Wi-Fiの快適技（モバイル）　ルーターの基本　ファイル共有とクラウド　音楽／動画の活用　リモートデスクトップの活用　VPNの活用　ツールの活用

Q142 インターネットをストレスなく使える方法があれば知りたい!

 IPv6接続サービスを利用しましょう。

現在の光ファイバー（光回線）などを利用した固定回線のインターネット接続は、動画視聴などの重いコンテンツの利用が急増し、数年前と比較して速度が遅いといわれることが増えてきました。また、利用者が急増する時間帯は、早朝など利用者が少ない時間帯と比較して、明らかな速度低下が見られるケースも増えています。このようにインターネットの速度が明らかに低下していると感じたときは、インターネットサービスプロバイダー（ISP）が提供している「IPv6接続サービス」を利用することで通信速度を改善できることがあります。

IPv6接続サービスとは、利用者が少なく比較的空いているIPv6網を利用したインターネット接続サービスです。IPv6網は、技術的な互換性からそのままでは現在一般的に利用されているIPv4網に接続することはできません。このため、「IPv4 over IPv6」というIPv4網も同時に利用できるサービスとセット

でISPが提供しています。IPv6接続サービスを利用すると、現在のIPv4網よりも快適にインターネットを利用できるケースが多いとされています。IPv6接続サービスの呼称は、ISPによって異なりますが、IPv6 IPoE接続やv6プラスなど、IPv6であることがわかる形で提供されています。なお、ISPによっては、申し込みを行わなくてもすでにIPv6接続を利用していることがあります。この場合、IPv6接続のサービスを契約する必要はありません。

So-net（ソニーネットワークコミュニケーションズ）では、「So-net光プラス」のインターネット接続サービスの中で、「v6プラス」という名称でIPv6に対応を提供していることをアピールしています（https://so-sale.jp/so-net/provider/）。

Q143 IPoEとPPPoEの違いについて知りたい!

 NTT東西のフレッツ光で利用される接続方式です。

IPoEとPPPoEは、いずれもNTT東日本／西日本が提供しているインターネット接続回線「フレッツ光」などで利用されている接続方式です。

PPPoE（Point-to-Point Protocol over Ethernet）は、電話回線を用いてインターネット接続を行っていたに時代まで遡ることができる従来型の接続方式です。ユーザーIDとパスワードを入力して、NTTの「フレッツ」網に接続します。また、PPPoEでは、フレッツの通信回線とインターネットサービスプロバイダー（ISP）の回線を「ネットワーク終端装置」を用いて接続しています。このため、通信量が増加すると、ネットワーク終端装置が混雑してボトルネックとな

り、通信速度が低下するという課題がありました。

一方でIPoEは、ネイティブ方式とも呼ばれる接続方式です。PPPoEは、電話回線時代からある通信方式を用いていましたが、IPoEでは、現在の利用環境に合わせ、イーサネットと呼ばれる有線LANのネットワーク技術の利用を前提とした接続方式です。PPPoEとは異なり、ユーザー名とパスワードを利用したユーザー認証は不要で、ISPを介して直接インターネットに接続できる仕組みとなっています。このため、PPPoEのようにネットワーク終端装置がボトルネックとなり、通信速度が低下するといったことはないというメリットがあります。ただし、IPoEは、IPv6網への接続を行うための接続方式となっています。このため、現在主流のIPv4網には、接続できません。IPoEを接続方式として利用する際は、「IPv4 over IPv6」（Q146参照）という技術を利用して、IPv6網とIPv4網の両方を利用できるようにしていることが一般的です。

Wi-Fiの基本

Wi-Fiの便利技

Wi-Fiの快適技（モバイル）

ルーターの基本

ファイル共有とクラウド

音楽／動画の活用

リモートデスクトップの活用

VPNの活用

ツールの活用

Q 144 IPv4とIPv6の違いについて知りたい！

A IPv6は、現在移行が進む次世代のプロトコルです。

IP（Internet Protocol）は、インターネットなどのコンピューターネットワークで標準的に採用されている通信プロトコルです。ネットワーク上にあるコンピューターなどの機器それぞれに固有の「住所」を割り当て、それを探しだすために使用されています。IPでは、住所に相当する情報を「IPアドレス」と呼ばれる番号で表現します。また、IPアドレスが、ほかの機器と重なってしまうと、データを送る相手を特定することができなくなります。このため、IPアドレスは「重複することがない番号」を割り当てることと決められています。

このような目的で使用されているIPですが、IPには、管理できるIPアドレスの総数が異なる「IPv4（Internet Protocol version4）」と「IPv6（Internet Protocol version6）」があります。現在の主流は、IPv4と呼ばれる「32ビット」のアドレス空間に対応した通信プロトコルです。IPv4では、約43億個（正確には42億9496万7296個）のIPアドレスを利用できますが、インターネットの急速な普及によって、IPv4では使用できるアドレスの数が足りないという状況が生じてきました。実際に約43億個というIPアドレスでは、現在の世界人口をカバーすることすらできません。そこで、その解決策として現在移行が進められているのが、IPv6です。

IPv6では、IPアドレスを「128ビット」で表現しており、約340澗（かん）個というほぼ無制限とも考えられるアドレス空間を備えています。1人当たり1つのIPアドレスを付与するどころか、世界中で利用されているすべての機器に1つのIPアドレスを割り当ててもIPアドレスが不足することはないのです。

なお、IPv4で構築されたネットワークは、IPv6で構築されたネットワークと直接通信することができません。一方で、IPv4でのみアクセスできるWebサイトなどもも現状では数多く残っています。このため、現在のインターネットでは、IPv4 over IPv6などのIPv4網とIPv6網の両方を利用できる技術を用いてこの課題を解決することで、ゆるやかなIPv6への移行を行っています。

Q 145 IPv6に対応しているかどうかを確認したい！

A IPアドレスで確認できます。

IPv6への対応は、古くから進められてきたため、現在ではWindows 10やmacOS、Linux、Android、iOS、iPadOSなど主要なOSでは標準サポートされており、ほとんどの機器で利用できます。Windows 10やmacOSなどでは、IPv6のIPアドレスが割り振られているかどうかで確認することもできます。なお、IPv6のIPアドレスは、16ビット単位で「:（コロン）」で区切って16進法で表記されています。

Windows 10では、利用中のネットワークのプロパティを開くことでIPv6のIPアドレスを確認できます。たとえば、Wi-Fiの場合は、Q081の手順でIPv6のIPアドレスを確認できます。

macOSでは、Q082の手順でシステムレポートを表示し、＜ネットワーク＞をクリックし、IPv6のIPアドレスを確認したいサービス（ここでは＜Wi-Fi＞）をクリックすると、IPv6のIPアドレスを確認できます。

Q 146 IPv4 over IPv6について知りたい!

A IPv4のサイトとIPv6のサイトの両方が利用できる技術です。

IPv6は、現在でも一般的に利用されているIPv4と同じインターネットを利用するために使われる通信プロトコルですが、IPv6とIPv4の間には互換性がありません。このため、IPv6環境からIPv4環境にアクセスしたり、逆のIPv4環境からIPv6環境にアクセスしたりといったことは、原則できません。

IPv4 over IPv6は、この課題を解消し、IPv6環境で通信を行いながら、IPv4での通信も行えるようにしてくれる技術です。

IPv4のIPアドレスはすでに枯渇しています。このため、IPv4だけでなく、IPv6による運用も始まっていますが、世界中にはIPv4でのみ運用されているWebサーバーなどが現在でも数多く稼働しています。このため、既存のIPv4によるインターネット環境を残しながら、IPv6によるインターネット環境に移行するために、IPv4 over IPv6の技術が開発されました。現在のインターネットは、IPv4 over IPv6によって、IPv4とIPv6の相互運用を行いながら、ゆるやかにIPv6への移行が進められています。

IPv4 over IPv6は、DS-Lite（transix）やv6プラス（MAP-E）、OCNバーチャルコネクト、クロスパスなどいくつかの名称でサービスが提供されています。これらは、ユーザー向けに提供される機能としてはほぼ同じですが、採用されている詳細な技術は、異なっています。このため、サービスによっては利用時の制限が設けられている場合があるほか、これらのサービスの利用には、それぞれの機能に対応したルーターが必要になります。

IPv4 over IPv6では、IPv6環境でプロバイダーまで通信を行い、プロバイダーがIPv6とIPv4を自動変換し、それぞれのサイトに接続できるようになっています。

Q 147 IPv6対応のネットワークを構築したい!

A 通常は設定不要で利用できます。

IPv6は、IPアドレスや経路の自動設定機能を備えています。このため、通常、IPv6対応のOSを利用していれば、IPv6対応のネットワークが自動的に構成されています。なお、IPv6には、「グローバルユニキャストアドレス」や「リンクローカルユニキャストアドレス」などの複数種類のIPアドレスがあります。

グローバルユニキャストアドレスは、IPv4のグローバルIPアドレスに相当するものでインターネット上で通信可能なアドレスです。グローバルアドレスとも呼ばれます。

リンクローカルユニキャストアドレスは、ネットワークインターフェースごとに自動生成されるローカルでのみ使用できるアドレスです。OS起動時など、ネットワークインターフェースが初期化されるたびに自動生成されます。

Q 148 IPv6のみでネットワークを構築したほうがよいか知りたい!

A 現状ではその意味はありません。

現状では、IPv6に対応したサイトの多くが、IPv4でも利用できるように相互運用されています。また、IPv4でのみ利用できるインターネットのサイトも数多く存在しています。IPv6は、IPv4 over IPv6などの技術を用いない限り、IPv4のサイトと直接接続することは基本的には行えません。このため、IPv6のみの環境でネットワークを構築しても、家庭内でファイル共有を行うといったかなり限定的な使い方となり、メリットはほとんどありません。

インターネットの利用を考えると、現状ではIPv6のネットワークを構築するとしても、IPv4のネットワークも共存させ、相互運用することのほうが多くのメリットがあります。

Wi-Fiの基本

Wi-Fiの便利技

Wi-Fiの快適技（モバイル）

ルーターの基本

ファイル共有とクラウド

音楽／動画の活用

リモートデスクトップの活用

VPNの活用

ツールの活用

Q149 IPv6で通信できているかどうかを確認したい！

A IPv6の動作確認サイトで確認できます。

自分が利用しているネットワーク環境でIPv6がきちんと利用できているかを確認したい場合は、IPv6の動作確認サイトで動作確認を行えます。IPv6の動作確認サイトはいくつかありますが、有名なのは、IIJやKDDIのWebサイトです。両者のWebサイトをWebブラウザーで表示すると、画面右上にIPv4で接続しているか、IPv6で接続しているかが表示されます。これで「IPv6」と表示されていれば、IPv6で通信ができています。ほかにも、IPv6の接続性を診断テストするフリーのWebサイト「test-ipv6.com」などで確認することもできます。

IIJのWebサイト（https://www.iij.ad.jp/）の画面。IPv6で利用できている場合は、画面右上に「IPv6」と表示されます。

IPv6の接続をテストするWebサイトの画面。「https://test-ipv6.com/」をWebブラウザーで開くと、IPv6で接続できているかどうかを確認できます。

Q150 スマートホームについて知りたい！

A IoTやAIの技術を活用した便利で安全な住宅です。

スマートホームの実現には、IoTやAIなどの技術を活用したさまざまな機器の組み合わせが必要です。多様な機器を組み合わせることで、自宅にある電化製品のさまざまな制御を行ったり、安全性を高めたりできます。たとえば、音声でテレビを操作したり、音楽をかけたり、明かりをつけたり、消したりといったことが行えたり、自宅に近づくと自動的に鍵を開けたり、外出中にドアの鍵が開けられると、連絡を受けたりできます。スマートホームは、このような機器の管理を行う管理システムと、管理システムによって制御される機器で構成されます。

スマートホームの実現に利用される機器には、スマートスピーカーやスマートリモコン、スマートプラグ、スマートロック、スマート照明などがあります。中でも便利なのは、スマートリモコン、スマートプラグ、スマートスピーカーの3つです。スマートリモコンは、家電などのリモコンを登録しておき、スマートフォンのアプリやスマートスピーカーから操作できるようにしてくれる機器です。スマートプラグを使用すると、コンセントのオン／オフをスマートフォンのアプリやスマートスピーカーから操作できます。

スマートスピーカーは、AIアシスタント機能を備えるだけでなく、スマートリモコンやスマートプラグとセットで利用することで、音声によって家電の操作を行えます。

Googleの開発したスマートスピーカー「Google Nest Mini」の製品ページ。音声操作でさまざまなことができることが説明されています。

Q 151 ルーターの役割を知りたい！

 A データの中継装置です。

家庭内などでインターネットを利用する場合に欠かせない機器が、「ルーター」と呼ばれる機器です。インターネットや家庭内で使用されているTCP／IPという通信プロトコルは、1つのネットワークを「セグメント」と呼ばれるグループに分けて管理できます。たとえば、同じケーブルでつながっていてもAさんのネットワーク、Bさんのネットワークという形でグループ分けができるのです。インターネットは、TCP／IPによってグループ分けされたたくさんのネットワークの集まりによって構成されています。ルーターの役割は、グループ分けされたネットワークの間に入ってデータを中継・転送する機能を提供することです。

たとえば、郵便局の配達範囲を1つのネットワークとして考えると、ルーターの役割をイメージしやすくなります。郵便局Aから手紙を送ると、最初に送り先（住所）の確認が行われます。住所が郵便局Aの配達範囲内の場合は、そのまま手紙が配達されます。し

かし、配達範囲内でないときは、住所をもとに別の管轄である郵便局Bに手紙が転送され、そこから配達が行われます。

コンピューターの世界でもこれと同じような、バケツリレーによるデータ中継の仕組みが採用されています。家庭内でネットワークを構築すると、そこに接続中の機器同士は自由にデータをやり取りできます。しかし、インターネットにデータを送りたいときは、インターネットと家庭内のネットワークとの間に入って、データの中継を行う機器が必要になります。このために利用される機器が、ルーターです。

ルーターは、家庭内のネットワークに接続中の機器以外に向けて送られたデータをインターネットなどの別のネットワークに中継し、別のネットワークから受け取ったデータを自宅内LANの機器に送る機能を提供しています。このため、家庭内で利用されるルーターは、インターネットとの接続に利用される機器といっても間違いではありません。

通常、家庭内で利用されるルーターには、Wi-Fiのアクセスポイントとしての機能やインターネット接続を複数の機器で共有する機能、家庭内のネットワークに接続中の機器に対してIPアドレスを自動的に割り当てる機能なども搭載されています。

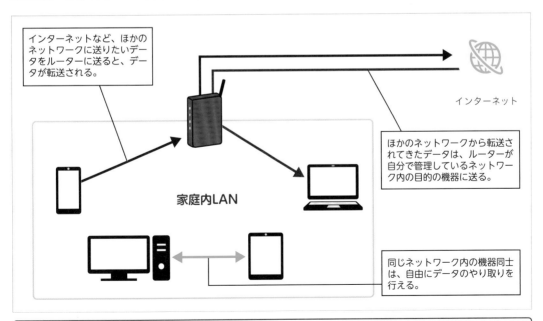

インターネットなど、ほかのネットワークに送りたいデータをルーターに送ると、データが転送される。

インターネット

ほかのネットワークから転送されてきたデータは、ルーターが自分で管理しているネットワーク内の目的の機器に送る。

家庭内LAN

同じネットワーク内の機器同士は、自由にデータのやり取りを行える。

ルーターは、インターネット側にデータを転送するほか、インターネット側から受け取ったデータを自ネットワーク内の目的の機器に送る機能を提供します。

Q152 ルーターの種類について知りたい！

A 現在はWi-Fiルーターが主流です。

家庭用のルーターは、Wi-Fi搭載ルーターとWi-Fi非搭載のルーターに大別されます。Wi-Fi搭載ルーターは、家庭用ルーターの中では主流となっています。ルーター機能以外にもWi-Fiのアクセスポイント機能も備えた多機能な製品が多いです。

一方で、Wi-Fi非搭載のルーターは、Wi-Fiが普及する前に主流でした。ルーター機能のみを備え、Wi-Fiのアクセスポイント機能は搭載していません。

また、家庭用のルーターの中には、持ち運んで利用できるタイプの製品もあります。このタイプの製品は、ホテル用Wi-Fiルーターやポケットルーターなどとも呼ばれることもある小型の携帯用Wi-Fiルーターです。家庭内のインターネット接続用には利用できませんが、ホテルなどに設置されているインターネット接続用のフリーWi-Fiや部屋に設置されている有線LANとの間に入って、データを中継することで不正アクセスを防ぎ、セキュリティを高める機能を提供します。

バッファローの販売しているホテル用の携帯型Wi-Fiルーター「WMR-433W2」。ホテルなどのインターネット接続環境のセキュリティアップに利用できます。

Q153 ルーターの選び方について知りたい！

A インターネットの接続方法やWi-Fi機能などに着目するのがお勧めです。

家庭内で使用するルーターは、インターネットの接続に欠かせない機器です。このため、ルーターを選択するときは、どのようなインターネットの接続方法に対応してるかを必ず確認してください。とくに近年では、IPv6環境を利用したインターネット接続が注目され、利用者が急増しています。IPv6環境を利用したインターネット接続で用いられているDS-Lite（transix）やv6プラス（MAP-E）、OCNバーチャルコネクト、クロスパスなどのIPv4 over IPv6のサービスは、いずれも対応ルーターが必要です。現在利用中または移行先のインターネット接続環境に必要な接続方法を調べ、対応する機能を備えたルーターを購入するようにしてください。

また、それ以外の機能では、できるだけ最新のWi-Fi規格に対応したルーターを選択することをお勧めします。最新のWi-Fi規格に対応したルーターは、最大速度が速いだけでなく、同時に利用できるWi-Fi機器の台数も多く、Wi-Fi環境の高速化も同時に図れることが多いからです。

DS-Lite（transix）やv6プラス（MAP-E）に対応したWi-Fi 6対応のルーター。写真は、I・Oデータ機器の「WN-DAX3600XR」。

Q 154 ルーターの設定方法について知りたい!

A Webブラウザーで行うのが一般的です。

ルーターは、Webブラウザーを用いて各種設定を行うのが一般的です。たとえば、現在主流のWi-Fiルーターの設定は、Wi-Fiルーターとパソコンを有線LANで接続するか、Wi-Fiで接続して、取り扱い説明書に記載されたIPアドレスまたはURLをWebブラウザーで開くと設定用のWebページが表示され、各種設定を行えます。

また、近年では、iPhoneやAndroidスマートフォンなどからも簡単に各種設定を行えるようにした製品も多く存在します。その代表的な仕組みの1つが、QRコードを利用したスマートフォンからの設定方法です。この方法では、付属のセットアップシートに記載されたQRコードをスマートフォンで読み込み、Wi-Fiの設定を行ったあとに、スマートフォン搭載のWebブラウザーを利用してWi-Fiルーターの設定を行えます。たとえば、NECプラットフォームズ製の最新Wi-Fiルーターには、「らくらくQRスタート2」という機能が備わっています。この機能は、「らくらくQRスタート」という専用アプリをスマートフォンにインストールし、そのアプリを利用して付属セットアップシートのQRコードを読み取ることで画面の指示に従ってWi-Fiルーターの各種設定を行えるように設計されています。

ほかにもバッファローのWi-Fiルーターには、「AOSS2」というスマートフォンからWi-Fiの接続設定とWi-Fiルーターの設定を行う機能が備わっています。AOSS2では、セットアップシートに記載された「AOSS2キー」と呼ばれる暗証番号を用いてWi-Fiルーターへの接続設定を行ったあとに、そのままスマートフォン搭載のWebブラウザーを利用してWi-Fiルーターの設定を行えます。

tp-linkの「Archer AX73」の設定画面。Webブラウザーを用いて各種設定を行えます。

NECプラットフォームズ製Wi-Fiルーターに備わっている「らくらくQRスタート2」を利用してWi-Fiルーターの設定を行っているときの画面。スマートフォンからでもWi-Fiルーターの設定を行えます。

Q 155 ルーターの設置場所について知りたい！

A Wi-Fiルーターは、家の中心で1〜2mぐらいの高さに設置するのが理想です。

家庭内で利用するルーターは、光ファイバー（光回線）などの固定回線を利用したインターネット接続環境も兼ねています。このため、ケーブルのことなどを考えて、目立たない部屋の角側近くに設置してしまいがちです。Wi-Fi機能を備えていないルーターであれば、このような場所に設置しても問題はありませんが、Wi-Fi機能を備えたルーターの場合は、電波の飛び方にムラができてしまい、目的とした場所まで電波が届かない、または届きづらいケースが出てくるので注意が必要です。

Wi-Fiルーターの電波は、通常、Wi-Fiルーターを中心として360度の球体状に発信するように設計されています。このため、Wi-Fiルーターを設置する場合は、できるだけ家の中心に置き、1〜2m位いの高さに設置するのが理想とされています。たとえば、床に置いてしまうと、下方向に飛ぶ電波の広がりを無駄にしてしまいます。同様に部屋の角端に設置してしまうと、360度に発せられる電波の広がりを特定方向に絞ってしまい、特定の場所で電波の強度が落ちてしまうといったことが発生します。

また、Wi-Fiルーターの電波は、見通しがよい状態であれば、かなり遠くまで飛びますが、遮蔽物の影響を受けやすいという特徴もあります。とくに金属や水、コンクリートなどはWi-Fiの電波の広がりに大きな影響を与えてしまうことが知られています。このため、Wi-Fiルーターの設置場所は、遮蔽物が少ない場所を選ぶことも重要です。たとえば、スチールなどの金属製のラックの中に設置したりすると、電波が届く範囲が制限される場合があるため、設置場所としてはよいとはいえません。

ほかにも、Wi-Fiで使用されている電波の周波数帯域には2.4GHz帯と5GHz帯がありますが、2.4GHz帯の電波は、電子レンジやIHヒーターなどの家電製品と同じ周波数帯を利用しているため、その影響を受けやすく、干渉によって速度が落ちてしまうことも知られています。このため、これらの家電製品の近くで使用する場合は、電波干渉が発生しない5GHz帯をメインに使用するのがお勧めです。最適な場所にWi-Fiルーターを設置したい場合は、Q333で紹介しているWi-Fiの電波の利用状況などを可視化してくれるアプリを利用することをお勧めします。

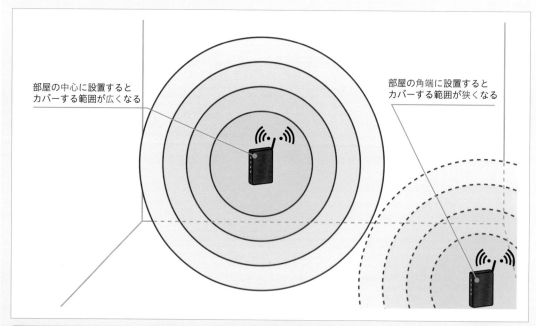

部屋の中心に設置するとカバーする範囲が広くなる

部屋の角端に設置するとカバーする範囲が狭くなる

部屋の中心にWi-Fiルーターを設置すると、電波のカバー範囲が広がります。

Q 156 ルーターのアンテナの本数は多いほうがいいの？

A アンテナの数が多いほど性能が高くなります。

現在のWi-Fiでは、MIMOなどの複数のアンテナを同時に利用して通信を行うことで通信速度を高める技術が備わっています。このため、搭載しているアンテナの総数が多いほど、理論上の最大通信速度が速く、高性能になるという特徴があります。なお、Wi-Fi機器では、物理的に目に見えるアンテナを備えている製品と、アンテナを内蔵して目に見えない形で搭載している製品があります。このため、目に見えるアンテナがないからといって、アンテナの搭載数が少ないわけではありません。また、目に見えるアンテナであっても、1つのアンテナに複数のアンテナが備わっている場合もあります。このため、目に見えるアンテナの数がそのままアンテナの総数になっているわけでもない点に注意してください。

Q 157 ルーターの設定を変更する方法が知りたい！

A Webブラウザーで設定ページを開いて行います。

ルーター（Wi-Fiルーターを含む）の設定変更は、Webブラウザーを起動し、ルーターの設定ページを開くことで行います。ルーターの設定ページを開くためのURLは、ルーターの取り扱い説明書に記載されています。
また、ルーターの設定ページは、デフォルトゲートウェイ（Windowsの場合）、またはルーター（Macの場合）のIPv4アドレスを調べ、そのIPアドレスをWebブラウザーで開くことでも表示できます。

参照 ▶ Q 154

Windows 10では、コマンドプロンプトを起動して、「ipconfig」と入力し、Enterキーを押すと、IPアドレスの情報とともにデフォルトゲートウェイのIPアドレスを確認できます。また、Macの場合は、Q145の手順を参考にして画面を表示して、ルーターの項目からルーターのIPv4アドレスを確認できます。

Q 158 スマホからルーターの設定を変更する方法が知りたい！

A Webブラウザーで設定ページを開いて行います。

スマートフォンからルーター（Wi-Fiルーターを含む）の設定変更を行いたいときは、Webブラウザーを起動し、ルーターの設定ページを開くことで行います。ルーターの設定ページを開くためのURLは、ルーターの取り扱い説明書に記載されています。また、Androidスマートフォンの場合は、Q084の手順で、接続のWi-Fiの情報画面を表示し、＜ルーターを管理＞をタップすることでもルーターの設定画面を表示できる場合があります。iPhoneの場合は、Q083の手順を参考に接続中のWi-Fiの情報画面を表示すると、ルーターのIPアドレスを確認できます。このIPアドレスをWebブラウザーで開くことでも、設定ページを表示できます。

Q 159 SSIDを変更したい！

A Wi-Fiルーターの設定ページでSSIDを変更できます。

家庭内などで利用しているWi-FiのSSIDは、ユーザーが自由に変更できます。Wi-FiのSSIDの変更は、Wi-Fiルーターの設定ページで行えます。また、SSIDは、利用している周波数帯（2.4GHz帯と5GHz帯）ごとに設定できるほか、それぞれの周波数帯に2つ目のSSIDを設定できる場合もあります。ただし、同一名称のSSIDの利用はお勧めできません。たとえば、2.4GHz／5GHz帯で同じSSIDを設定すると、どちらに接続しているかわかりにくくなるためです。Wi-Fiルーターの設定ページの表示方法については、Q154を参照してください。

なお、SSIDに設定可能な文字数は、最大32文字までとなっている製品が一般的のようです。SSIDは、32文字以下で設定するのがお勧めです。また、SSIDに

使用できる文字種は、Wi-Fiルーターによって異なります。一般的に半角英数字（大文字、小文字）と「-（ハイフン）」、「_（アンダースコア）」は利用できますが、それ以外の文字は、メーカーごとに対応が異なります。たとえば、メーカーによっては、「!"#$%&'()^\@[;:],./\=~`¦+*¦<>?」などの記号なども利用できる場合があります。詳細は、ご利用のWi-Fiルーターの取り扱い説明書やマニュアルなどで確認してください。

NECプラットフォームズ製Wi-Fiルーター「Aterm WX3000HP」のSSIDの設定画面。ネットワーク名（SSID）の文字列を変更し、設定の保存を行うことでSSIDを変更できます。

Q 160 ネットワークセキュリティキーを変更したい！

A Wi-Fiルーターの設定ページで変更できます。

家庭内などで利用しているWi-Fiのネットワークセキュリティキー（暗号化キー）は、ユーザーが自由に変更できます。Wi-Fiのネットワークセキュリティキーの変更は、Wi-Fiルーターの設定ページで行えます。また、ネットワークセキュリティキーの設定は、SSIDごとに行います。たとえば、2.4GHz帯で利用しているSSIDと5GHz帯で利用しているSSIDのネットワークセキュリティキーの設定は、別々に行えます。Wi-Fiルーターの設定ページの表示方法については、Q154を参照してください。

設定は、ASCIIテキスト文字または16進数で行います。最大文字数は、WEPの場合とWPA2／WPA3の場合で異なります。WEPの場合は、40bit暗号化でASCIIテキスト文字が5文字（固定）、16進数の場合

は10桁で入力します。104bit暗号化の場合は、ASCIIテキスト文字が13文字（固定）、16進数の場合は26桁で入力します。

WPA2／WPA3の場合でASCIIテキスト文字で入力を行うときは、最低8文字以上の文字列を入力する必要があり、長い文字列ほどセキュリティが高くなります。また、利用できる文字種は、半角英数文字が利用できるほか記号も利用できます。

NECプラットフォームズ製Wi-Fiルーター「Aterm WX3000HP」のネットワークセキュリティキーの設定画面。暗号化キーで利用する文字列を入力し、設定の保存を行うことで変更できます。

Q161 有線LANの速度について知りたい!

A 最大10Gbitの製品を入手できます。

現在、コンシューマ向けとして購入できる有線LAN製品の最大速度は、「10Gbit」です。有線LANの速度は、10Gbit以外にも10Mbitや100Mbit、1Gbit、2.5Gbit、5Gbitの速度があります。また、有線LAN機器は基本的に下位互換性を備えており、一般的には、最大速度以下の速度にもすべて対応します。たとえば、現状で10Gbit対応製品の場合は、多くの場合、10M／100M／1G／2.5G／5G／10Gbitの速度に対応しています。このため、1Gbitのハブに10Gbitの

機器を接続しても、速度が1Gbitに制限されるだけで問題なく利用できます。逆に10Gbitのハブに1Gbitの機器を接続した場合は、1Gbitの速度で利用できます。

なお、現在の有線LAN機器の主流は、1Gbitの製品です。10Gbitの速度に対応した製品は、フラッグシップモデルなどのハイエンド向け製品でのみの対応が多く、ほとんど普及していません。たとえば、Wi-Fiルーターは、WAN側（インターネット側）とLAN側（家庭内側）の2系統の有線LANのポート（端子）を備えていますが、WAN側／LAN側ともに10Gbitの速度に対応している製品は、Wi-Fi 6対応ルーターの中でもハイエンドモデルなどのごく一部の製品に限られており、多くの製品は、WAN側／LAN側ともに1Gbitの速度の製品が主流です。

バッファローの販売している10Gbit対応のハブ「LXW-10G2/2G4」。10Gbitのポートを2つ、2.5Gbitのポートを4つ備えています。

Q162 接続台数とは?

A Wi-Fiを快適に利用できる機器の台数の目安です。

Wi-Fiルーターは、同時に接続できるWi-Fi機器の台数に制限はありませんが、一定台数以上の機器がインターネットなどを同時に利用すると、処理速度がボトルネックとなり、快適に利用できなくなります。このため、Wi-FiルーターやWi-Fiのアクセスポイントは、Wi-Fi機器を快適に利用できる接続台数（推奨台数）がカタログスペックなどに記載されています。通常、この台数は価格の高いハイエンドモデルになるほど多くなり、安価な製品ほど少なくなります。また、Wi-Fi6対応製品などの最新のモデルほど性能が向上しており、接続台数が多くなり、古い製品ほど少なります。

Q163 マルチギガビットイーサネットについて知りたい!

A 2.5Gbitや5Gbitの有線LANのことを指します。

1Gbitを超える有線LANの速度は、「2.5Gbit」と「5Gbit」「10Gbit」の3種類があります。マルチギガビットは、このうち、最大速度が2.5Gbitまたは5Gbitの機器の総称として用いられており、10Gbit対応機器との区別されています。たとえば、10Gbit対応のハブは10Gbitハブと呼ばれますが、2.5Gbitや5Gbit対応のハブは、マルチギガビットハブと呼ばれています。10Gbit対応の機器は、従来の1Gbitから10倍速化されていますが、高価であるため普及がなかなか進んでいません。

マルチギガビット対応機器は、従来の1Gbit対応機器を超える速度を実現しながら、10Gbit対応機器よりも安価に提供できるためNASやWi-Fiルーターなどで搭載製品が増えてきています。

Wi-Fiの基本

Wi-Fiの便利技

Wi-Fiの快適技（モバイル）

ルーターの基本

ファイル共有とクラウド

音楽／動画の活用

リモートデスクトップの活用

VPNの活用

ツールの活用

Q 164 マルチギガビットイーサネットはどうすれば使える？

A 対応機器を用意することで利用できます。

マルチギガビットイーサネットを利用するには、2.5Gbitまたは5Gbitの速度に対応した機器を用意する必要があります。具体的には、パソコン搭載の有線LANの速度が1Gbitの場合または有線LANを備えていないパソコンの場合は、2.5Gbit／5Gbitのネットワークインターフェースカードをパソコンに接続する必要があります。2.5Gbit／5Gbitのネットワークインターフェースカードは、デスクトップパソコン向けのPCI Express接続の製品とデスクトップ／ノートパソコンの両方で利用できるUSB接続の製品が用意されています。また、ハブも2.5Gbit以上の速度に対応する製品を用意する必要があります。

Q 165 有線LANで接続できる機器を増やしたい！

A ハブを増設します。

有線LANに接続する機器を増やしたいときは、「ハブ」と呼ばれる集線装置を増設します。ハブの増設は、ハブとハブの間を有線LANケーブルで接続するだけでよく、通常、設定は不要です。また、ハブ同士の接続に利用するポートは、ハブ増設用の専用のポートを備えた製品などの例外を除き、どのポートを利用しても基本的には問題はありません。なお、一般家庭用のハブは、機器接続用のポートを4～8個搭載したものが主流です。業務用の製品などでは、16個～32個搭載した製品なども販売されています。

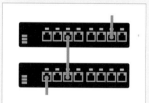

ハブ同士の接続は、左図のように行い、これをカスケード接続と呼びます。

Q 166 有線LANのケーブルは何を買っても問題はない？

A 有線LANの速度にあったケーブルを購入しましょう。

有線LANケーブルには、対応速度の違いによって数種類のケーブルが販売されています。通常、対応速度が遅いケーブルほど安価で、対応速度が速いケーブルほど高価です。有線LANケーブルの対応速度は「カテゴリ」という表記で見分けることができます。現在販売されている有線LANケーブルは、カテゴリ5（Cat5）からカテゴリ8（Cat8）まであります。もっとも安価なカテゴリ5の有線LANは、最大速度が100Mbitまでのケーブルです。現在の有線LAN機器は、1Gbit以上の製品が主流です。これを考慮すると、最大2.5Gbitの速度に対応する「カテゴリ5e（Cat5e）」以上のケーブルを購入することをお勧めします。

なお、有線LANケーブルには、シールドを施したSTP／ScTPケーブルとシールドを施していないUTPケーブルがあります。STP／ScTPケーブルは、シールドが施されていることもあり、よいケーブルに見えますが、適切な環境で利用しない場合、シールドによる効果がほとんど得られません。このため、家庭内で利用する場合は、高価なSTP／ScTPケーブルではなく、安価なUTPケーブルを購入してください。とくに5Gbit以上の速度の有線LANの利用を考えているときは、カテゴリ6A（Cat6A）のUTPケーブルの購入がコスパもよく、お勧めです。

● **有線 LAN ケーブルの種類と速度**

ケーブル	対応速度
Cat5	～1Gbit/s
Cat5e	～2.5Gbit/s
Cat6	～5Gbit/s
Cat6A	～10Gbit/s
Cat7	～10Gbit/s
Cat7A	～10Gbit/s
Cat8	～40Gbit/s

サンワサプライの販売するカテゴリ6Aに対応したUTPの有線LANケーブル「KB-T6ATS-005BK」。

Wi-Fiの基本

Wi-Fiの便利技

Wi-Fiの快適技（モバイル）

ルーターの基本

ファイル共有とクラウド

音楽／動画の活用

リモートデスクトップの活用

VPNの活用

ツールの活用

Q 167 SSIDを隠したい！

A SSIDステルスやANY接続拒否などを設定します。

SSIDの隠蔽（ステルス）は、アクセスポイントの識別名として利用されている「SSID（Service Set Identifier）」を、接続を行いたい機器（パソコンやスマートフォンなど）から見えなくする機能です。アクセスポイントは、通常、簡単に接続できるようにSSIDを公開しており、パソコンやスマートフォンなどで接続先アクセスポイント（Wi-Fiルーターやアクセスポイント）の選択リストを表示すると、周囲にあるアクセスポイントの一覧（SSID）が自動的に表示されます。SSIDの隠蔽機能は、このリストに「SSID」を表示しないようにすることで、SSIDを知っているユーザーしかそのアクセスポイントに接続できないようにする機能です。SSIDの隠蔽は、「SSID（ESS-ID）ステルス」や「ANY接続拒否」などとも呼ばれて

います。この機能を設定したいときは、Wi-Fiルーター／アクセスポイントの設定ページを表示し、SSIDの隠蔽機能を有効に設定します。

なお、SSIDの隠蔽機能を有効に設定すると、そのアクセスポイントに自動接続できなくなる場合があります。そのときは、Q038〜042を参考に接続設定をやり直してください。また、Windowsの場合は、接続設定を行うときに「ネットワークがブロードキャストを行っていない場合でも接続する」に必ず、チェックを入れてください。この設定を行わないと自動接続が行えません。

NECプラットフォームズ製Wi-Fiルーター「Aterm WX3000HP」のSSIDの隠蔽機能の設定画面。同社の製品では、「ESS-IDステルス機能」を有効にする。

Q 168 MACアドレスフィルタリングとは？

A 登録済みMACアドレスの機器のみをWi-Fiに接続する機能です。

MACアドレスフィルタリングは、「MACアドレス（物理アドレス）」と呼ばれるネットワーク機器固有の識別情報を利用した機器の接続制御機能です。通信を許可する機器のMACアドレスをWi-Fiルーターやアクセスポイントに登録しておき、登録済みのMACアドレスの機器以外のWi-Fiによる接続を拒否することで、セキュリティを高めることができます。

MACアドレスフィルタリングは、Wi-Fiルーター／アクセスポイントに標準で備わっていますが、メーカーによっては、ペアレンタルコントロール機能の一部としてこの機能を提供している場合があります。このタイプの製品の場合、MACアドレスフィルタリングとペアレンタルコントロール機能が排他制御になっており、どちらか一方の機能のみが利用できます。なお、MACアドレスフィルタリングを設定

するには、登録したい機器のMACアドレスを調べておく必要があります。機器のMACアドレスは、Q081〜084、Q145などを参考にすることで調べることができます。また、MACアドレスフィルタリングは、MACアドレスのランダム化を有効にしている機器に対しては利用できません。MACアドレスフィルタリングを設定し、Wi-Fiが利用できなくなったときは、MACアドレスのランダム化が有効になっていないかどうかを確認してください（Q169〜173参照）。

NECプラットフォームズ製Wi-Fiルーター「Aterm WX3000HP」のMACアドレスフィルタリング機能の設定画面。この製品では、ペアレンタルコントロール（「見えて安心ネット」）とMACアドレスフィルタリングの両方の機能が提供されています。

Wi-Fiの基本

Wi-Fiの便利技

Wi-Fiの快適技（モバイル）

ルーターの基本

ファイル共有とクラウド

音楽／動画の活用

リモートデスクトップの活用

VPNの活用

ツールの活用

Q169 MACアドレスのランダム化について知りたい！

A Wi-FiのMACアドレスをランダムな値に変更することです。

有線LANやWi-Fiなどのネットワーク機器は、MACアドレス（物理アドレス）と呼ばれる機器固有の識別情報を備えています。この識別情報は、同じアドレスは複数存在しないこととされており、ネットワーク機器ごとに割り当てられています。有線LANとWi-Fiの両方を備えた製品の場合では、有線LANとWi-Fiのそれぞれに異なるMACアドレスが割り振られています。

このように機器固有の情報であるMACアドレスは、さまざまな制御を行うことにも活用されており、たとえば、Wi-FiのMACアドレスフィルタリングやルーターに備わっているペアレンタルコントロール機能は、MACアドレスをもとにWi-Fiのアクセスポイントへの接続の可否を行ったり、利用時間の制御などを行っています。

近年では、MACアドレスをビジネスに活かすような製品も企業向けに販売されています。Wi-Fi対応機器は、Wi-Fiのアクセスポイントを探索するために、通常、自身のMACアドレスを常に発信し続けています。これを活用し、機器の使用者の行動を分析して、ビジネスに活かすというわけです。たとえば、Wi-FiのMACアドレスを利用すると、その機器（使用者）の大まかな位置を検出でき、どのエリアによく留まっているかといった行動履歴の傾向などが取得できます。

MACアドレスのランダム化は、このような本人があずかり知らぬところで取得されている情報をわかりにくくするために導入された技術です。Wi-FiのMACアドレスをランダム化して発信することで、機器（使用者）の位置の把握などを難しくし、プライバシーの保護を実現します。

Windows 10やiOS 14／iPadOS 14以降、Android 10以降などには、MACアドレスのランダム化の機能が標準搭載され、iOS 14／iPadOS 14以降、Android 10以降ではこの機能が通常、「有効」に設定されています。なお、iOS 14／iPadOS 14以降では、この機能を「プライベートアドレス」と呼んでいます。

Q170 WindowsでMACアドレスのランダム化を行いたい！

A 設定画面の「ネットワークとインターネット」の中にある「Wi-Fi」セクションで行います。

Windows 10は、MACアドレスのランダム化の機能を備えています。この機能は、通常「無効」に設定されていますが、「有効」にするとWi-Fiから自発的に発信するMACアドレスをランダム化します。また、新しいWi-Fiアクセスポイントに接続するときはランダム化したMACアドレスで接続し、その情報を接続先の設定情報として保存します。

MACアドレスのランダム化の設定は、設定画面を開き、「ネットワークとインターネット」の中にある「Wi-Fi」セクションで行います。なお、この設定は、この機能に対応しているWi-Fi機器でのみ表示されます。この機能に非対応のWi-Fiを搭載したパソコンやUSB接続のWi-Fiアダプターなどを利用している場合は、MACアドレスのランダム化の設定項目は表示されません。

MACアドレスのランダム化を行うときは、設定画面を開き、＜ネットワークとインターネット＞→＜Wi-Fi＞とクリックし、「ランダムなハードウェアアドレスを使う」の ⬛ をクリックして、⬛ にします。

Q 171 Windowsで接続中Wi-FiのMACアドレスのランダム化を変更したい!

A 接続中のアクセスポイントのプロパティから設定を変更できます。

Windows 10は、接続中のWi-Fiのアクセスポイントのプロパティを開くことで、そのアクセスポイントに接続する際にMACアドレスのランダム化を有効にするか、無効にするかを切り替えられます。この設定は、Q170で説明しているMACアドレスのランダム化とは独立して設定でき、特定のアクセスポイントに接続する場合に利用します。たとえば、通常はMACアドレスのランダム化を有効にしておき、家庭内のWi-Fiに接続する場合に限定して、MACアドレ

スのランダム化を無効にしたいといったケースで利用します。

この方法でMACアドレスのランダム化を有効に設定する場合は、初回接続時に自動生成したMACアドレスを設定が削除されるまで利用する方法と、月1回の頻度で新しいMACアドレスに更新する方法を選択できます。

なお、Windows 10では、接続したことがあるWi-Fiアクセスポイントの接続設定をアクセスポイントごとに「既知のネットワークの管理」に保存しています。この設定を編集することでも、接続先のアクセスポイントごとにMACアドレスのランダム化の有効／無効を切り替えることができます。ただし、この設定が有効になるのは、次回の接続時からです。

● 接続中のアクセスポイントの設定を変更する

1 📶 をクリックし、

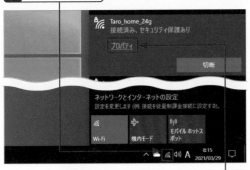

2 接続中のアクセスポイントの＜プロパティ＞をクリックします。

3 接続中のアクセスポイントのプロパティが表示されます。

4 「このネットワークでランダムなアドレスを使う」の設定を変更します。

● 既知のネットワークから設定を変更する

1 左の手順1の画面で、＜ネットワークとインターネットの設定＞をクリックします。

2 ＜Wi-Fi＞をクリックし、

3 ＜既知のネットワークの管理＞をクリックします。

4 設定を変更したいアクセスポイント（ここでは＜Taro_home_24g＞をクリックし、

5 ＜プロパティ＞をクリックすると、

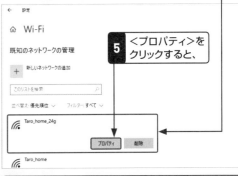

6 選択したアクセスポイントのプロパティが表示されます。「このネットワークでランダムなアドレスを使う」の設定を変更します。

左端の縦タブ：
Wi-Fiの基本／Wi-Fiの便利技／Wi-Fiの快適技（モバイル）／ルーターの基本／ファイル共有とクラウド／音楽／動画の活用／リモートデスクトップの活用／VPNの活用／ツールの活用

Q 172 iPhone／iPadで接続中Wi-FiのMACアドレスのランダム化を変更したい！

A 設定画面から設定を切り替えることができます。

iPhone／iPadでは、MACアドレスのランダム化を「プライベートアドレス」と呼んでいます。この機能は、iOS 14／iPadOS 14以降から常時有効な状態で利用するように設定されており、Wi-Fiのアクセスポイントを探索するために自発的に発信されるMACアドレスのランダム化の有効／無効を切り替える設定項目は用意されていません。

ただし、iOS 14／iPadOS 14は、接続先アクセスポイントによってMACアドレスのランダム化の有効／無効を切り替える機能を備えています。たとえば、外出先などで利用するフリーWi-Fiは、MACアドレスのランダム化を有効した状態で接続し、家庭内のWi-Fiに接続する場合は、MACアドレスのランダム化を無効した状態で接続できます。

ここでは、接続中のアクセスポイントのMACアドレスのランダム化の有効／無効の設定を切り替える方法を説明します。設定画面に表示されているアクセスポイントのⓘをタップすると、接続したことがあるアクセスポイントのMACアドレスのランダム化の有効／無効の設定を切り替えることができます。

1 設定画面を開き、＜Wi-Fi＞をタップします。

2 接続中アクセスポイント（ここでは「Taro_home」）のⓘをタップします。

3 プライベートアドレスの ◯ をタップします。

4 ＜再接続＞をタップします。

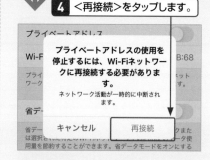

5 プライベートアドレスが無効になり、プライバシーに関する警告が表示されます。

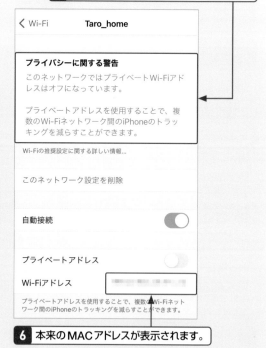

6 本来のMACアドレスが表示されます。

Q 173 iPhone／iPadで新しいWi-Fi接続時にMACアドレスのランダム化を無効にしたい！

A 接続先アクセスポイントの ⓘ を
タップすることで選択できます。

iOS 14／iPadOS 14以降は、はじめて利用するアクセスポイントの場合、従来の手順でアクセスポイントに接続を行うと、自動的にプライベートアドレス（MACアドレスのランダム化）が有効に設定されますが、プライベートアドレス（MACアドレスのランダム化）の有効／無効を選択してから接続する方法も用意されています。この方法で初回の接続を行うと、そのアクセスポイントに対しては、次回からもプライベートアドレスを無効にして接続するようになります。

1 設定画面を開き、＜Wi-Fi＞をタップします。

2 接続したいアクセスポイント（ここでは「Taro_home」）の ⓘ をタップします。

3 プライベートアドレスの ◯ をタップします。

4 プライベートアドレスが無効になります。

5 ＜このネットワークに接続＞をタップします。

6 パスワードを入力し、

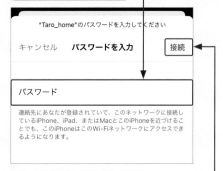

7 ＜接続＞をタップします。

8 選択したアクセスポイントに接続します。プライベートアドレスを無効したため「プライバシーに関する警告」が表示されます。

Q174 Androidスマホ／タブレットでMACアドレスのランダム化の設定を変更したい！

A Wi-Fiの接続画面から設定を変更できます。

Androidでは、Android 10以降でMACアドレスのランダム化が常時有効な状態で利用するように設定されており、Wi-Fiのアクセスポイントを探索するために自発的に発信されるMACアドレスのランダム化の有効／無効を切り替える設定項目は用意されていません。

ただし、接続先アクセスポイントによってMACアドレスのランダム化の有効／無効を切り替える機能を備えています。たとえば、外出先などで利用するフリーWi-Fiは、MACアドレスのランダム化を有効した状態で接続し、家庭内のWi-Fiに接続する場合は、MACアドレスのランダム化を無効した状態で接続できます。

MACアドレスのランダム化の設定は、アクセスポイント接続中に切り替えられるほか、はじめて接続するときにMACアドレスのランダム化の有効／無効を選択してから接続することもできます。

● 接続中のアクセスポイントの設定を切り替える

1 設定画面を開き、＜接続＞をタップします。

2 ＜Wi-Fi＞をタップします。

3 接続中のアクセスポイント（ここでは「aterm-d4eab1」の⚙をタップします。

4 ＜MACアドレスタイプ＞をタップします。

5 MACアドレスのタイプを設定します。

● はじめて接続するときに設定を切り替える

1 Q034を参考にパスワードの入力画面を表示し、

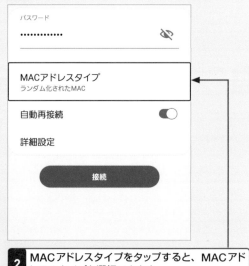

2 MACアドレスタイプをタップすると、MACアドレスのタイプを選択できます。

Q175 ゲストポート機能を利用したい！

A 設定ページでゲスト用のSSIDを設定します。

ゲストポートは、来訪者向けに用意するWi-Fiの接続先です。メーカーによってさまざまな呼び方があり、設定方法も異なりますが、基本的な考え方は、すべて同じです。ゲストポートは、同一周波数帯に複数のSSIDを設定し、1つを家庭内専用、もう1つをゲスト専用のSSIDとします。また、ゲスト用SSIDは、家庭内のネットワークにアクセスできないようにする設定を行ってインターネット接続専用にすることで、セキュリティを高めます。

設定方法の一例を挙げると、NECプラットフォームズ製Wi-Fiルーター「Aterm WX3000HP」では、ゲストポートという設定項目は用意されていません。そこで、セカンダリのSSIDを有効にし、ゲスト用として利用します。さらにセカンダリのSSIDは、「ネットワーク分離機能」を有効に設定します。このように設定することで、ゲスト用SSIDを利用したWi-Fi接続を家庭内のネットワークから切り離し、インターネット接続専用にできます。

BUFFALO製Wi-Fiルーターでは、NECプラットフォームズ製Wi-Fiルーターと同じイメージで設定を行うことで来訪者向けのSSIDを作成できるほか、「ゲストポート」という来訪者向け接続先の設定項目も用意されています。同社のWi-Fiルーター／アクセスポイントでは、この機能を利用することでも来訪者向けのSSIDを設定できます。

NECプラットフォームズ製Wi-Fiルーター「Aterm WX3000HP」のセカンダリSSIDの設定画面。ネットワーク分離機能をONにすることで家庭内ネットワークから切り離せます。

Q176 ペアレンタルコントロール機能を設定したい！

A 搭載製品と非搭載の製品があります。

Wi-Fiルーターに搭載されているペアレンタルコントロール機能とは、Wi-Fiを利用してインターネットを楽しむ時間帯を制御する機能です。たとえば、特定の機器がWi-Fiに接続できる時間帯を毎日10時〜18時までに制限するといったことが行えます。ただし、このようなWi-Fiを利用可能な時間を制御する機能は、すべてのWi-Fiルーターが備えているわけではありません。この機能は、備えている製品とそうでない製品があります。

また、ペアレンタルコントロール機能は、メーカーによって呼称が異なります。たとえば、BUFFALO製のWi-Fiルーターでは、「キッズタイマー」という機能でペアレンタルコントロール機能を提供しています。また、NECプラットフォームズ製Wi-Fiルーターでは、「見えて安心ネット」という機能で提供しています。

なお、Wi-Fiルーター搭載のペアレンタルコントロール機能は、MACアドレス（物理アドレス）と呼ばれているネットワーク機器固有の識別情報を利用して制御を行っています。このため、MACアドレスフィルタリング機能（Q168参照）と排他制御になっており、いずれかの一方の機能のみが利用できます。両方の機能を同時に利用することはできません。また、この機能では、Wi-Fiで接続を行う機器のみを制御でき、有線LANで接続している機器を制御することはできません。

NECプラットフォームズ製Wi-Fiルーター「Aterm WX3000HP」では、「見えて安心ネット」という機能でペアレンタルコントロール機能を提供しています。

Q177 MU-MIMOって何？

A 1対多でデータの送受信を行う技術です。

MU-MIMO（Multi User Multiple Input Multiple Output）は、「Wi-Fi 5（IEEE802.11ac）」から採用されている高速化技術です。Wi-Fiでは、Wi-Fi 4（IEEE802.11n）から「MIMO」という送信側／受信側のそれぞれが複数のアンテナを用いて同時に通信を行うことで、通信速度を高速化する技術が採用されていました。この技術をより快適に利用できるように進化させたのが、MU-MIMOです。
MU-MIMOの特徴は、ビームフォーミング（Q184参照）と呼ばれる技術を活用し、電波干渉が起きないように複数の信号波を送る「空間多重」と呼ばれる1対多の通信を実現していることです。Wi-Fi 4で採用されていたMIMOは、MU-MIMOのマルチユーザーに対して、シングルユーザーの「SU（Single User）-MIMO」とも呼ばれる方式でした。時間単位で通信相手を切り替える時分割多重と呼ばれる方式が利用されており、実際の通信は、1対1の通信を短時間で切り替えることで行われていました。このため、Wi-Fi 4のMIMOでは、多くの機器が接続し、通信相手の機器が増えるほど、速度が低下してしまうという課題がありました。同時に複数の機器と通信が行えるMU-MIMOは、この課題を解消する技術です。
MI-MIMOは、ビームフォーミングに対応した機器同士でのみ行えるため、対応機器同士でのみ利用できる技術です。通常、Wi-Fi 5以降対応した機器同士で利用できます。

1対多で同時に通信

時分割で相手を切り替えながら通信

MU-MIMOでは1対多で同時に通信を行えますが、従来のMIMO（SU-MIMO）では、1対1の通信を切り替えながら通信を行います。

Q178 有線LAN非搭載のWindowsパソコンで有線LANを使いたい！

A LANアダプターを増設します。

有線LANを備えていないパソコンで、有線LANを利用したい場合は、USB接続のLANアダプターやThunderbolt接続のLANアダプター、拡張カード型のLANアダプターのいずれかを増設します。
USB接続のLANアダプターは、パソコン搭載のUSBポートに接続して利用するLANアダプターです。デスクトップパソコン、ノートパソコンのどちらでも利用でき、USBポートに接続するだけで利用できる手軽さが特徴です。100Mbitの製品から、最大5Gbitの速度の製品までが販売されています。
Thunderbolt接続のLANアダプターは、Thunderboltを備えたパソコンでのみ利用できるLANアダプターです。Thunderbolt接続となるため、利用できるパソコンは限定されますが、10GbitのLANアダプターを増設できる点が特徴です。
拡張カード型のLANアダプターは、デスクトップパソコン向けの内蔵型の製品です。パソコンの筐体を開けて取り付ける必要はありますが、10GbitのLANアダプターも増設できます。
速度を求めるのであれば、Thunderbolt接続または拡張カード型のLANカードですが、対応環境が限定されます。通常は、接続も簡単で手軽に利用できるUSB接続のLANカードの増設がお勧めです。

バッファローが販売する2.5Gbit対応のUSB接続のLANアダプター「LUA-U3-A2G/C」。

Wi-Fiの基本　Wi-Fiの便利技　Wi-Fiの快適技（モバイル）　ルーターの基本　ファイル共有とクラウド　音楽／動画の活用　リモートデスクトップの活用　VPNの活用　ツールの活用

Q 179 メッシュ Wi-Fiについて知りたい！

A Wi-Fiネットワークの構築方法の1つです。

メッシュ Wi-Fiとは、複数台のWi-Fiルーターを用いて網の目（メッシュ）状にWi-Fiのネットワークを構築する仕組みです。そのメリットは、Wi-Fiの電波の到達範囲を広げられるだけでなく、同時に負荷分散を行えることにあります。

メッシュ Wi-Fiでは、インターネットの出入り口となるメインルーター以外に「サテライトルーター」と呼ばれる中継機能を備えた専用のWi-Fiルーターを複数台設置します。サテライトルーターは、単に電波の中継機能を提供するだけでなく、メインのWi-Fiルーターと同じような働きをする機能も備えており、常に最適な電波環境を提供します。これによって、どの場所にいてもメインルーターに接続して利用しているときと同じような効果が得られるようになっています。

Wi-Fiには、メッシュ Wi-Fiとよく似た構成で電波の到達範囲を広げる「中継機」という機器がありますが、中継機は、電波を中継してその到達範囲広げる機能のみを提供します。一方で、メッシュ Wi-Fiでは、ローミング機能が提供されており、常に最適な電波を発信している機器に接続できるという特徴があります。たとえば、ローミング機能を提供しない中継機では、近くにより電波状況がよいアクセスポイントがあったとしても、接続中のアクセスポイントの電波が途切れるまで、電波状況のよいアクセスポイントに接続されないといったケースが発生します。しかし、メッシュ Wi-Fiでは、メインルーターとサテライトルーターの中でより電波状況がよいほうへ自動的に接続され、常に安定した通信を行えるようになっています。

また、中継機では、電波を中継するだけの機器であるため、縦のつながりしかなく、すべての負荷はメインルーターが担うことになります。このため、Wi-Fiの接続台数が増えてくると、通信速度が低下するケースが出てきます。一方で、メッシュ Wi-Fiでは、メインルーターとサテライトルーター間でのみ通信が行われるのではなく、サテライトルーター間でも通信が行われます。このため、多数のWi-Fi機器が接続した場合の負荷を分散でき、通信速度が低下しにくいというメリットもあります。

なお、メッシュ Wi-Fiは、対応製品でのみ構築でき、基本的に同一メーカー製の製品で統一する必要がある点に注意が必要です。メッシュ Wi-Fiを構築したいときは、メインルーターとサテライトルーターをセットにした製品が販売されているので、それを購入することをお勧めします。

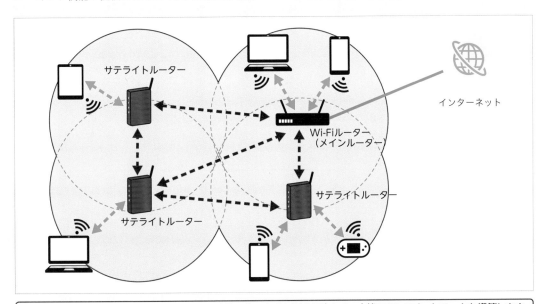

メッシュWi-Fiのイメージ。メッシュWi-Fiではその名のとおり網の目（メッシュ）状にWi-Fiネットワークを構築します。

Q180 Wi-Fiと有線LANどっちが快適か知りたい！

A 通信速度が安定しているのは有線LANです。

Wi-Fi 5以降、Wi-Fiの規格上の最大速度は、有線LANにおける現在主流の速度「1Gbps」を超える製品も珍しくなくなりました。このため、一般に利用されているWi-Fi／有線LANの最大速度のみを比較した場合、速度的には大きな違いがなくなってきているというのも事実です。しかし、実際の体感性能を比較した場合は、基本的に有線LANのほうが快適なケースが多く見られます。これは、Wi-Fiの性能が利用環境によって左右されてしまうからです。

電波を利用するWi-Fiは、周囲で利用されているWi-Fiや家庭内に設置されている機器から発せられる電波によって、通信速度が変動することが知られています。また、同じアクセスポイントに接続している機器の数が増えるほど、性能も変動していきます。このため、周囲にWi-Fiを利用している人がまったくいないなどの特定の利用環境でない限り、Wi-Fiを常に安定した速度で利用できる保証はありません。

実際、Wi-Fiの実行速度は、接続中の速度の理論値に届くことはなく、多くの場合は、接続中の速度の半分程度が実行速度となります。しかし、有線LANでは、理論上の実行速度をほぼ得られるという違いがあります。

有線LANは、物理的なケーブルで接続されているため、常に安定した速度で利用でき、反応速度も安定しているという特徴があります。つまり、Wi-Fiのように利用環境によって、通信速度や反応速度が変動することはありません。これは、ネット上で対戦ゲームを行う場合など、一定の反応速度が常に求められるような環境においては、非常に重要なポイントとなります。

Wi-Fiは、ケーブルレスで利用できるため非常に便利ですが、安定した反応速度や通信速度を求めたいといった用途には不向きです。基本的に同程度の速度であれば、有線LANのほうが実行速度が速いだけでなく、反応速度も速く安定した通信が行えます。Wi-Fiと有線LANは、用途に応じて、使い分けることをお勧めします。

Q181 電波の有効範囲はどれくらい？

A 利用環境によって変動します。

Wi-Fiの電波は、まったく障害物がない状態であれば、直線距離で100m程度は利用できるといわれています。しかし、電波は、障害物があるとそこで減退しながら反射するという性質があるほか、障害物の材質によっては、電波が吸収されてしまいそこから先に進まないといったこともあります。とくにWi-Fiは、途中に少しでも障害物があると、極端に電波到達範囲が狭くなるという特性があるとされ、Wi-Fi機器は、同じ機器を利用していても利用環境によって電波が届く距離に大きな差が出ます。現在販売中のWi-Fi対応製品に具体的な接続可能距離が明記されていないのはこれが理由だとされています。

Wi-Fiの電波に大きな影響を与える障害物には、コンクリートだったり、鉄などの金属製の材質の壁や背の高い家具、本棚などがあります。また、水槽も電波に大きな影響を与える障害物です。ガラスは、電波を通しやすい材質ですが、中に鉄線が張られているような窓ガラスは、逆に電波を遮蔽します。

Wi-Fiは、電波を通しにくい障害物がどのぐらい設置されているかで目的の場所まで電波が届くかどうかが大きく変動します。このため、一概に電波到達範囲がどのぐらいかと決めることはできません。

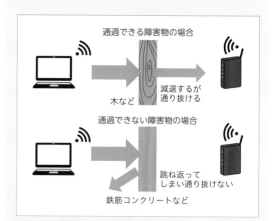

電波は、材質によって通り抜けますが、出力は減退します。また、障害物の材質によっては跳ね返ってしまったり、吸収され、そこで遮蔽されてしまう場合もあります。

Q182 Wi-Fiの電波が届きにくいところでLANを使いたい！

A PLCアダプターを利用する方法があります。

Wi-Fiの電波が届きにくい場所でネットワークを利用したい場合の代表的な方法は、有線LANや中継機を利用する方法です。しかし、有線LANは、ケーブルを敷設する必要があるというデメリットがあります。また、Wi-Fiの中継機も電源が必要になるため、配線がスッキリしない、電源確保のために設置場所が制限された結果、思ったほどの効果が得られないというケースもあります。このような課題を回避しつつ、安定したネットワークの構築を行いたいときに一考してほしいのが、「PLC（PowerLine Communication）アダプター」です。

PLCアダプターは、有線LANケーブルの代わりに電力線（屋内の電気配線）を利用してデータ通信を行う機器です。有線LAN機器接続用のポートを1つ備え、家庭用のコンセントに直接接続して利用します。PLCアダプターは、最低でも2台セットで利用する必要があるほか、コンセントの配線によっては利用できなかったり、雷サージ対策、ノイズフィルター付きACタップなどに接続すると、正常にデータ通信ができない場合があったりします。しかし、利用できれば、PLCアダプター間をケーブルで接続する必要がないため、配線がスッキリし、Wi-Fiでは電波が届きにくいような場所でも安定した通信が可能になるというメリットがあります。

I・Oデータ機器が販売しているPLCアダプター「PLC-HD240Eシリーズ」。最大240Mbpsの速度で通信を行えます。

Q183 Wi-Fiの電波到達範囲を広げたい！

A 中継機やメッシュWi-Fiで電波到達範囲を広げることができます。

Wi-Fiの電波到達範囲を広げるもっとも手軽な方法は、電波を中継する機器を設置することです。この方法には、中継機を利用する方法とメッシュWi-Fi（Q179参照）を利用する方法があります。いずれの方法もWi-Fiルーターなどのメインのアクセスポイントの電波を中継する機能を搭載した機器を設置することで、電波の到達範囲を広げます。

また、両者ともにメインのアクセスポイントとの間はWi-Fiを利用して接続され、メインのアクセスポイントと同じSSIDと暗号化キーで利用できます。Wi-Fiのアクセスポイントは、有線LANケーブルを利用して離れた場所に新しくアクセスポイントを設置することでも電波の到達範囲を拡大できます。しかし、この方法では、ケーブルの敷設が必要です。中継機やメッシュWi-Fiなら有線LANケーブルを利用することなく、簡単に電波到達範囲を拡大できる点がメリットです。

なお、中継機とメッシュWi-Fiは、同じような機能を提供しますが、両者では提供する機能などに違いがあります。たとえば、中継機は、メッシュWi-Fiとは異なり、ローミング機能を提供しません。また、中継機は、他社製の機器に対しても利用できますが、メッシュWi-Fiでは、対応機器が必要となるだけでなく、利用する機器も同一メーカー製で統一する必要があるという違いがあります。どちらを利用するかは、利用環境や予算を考慮して決めることをお勧めします。

エレコムの販売するメッシュWi-Fiのスターターキット「WMC-2LX-B」。メインのWi-Fiルーターとサテライトルーターがセットになっており、電源を入れると自動的にメッシュWi-Fiネットワークが作成されます。

Wi-Fiの基本

Wi-Fiの便利技

Wi-Fiの快適技（モバイル）

ルーターの基本

ファイル共有とクラウド

音楽／動画の活用

リモートデスクトップの活用

VPNの活用

ツールの活用

ネットワーク構築に役立つ基礎知識　重要度 ★★★

Q184 ビームフォーミングって何？

A 電波の指向性を高めて通信距離などを向上させる技術です。

Wi-Fi機器から発信される電波は、通常は、全方位に向けて発信される無指向ですが、ビームフォーミングでは、発信される電波の指向性を制御して、特定の方向に向けて集中的に電波を発信します。これによって、通信相手との電波干渉を減らし、電波到達範囲を広げると同時に実効通信速度を向上させることができます。ビームフォーミングを利用すると、電波到達範囲が3割ぐらい広がるとされています。

なお、ビームフォーミングは対応機器同士（Wi-Fi 5以降のWi-Fi機器同士）でのみ利用できる技術です。この技術は、Wi-Fi 5やWi-Fi 6で採用されているMU-MIMO（Multi User Multiple Input Multiple Output）の核となるものです。

参照 ▶ Q 177

ネットワーク構築に役立つ基礎知識　重要度 ★★★

Q185 デュアルバンドとは？

A 2種類の電波を利用できることです。

デュアルバンドとは、一般に2種類の電波（周波数帯）を利用できることを指します。

たとえば、現在のWi-Fiルーターは、2.4GHz帯と5GHz帯の2種類の周波数帯域に対応する製品が主流です。このタイプの製品は、2種類の周波数帯域に対応していることからもわかるようにデュアルバンド対応となります。デュアルバンド対応のWi-Fiルーターのメリットは、2つの電波（2.4GHz帯と5GHz帯）を同時に利用できることです。たとえば、中継機ではこのメリットを活用しています。つまり、2.4GHz帯／5GHz帯のいずれかをWi-Fiルーターとの接続に利用し、残りの周波数帯をパソコンやスマートフォンの接続に利用するといった使い方が可能になります。

ネットワーク構築に役立つ基礎知識　重要度 ★★★

Q186 トライバンドとは？

A 3種類の電波を利用できることです。

トライバンドとは、文字どおり3種類の電波を利用できることを指します。従来の2.4GHz／5GHz帯両対応のWi-Fiルーターは、2.4GHz帯の通信機能が1つと5GHz帯の通信機能が1つの計2つの通信機能を備えていました。

トライバンド対応のWi-Fiルーターでは、これに5GHz帯の通信機能をもう1つ追加した構成となっており、2.4GHz帯が1つ、5GHz帯が2つの合計3つの通信機能を備えています。これによって、1つの周波数帯域に接続機器が集中することを防ぎ、より安定した通信を行えるように考えられています。トライバンドは、通常、各社のハイエンドモデルで対応しており、低価格なエントリー向けの製品では対応していません。

ネットワーク構築に役立つ基礎知識　重要度 ★★★

Q187 Wi-Fiを快適に使うポイントを知りたい！

A 5GHz帯をメインで利用するのがお勧めです。

Wi-Fiを快適に利用したい場合のポイントになるのが、5GHz帯の活用です。

Wi-Fiのもう1つの周波数帯の2.4GHz帯は、もともと利用できる周波数帯域が狭いだけでなく、家電や周囲に設置されているWi-Fi機器からの電波干渉を受けやすい周波数帯となっています。

一方で、5GHz帯は、利用できる周波数帯域が2.4GHz帯と比較して広く、周囲からの電波干渉を受けにくい周波数帯です。このため、5GHz帯のほうが通信速度が安定しています。また、速度が多少遅くても問題ないような古いゲーム機などは2.4GHz帯、パソコンやスマートフォンなどは、5GHz帯といった周波数帯の使い分けもWi-Fiを快適に利用するためのポイントです。

Q 188 iPhone同士でWi-Fiの接続情報を共有したい！

A 連絡帳に登録されていれば、iPhone同士を近づけるだけで情報を共有できます。

iOS 11以降またはiPad OS 13以降がインストールされているiPhone／iPadには、Wi-Fiの接続情報（暗号化キー／パスワード）を近くのiPhoneやiPad、Macと共有する機能を備えています。この機能は、次の2つの条件を満たしたiPhone／iPad、Mac間でのみ利用できます。1つ目の条件は、情報を共有する機器（iPhone／iPad／Mac）の両方でWi-FiとBluetoothがオンになっていることです。2つ目の条件は、お互いの「連絡先」アプリに、Wi-Fiの接続情報を共有したい相手の情報（Apple IDとして使われているメールアドレス）が登録されていることです。この条件を満たしていれば、以下のような手順でiPhone／iPad、Mac同士を近づけるだけで、Wi-Fiの暗号化キー（パスワード）を自動入力できます。

1 Wi-Fiの情報を提供する側のiPhoneで情報を共有したいWi-Fiのアクセスポイント（ここでは「Taro_home」）に接続しておきます。

2 Wi-Fiの情報を受け取る側のiPhoneで、同じアクセスポイント（ここでは「Taro_home」）に接続し、パスワードの入力画面を表示しておきます。

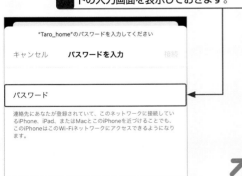

3 Wi-Fiの情報を提供する側と受け取る側のiPhone同士を近づけます。

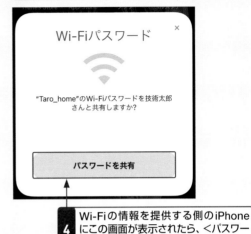

4 Wi-Fiの情報を提供する側のiPhoneにこの画面が表示されたら、＜パスワードを共有＞をタップします。

5 情報を受け取る側のiPhoneに暗号化キー（パスワード）が自動入力され、Wi-Fiに接続します。

6 Wi-Fiの情報を提供する側のiPhoneで＜完了＞をタップします。

重要度 ★ ★ ★

重要度 ★ ★ ★

Q 189 ルーターのセキュリティ対策のポイントについて知りたい！

A ルーターのパスワードは必ず変更しましょう。

ルーターを設置したときに必ず行っておきたいのが、ルーターの設定画面を開くときに利用する「管理者パスワードの変更」です。最近の製品では、設定画面を開いたときに、最初に管理者パスワードの設定を行うように設計されている製品が一般的になりましたが、旧型の製品では、このように設計されていない製品が一般的でした。初期設定時に管理者パスワードの変更を求めない製品は、ルーターに初期設定されている管理者パスワードが取り扱い説明書に記載されているケースもあります。必ず、管理者パスワードの設定を変更しておきましょう。なお、管理者パスワードは、第三者に推測されにくい、できるだけ複雑で長いものを設定してください。ルーターは、インターネットに直接つながっているため、サイバー攻撃の対象になりやすいからです。

また、ルーターによっては、インターネット側から設定画面を呼びせるような設定が準備されていたり、pingコマンドによる機器の設置確認に返答するかどうかの設定が準備されている場合があります。これらの機能を有効にすると、サイバー攻撃を受けたときのリスクが高まります。設定の有無を確認し、これらの機能を無効に設定しておきましょう。ルーターのファームウェアも常に最新の状態に保つようにしておくことも忘れないでください。

NECプラットフォームズ製Wi-Fiルーター「Aterm WX3000HP」の管理者パスワードの変更画面。管理者パスワードは、できるだけ複雑で長いものを設定しておきましょう。

Q 190 パソコンのセキュリティ対策のポイントについて知りたい！

A セキュリティ対策ソフトを必ず使用しましょう。

パソコンのセキュリティ対策には、ウイルス対策とファイアウォールがあります。前者は、マルウェアなどの脅威の侵入を防いだり、仮に侵入されても被害をできるだけ少なくするための対策です。通常、アンチウイルスソフトを利用します。

ファイアウォールは、インターネットを通して行われる不正アクセスからパソコンや家庭内などの内部ネットワークを守る防御壁です。外部から行われるアクセスを監視し、不正なアクセスだと判断した場合には、そのアクセスを遮断して、管理者などに通知します。

パソコンのセキュリティ対策は、この2つの対策がメインです。Windowsには、標準でWindowsセキュリティという統合セキュリティ対策機能が標準搭載されており、ウイルス対策とファイアウォールの両方の機能が備わっています。とくに外出先で利用するWi-Fiサービスは、会社内や家庭内などとは異なり、危険が多く潜んでいます。必ず、これらの機能を有効にして利用するようにしてください。なお、サードパーティ製のウイルス対策やファイアウォールは、Windowsセキュリティよりも高機能であることが一般的です。通常の利用では、Windowsセキュリティで問題はありませんが、必要に応じて、サードパーティ製のセキュリティ対策ソフトの購入も検討してください。

Windows 10に標準で備わっているWindowsセキュリティの画面。ウイルス対策とファイアウォールの両方の機能が搭載されています。

Q191 ネットワークセキュリティを強化する方法を知りたい！

A 専用のセキュリティ対策用のハードウェアがあります。

家庭内のネットワークへの攻撃には、インターネット側からの攻撃とWi-Fiを介した攻撃があります。インターネット側からの攻撃への備えのポイントは、ルーターの管理者パスワードを複雑化させることです。また、ルーターの脆弱性を突いた攻撃に備えて、常にルーターのファームウェアを最新の状態に保っておくことも重要です。最新ルーターでは、ファームウェアの自動アップデート機能を備えた製品が主流です。旧型の製品などこの機能を備えていないルーターを使用している場合は、最新の製品への買い替えも検討することをお勧めします。

Wi-Fiを介した攻撃は、家庭内のWi-Fiアクセスポイントから、侵入を試みる攻撃です。Wi-Fiは、暗号化キー（パスワード）が解析されてしまうと家庭内のネットワークに侵入できてしまいます。このため、できるだけ複雑で長い暗号化キー（パスワード）を設定しておくことがお勧めです。

これらの対策でも不安がある場合は、ネットワーク全体を保護する総合セキュリティ製品の導入を行う方法もあります。このタイプの製品は、家庭内などのネットワーク全体を監視し、不正アクセスを防止したり、不正な通信や不正なサイトへのアクセスの遮断などの機能を提供したりします。さらに高度な機能を提供する製品もあります。

トレンドマイクロの販売している家庭用の総合セキュリティ製品「ウイルスバスター for Home Network」の紹介サイト。

Q192 ファイアウォールについて知りたい！

A 不正アクセスからネットワークを守る防御壁です。

ファイアウォールは、インターネットなどの外部から行われるアクセスを監視して、不正なアクセスからパソコンや家庭内などのネットワークを守ります。ファイアウォールには、使用中のパソコンを守ることを目的としたパーソナルファイアウォールとネットワーク全体の保護を目的としたファイアウォールに大別されます。

前者のパーソナルファイアウォールは、市販のセキュリティ対策ソフトやWindows 10／macOSなどのOSに標準で備わっているファイアウォール機能です。この機能は、使用中のパソコンを外部から守るための機能を提供しており、インターネットからの不正な侵入を防いだり、パソコンを外部から見えなくするといった機能を提供しています。

後者のネットワーク全体の保護を目的としたファイアウォールは、企業などで利用されています。通常、インターネットと社内ネットワークの間に設置され、外部から社内ネットワークへの侵入を防ぐ目的で利用されています。プロキシーサーバー型とパケットフィルタリング型の2種類があります。前者はすべての通信内容を精査して、不正アクセスなどを検出・防止するタイプです。一方後者は、通信内容の一部を検査するタイプとなっています。

Windows 10に搭載されているファイアウォール機能の設定画面。この機能は標準でオンに設定されています。

Wi-Fiの基本

Wi-Fiの便利技

Wi-Fiの快適技（モバイル）

ルーターの基本

ファイル共有とクラウド

音楽／動画の活用

リモートデスクトップの活用

VPNの活用

ツールの活用

セキュリティの設定技　　　重要度 ★★★

Q193 プロキシーについて知りたい！

A 一般的にプロキシー（代理応答）サーバーを指します。

プロキシーは、インターネットと社内などのネットワークとの境界に設置される中継サーバーです。一般的には、プロキシーサーバーとも呼ばれています。プロキシーサーバーの用途にはいくつかありますが、もっとも一般的な使い方の1つが、社内ネットワーク内の機器から行われるインターネットへのアクセスを、社内の機器に代わって行うことです。

たとえば、社内の機器がインターネットのWebサイトにアクセスしようとすると、その要求をプロキシーサーバーが代理で実施し、インターネットからデータが送られてくると、それをプロキシーサーバーが代理で受け取り、社内の機器に転送します。このように、ネットワーク内におけるインターネットとのデータのやり取りをすべてプロキシーサーバー経由とすることで、外部からの不正アクセスを防止したり、不正なサイトへのアクセスを防いだりできます。

また、プロキシーサーバーは、キャッシュとしても利用できます。たとえば、社内の全員が特定のファイルをダウンロードするような場合に、誰か1人でもそのファイルをダウンロードすれば、残りのアクセスは、すべてプロキシーサーバーのキャッシュから行うことができます。これによって、時間の短縮を図ることができます。

プロキシーサーバー　　　インターネット

インターネットとのデータをやり取りを中継する

ほかの機器に代わってインターネットとデータのやり取りを行うのがプロキシーサーバーです。

セキュリティの設定技　　　重要度 ★★★

Q194 「信頼できるネットワーク」について知りたい！

A 一般的に家庭内や組織などの信頼できる場所にあるネットワークを指します。

「信頼できるネットワーク」は、セキュリティ対策ソフトやファイアウォールなどでセキュリティ対策を行うときになどで利用される用語です。企業内や家庭内などの身元が明確で信頼できる場所にあるネットワークのことを指し、「プライベートネットワーク」とも呼ばれます。また、対義語は、信頼できないネットワークですが、これは、一般的に公共のネットワーク、つまり、インターネットのことを指し、「パブリックネットワーク」とも呼ばれます。

信頼できるネットワーク（プライベートネットワーク）やパブリックネットワークは、事前定義されたファイアウォールのプロファイル名（設定の名称）としても一般的に利用されています。このような名称の事前定義済みの設定を用意しておくことで、ネットワークを利用する場所によって、ファイアウォールの設定を切り替え、その場所に即したセキュリティで運用を行えるようにしているというわけです。

通常、社内や家庭内で利用するときは、信頼できるネットワーク（プライベートネットワーク）というプロファイルを利用し、それ以外の場所で利用するときは、パブリックネットワークのプロファイルを利用します。

⌂ 設定

Taro_home

範囲内の場合は自動的に接続する

オフ

ネットワーク プロファイル

パブリック
お使いの PC は、ネットワーク上のその他のデバイスから隠され、プリンターやファイルの共有に使用できません。

プライベート
ホーム ネットワークまたは社内ネットワークなど、信頼するネットワーク向けに、お使いのPC は発見可能になり、設定した場合はプリンターやファイルの共有に利用できます。

ファイアウォールとセキュリティ設定の構成

Windows 10のネットワークプロファイルの設定画面。Windows 10では、利用する場所によってファイアウォールの設定を「パブリック」と「プライベート」の2つから切り替えて利用できます。

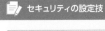

セキュリティの設定技　　　　重要度 ★★★

Q 195 子供のWebアクセスを 制限する方法を知りたい!

 ペアレンタルコントロール機能を 利用します。

子供のWebアクセスを制限したいときは、ペアレンタルコントロール機能を利用します。この機能を利用すると、インターネットの利用時間を制限したり、有害なWebサイトの閲覧を禁止したり、ゲームなどのアプリの利用制限を行ったりできます。ペアレンタルコントロール機能は、Windows や macOS、iOS、Android などのOSに標準機能として備わっているほか、Wi-Fiルーターにも備わっている場合があります。通常は、OSに備わっている機能のほうが多機能なので、こちらを利用してください。Wi-Fiルーターに備わっている機能は、インターネットの利用制限や有害サイトの閲覧制限などの機能は提供されていますが、ゲームなどのアプリの利用制限を設定することはできません。

Windows 10に備わっているペアレンタルコントロールの設定画面。Windows 10では、Windowsセキュリティの中の1つの機能としてペアレンタルコントロールが提供されています。

iOSで提供されているペアレンタルコントロール機能の設定画面。iOSでは「ファミリー共有」という名称でペアレンタルコントロール機能が提供されています。

セキュリティの設定技　　　　重要度 ★★★

Q 196 自宅でWi-Fiを安全に 使うポイントを知りたい!

 Wi-Fiルーターに備わっている機能 をフル活用しましょう。

自宅でWi-Fiを安全に利用するには、Wi-Fiルーターに備わっている機能をフル活用する必要があります。具体的には、複雑で長い暗号化キー（パスワード）を利用するほか、MACアドレスフィルタリング（Q168参照）やSSIDの隠蔽（Q167参照）などの機能をすべて利用するのがお勧めです。

中でも必ず設定しておきたいのが、暗号化キーです。暗号化キーは、最新のWi-Fiの認証方式「WPA3」を利用していても、時間をかけると解読されてしまうことが知られています。このため、Wi-Fiでは複雑で長い暗号化キーを利用すればするほど、悪意を持った第三者の侵入を防ぐことができ、セキュリティを高めることができます。

一方で、長い暗号化キーは、それを暗記しておくことが難しくなりますが、Wi-Fiルーターには、WPSなどを利用した自動設定機能（Q021参照）が備わっているほか、スマートフォンなどでは、QRコードを利用してWi-Fiの設定を行えます。これらの機能を活用すれば、暗号化キーを覚えなくてもWi-Fiの設定を行えます。

また、MACアドレスフィルタリングを利用すると、登録済みの機器のみがWi-Fiを利用できるように設定できます。SSIDの隠蔽を行えば、パソコンやスマートフォンなどに表示されるWi-Fiの接続先リストに自宅のWi-FiのSSIDを表示しないようにできます。

NECプラットフォームズ製Wi-Fiルーター「Aterm WX3000HP」の暗号化キー（パスワード）の設定画面。暗号化キーは最大63文字まで設定できます。

Wi-Fiの基本

Wi-Fiの便利技

Wi-Fiの快適技（モバイル）

ルーターの基本

ファイル共有とクラウド

音楽／動画の活用

リモートデスクトップの活用

VPNの活用

ツールの活用

セキュリティの設定技　　重要度 ★★★

Q 197 Wi-Fiの暗号化は必要なの？

A 暗号化は必ず行ってください。

Wi-Fiにおける暗号化の目的の1つは、特定のユーザーやグループでのみ利用できる安全なネットワークを構築することです。暗号化を行わないままWi-Fiを利用すると、その電波を受信できれば、誰でも自由にそのネットワークに参加できてしまうからです。このような、暗号化を行っていないWi-Fiは、「オープンネットワーク」と呼ばれ、多くのリスクが存在しています。

たとえば、インターネット接続をタダ乗りされて、利用されるぐらいならまだよいほうです。悪意のある第三者に悪用されてしまうと、そのWi-Fiを利用しているすべてのパソコン内のデータを無断で閲覧されたり、悪意のあるWebサイトに故意に誘導され、個人情報を抜き取られたりして、悪用される恐れもあります。また、サイバー攻撃の踏み台として利用され、インターネット上のWebサイトの攻撃に利用さ

れるなど、不正アクセスの温床として活用されてしまうことも考えられます。このように暗号化を行っていないWi-Fiは、悪意のある第三者にさまざま用途で活用されてしまう可能性があります。Wi-Fiの暗号化は、絶対に行うようにしてください。

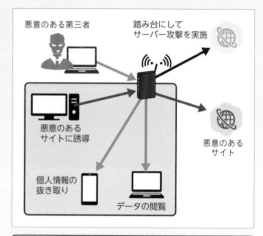

暗号化を行っていないWi-Fiは、悪意のある第三者に悪用され、ネット犯罪などに利用されてしまう可能があります。

 セキュリティの設定技　　重要度 ★★★

Q 198 Wi-Fiの暗号化の注意点は？

A 古いWi-Fi機器の利用に注意しましょう。

Wi-Fiのセキュリティ技術は、現在「WEP」「WPA／WPA2」「WPA3」の3種類があります。WEPは、初期の技術で、現在ではこの技術の利用は推奨されていません。わずか10秒ほどで暗号化キー（パスワード）を解析されてしまうほどセキュリティが低いからです。WPA／WPA2は、最新のWPA3ほどセキュリティは高くありませんが、対応機器が多く現在主流の技術です。WPA3は、Wi-Fiで利用できる技術の中で現在もっともセキュリティの高いものです。Wi-Fiは、この3種類の中からセキュリティ技術を選択して利用できますが、これらの技術には下位互換性がない点には注意が必要です。

たとえば、古い携帯ゲーム機は、WEPのみにしか対

応しない製品があります。このような機器を接続するには、セキュリティ技術に「WEP」を選択するしかありません。しかし、それではWi-Fiのセキュリティが大きく低下してしまいます。このようなときは、Wi-Fiルーターのゲストポート（Q175参照）機能を利用して、既存のSSIDとは別に、WEPを利用する専用のSSIDを用意してください。また、セキュリティが低いSSIDを用意するときは、ネットワークの隔離（分離）機能も有効に設定してください。

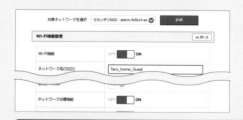

セキュリティ技術にWEPのみしか対応していない機器を利用するときは、既存のSSIDとはネットワークを分離したゲストポートを作成します。

Q199 「Internet回線判別中」と表示された場合は？

A 「Internet回線判別中」は、インターネット接続回線の判別中に表示される画面です。

「Internet回線判別中」の画面は、バッファロー製のWi-Fiルーターがインターネット接続回線の自動判別を行っているときに表示される画面です。通常は、購入後のインターネット回線の設定を行うときに表示される画面ですが、インターネット回線の設定が完了し、日常の使用時にもおいても表示されることがあるようです。

購入後のインターネット回線の設定を行うときに表示された場合は、しばらくそのまま待っていると、画面が切り替わり、次の操作の指示画面が表示されます。画面の指示に従ってルーターの設定を継続して行ってください。また、日常の使用時にこの画面が表示された場合は、インターネットサービスプロバイダー（ISP）や光回線などの通信回線で障害が発生しているかメンテナンスが行われている可能性があります。スマートフォンなど別の機器でインターネットを利用できる場合は、ISPや光回線のメンテナンス情報や障害情報などを確認してみてください。また、メンテナンスや障害が発生していない場合は、数分程度待ってインターネットが利用できるかどうかを確認し、利用できなければ、Wi-Fiルーターの電源を入れ直すなどの操作を行ってみてください。

BUFFALO

Internet回線判別中

バッファロー製のWi-Fiルーターで初期設定時に表示される「Internet回線判別中」の画面。通常、この画面は、インターネット接続回線の自動判別を行っているときに表示されます。

Q200 ルーターが2台になってしまった！

A ネットワーク構成を変更する方法とアクセスポイントとして利用する方法があります。

ルーターが2台になってしまった場合は、大きく2つの方法があります。1つ目は、2台目のルーターをローカルルーターとして利用する方法です。この方法は、インターネットに直接接続しているルーターで構築したネットワークともう1台のルーターで構築したネットワークの2つのネットワークを内部的に構築する方法です。インターネットに直接接続しているルーターにつながっているパソコンと、2台目のルーターにつながっているパソコンとの間でファイル共有やプリンター共有などを行うことはできなくなりますが、この方法でもインターネットは問題なく利用できます。この方法を利用する場合は、通常、2台目のルーターのWANポートとインターネットに直接接続しているルーターを有線LANケーブルで接続するだけで利用できます。

もう1つの方法は、2台目のルーターがWi-Fiルーターだった場合に、それをWi-Fiのアクセスポイントや中継機として再利用する方法です。Wi-Fiルーターは、設定を変更することでWi-Fiのアクセスポイント機能のみを利用したり、中継機として利用できるように設計されています。ルーターがWi-Fiルーターだった場合は、この方法で利用するのもお勧めです。

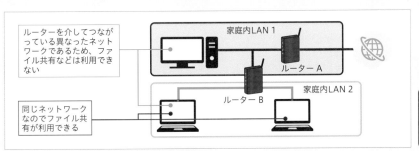

ルーターを介してつながっている異なったネットワークであるため、ファイル共有などは利用できない

家庭内LAN 1

ルーター A

ルーター B

家庭内LAN 2

同じネットワークなのでファイル共有が利用できる

ルーターは、2段重ねにしても問題なくインターネットは利用できます。

Wi-Fiの基本
Wi-Fiの便利技
Wi-Fiの快適技（モバイル）
ルーターの基本
ファイル共有とクラウド
音楽／動画の活用
リモートデスクトップの活用
VPNの活用
ツールの活用

Q 201 アンテナ向きはどの角度がいいの？

A Wi-Fiルーターの取り扱い説明書を参考に、角度の調整を行います。

Wi-Fiルーターに搭載されているアンテナは、筐体内に搭載されている内蔵アンテナと筐体外部に搭載されている可動式の外付けアンテナがあります。

前者の内蔵アンテナは、球体状に360度全方位に電波を送出する無指向のアンテナを搭載しているケースが多く、角度などを気にする必要はありません。ただし、球体状に全方位で電波が送出されることを考えると、部屋の床に置くよりも高めの場所に配置したほうが、電波の送出特性を活かせる可能性が高いと考えられます。

後者の外付けアンテナは、水平方向に強めの電波を送出し、垂直方向の電波は弱めという傾向を持つアンテナです。また、アンテナを立てた状態で水平方向は360度の方向に電波を送出しますが、垂直方法は、指向性が持たせられており、それほど広い角度で電波を送出しないようになっています。このため、外付けアンテナを備えた製品を利用する場合は、強めの電波を送出する水平方向でアンテナの角度を調節します。たとえば、2階など真上に電波を送出したいときは、アンテナを地面と並行に倒し、斜め上に送出したいときは、アンテナを目的の角度方向に向けて斜めに倒します。

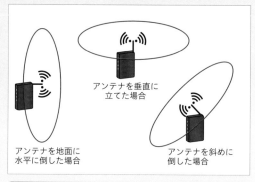

アンテナを垂直に立てた場合

アンテナを地面に水平に倒した場合

アンテナを斜めに倒した場合

> 外付けアンテナは、水平方法は360度全方位で強めの電波を送出します。この特性を活かし、電波を送出したい方向にアンテナを倒して角度を調整します。

Q 202 接続する台数が増えたら遅くなった！

A Wi-Fiルーターの推奨接続台数を超えたと考えられます。

Wi-Fiルーターやアクセスポイントは、自身が備えている処理能力によってWi-Fi機器を快適に利用できる「接続台数（推奨台数）」の目安がカタログスペックなどで公表されているケースが増えています。このWi-Fi機器の接続台数は、通常、性能が高いハイエンドモデルになるほど多くなり、安価な製品ほど少なくなる傾向があります。また、旧型の古いWi-Fiルーターほど処理能力が低いため、接続台数が少なくなる傾向もあります。このため、Wi-Fiルーターに接続するWi-Fi機器が多くなって、速度が低下してきた場合は、使用しているWi-Fiルーターを快適に利用できる推奨接続台数を超えている可能性があります。この場合、Wi-Fiルーターやアクセスポイントを、より接続台数が多い製品に交換するのが最善の手段となります。

なお、Wi-Fi 5（IEEE802.11ac）以降に対応したWi-Fi機器では、「MU-MIMO（Q177参照）」という1対多でより効率的な通信を行う機能を備えています。Wi-Fiルーターを買い替えるときは、少なくともWi-Fi 5以降に対応した製品を購入するのがお勧めです。また、予算に余裕があるのであれば、最新のWi-Fi 6対応の製品の購入がお勧めです。

> NECプラットフォームズ製Wi-Fiルーター「Aterm WX3000HP」のWebページ。Aterm WX3000HPは、Wi-Fi 6対応のエントリー向け製品です。この製品は、36台を推奨の接続台数としています。

紙面版

電脳会議
DENNOUKAIGI

一切無料

今が旬の情報を満載してお送りします!

『電脳会議』は、年6回の不定期刊行情報誌です。A4判・16頁オールカラーで、弊社発行の新刊・近刊書籍・雑誌を紹介しています。この『電脳会議』の特徴は、単なる本の紹介だけでなく、著者と編集者が協力し、その本の重点や狙いをわかりやすく説いていることです。現在200号に迫っている、出版界で評判の情報誌です。

毎号、厳選ブックガイドもついてくる‼

『電脳会議』とは別に、1テーマごとにセレクトした優良図書を紹介するブックカタログ（A4判・4頁オールカラー）が2点同封されます。

電子書籍を読んでみよう!

技術評論社　GDP　[検索]

と検索するか、以下のURLを入力してください。

https://gihyo.jp/dp

1. アカウントを登録後、ログインします。
   【外部サービス(Google、Facebook、Yahoo!JAPAN)
   でもログイン可能】

2. ラインナップは入門書から専門書、
   趣味書まで 1,000点以上!

3. 購入したい書籍を 🛒 に入れます。
   カート

4. お支払いは「**PayPal**」「**YAHOO!ウォレット**」にて
   決済します。

5. さあ、電子書籍の
   読書スタートです!

◎**ご利用上のご注意**　当サイトで販売されている電子書籍のご利用にあたっては、以下の点にご留
■**インターネット接続環境**　電子書籍のダウンロードについては、ブロードバンド環境を推奨いたします。
■**閲覧環境**　PDF版については、Adobe ReaderなどのPDFリーダーソフト、EPUB版については、EP
■**電子書籍の複製**　当サイトで販売されている電子書籍は、購入した個人のご利用を目的としてのみ、閲
ご覧いただく人数分をご購入いただきます。
■**改ざん・複製・共有の禁止**　電子書籍の著作権はコンテンツの著作権者にありますので、許可を得な

Software Design **WEB+DB** PRESS も電子版で読める

電子版定期購読が便利!

くわしくは、
「**Gihyo Digital Publishing**」
のトップページをご覧ください。

電子書籍をプレゼントしよう! 🎁

ihyo Digital Publishing でお買い求めいただける特定の商
と引き替えが可能な、ギフトコードをご購入いただけるようにな
ました。おすすめの電子書籍や電子雑誌を贈ってみませんか?

こんなシーンで…　　●ご入学のお祝いに　●新社会人への贈り物に　……

ギフトコードとは?　Gihyo Digital Publishing で販売してい
商品と引き替えできるクーポンコードです。コードと商品は一
一で結びつけられています。

わしいご利用方法は、「**Gihyo Digital Publishing**」をご覧ください。

のインストールが必要となります。
を行うことができます。法人・学校での一括購入においても、利用者1人につき1アカウントが必要となり、

への譲渡、共有はすべて著作権法および規約違反です。

電脳会議
紙面版

新規送付の
お申し込みは…

ウェブ検索またはブラウザへのアドレス入力の
どちらかをご利用ください。
Google や Yahoo! のウェブサイトにある検索ボックスで、

電脳会議事務局	検 索

と検索してください。
または、Internet Explorer などのブラウザで、

https://gihyo.jp/site/inquiry/dennou

と入力してください。

「電脳会議」紙面版の送付は送料含め費用は
一切無料です。
そのため、購読者と電脳会議事務局との間
には、権利＆義務関係は一切生じませんので、
予めご了承ください。

技術評論社　　電脳会議事務局
〒162-0846　東京都新宿区市谷左内町21-13

5

データを有効利用!
ファイル共有と
クラウド活用の便利技

Q 203 ファイル共有について知りたい！

A ネットワーク内のほかのパソコンとファイルを共有できます。

Windowsには、指定したフォルダーをネットワーク内で共有できる機能が備わっています。このフォルダーにファイルを保存すれば、ネットワーク内のほかのパソコンやスマートフォンからそのファイルにアクセスが可能になります。撮影した画像や動画を家族で共有したいといった場合にとても便利です。また、1人でも複数のパソコンを使っているという場合はパソコン間のデータのやり取りが楽になります。このファイル共有はWindows 10をはじめ、8.1／7／Vistaなど古いWindowsでも利用できますが、Windows 7／Vistaはすでにサポートが終了しています。セキュリティ上、利用は避けてください。

共有フォルダーを作成したパソコン

ほかのパソコンなど

ほかのパソコンやスマートフォンからアクセスができる。

Q 204 ファイル共有の方法について知りたい！

A ワークグループのファイル共有を使います。

現在のWindowsでファイルを共有するには、ワークグループを利用するのが一番簡単です。ワークグループでは、共有フォルダーのアクセスに、ユーザー名とパスワードを利用します。

たとえば、共有フォルダーを作るパソコンを「A」とし、その共有フォルダーにアクセスするパソコンを「B」とします。ユーザー名とパスワードの入力をしないで、共有フォルダーにアクセスするには、「B」のパソコンのアカウントを「A」のパソコンに作成しておく必要があります。この点を、まず理解しておきましょう。

なお、ワークグループとは、同じLAN上で構成されるネットワークのことです。ネットワークを構成するには、それぞれのパソコンのワークグループ名が同一である必要があります。基本的にWindows 10の初期状態では、ワークグループ名が「WORKGROUP」に設定されているため、同じLAN環境であればとくに気にする必要はありませんが、OSのアップデートなどで名称が変わることもあります。その際は名称を変更して、ほかのパソコンと同じワークグループ名にする必要があります。ワークグループ名は、スタートボタンの右クリック→＜システム＞→＜システムの詳細設定＞で表示されるシステムのプロパティ画面の＜コンピューター名＞タブで確認できます。変更したい場合は、画面にある＜変更＞をクリックします。

パソコンB　　　　　　　パソコンA

| 共有フォルダーにアクセスするパソコン「B」。アカウント名は「Taro」。 | → | 共有フォルダーを作るパソコン「A」に「B」のパソコンと同じアカウント「Taro」を作成する。 |

これでパソコン「A」の共有フォルダーにパソコン「B」からパスワード入力不要でアクセス可能になる。

左側縦タブ：Wi-Fiの基本／Wi-Fiの便利技／Wi-Fiの快適技（モバイル）／ルーターの基本／ファイル共有とクラウド／音楽／動画の活用／リモートデスクトップの活用／VPNの活用／ツールの活用

Q 205 ファイル共有の設定の流れについて知りたい！

A ユーザーアカウントを作り共有フォルダーを作成します。

ワークグループで共有フォルダーを利用するには、共有フォルダーを作るパソコンで「ユーザーアカウントの設定」「共有フォルダーの作成」「ネットワークの共有設定」が必要になります。

ユーザーアカウントの作成

共有フォルダーにアクセスするパソコンのアカウントを作成・設定します。

参照 ▶ Q 207, Q 208

ネットワークの共有設定

共有フォルダーを作るパソコンでは、共有の詳細設定も必要です。

ネットワーク パス(N):
¥¥DESKTOP-J34MUHJ¥Users¥seritest¥Desktop¥共有

共有(S)...

参照 ▶ Q 209

共有フォルダーの作成と設定

誰でもアクセスできる共有フォルダー、また特定のユーザーだけアクセスが可能な共有フォルダーなど、細かな設定が可能です。

コントロール パネル ホーム

アダプターの設定の変更

共有の詳細設定の変更

メディア ストリーミング オプション

参照 ▶ Q 210

Q 206 ローカルアカウントとMSアカウントの違いを知りたい！

A Microsoft アカウントならネットと連携できます。

共有フォルダーを利用するにはアカウントの作成が必要ですが、Windowsには大きく分けて2種類のアカウントがあります。ローカルアカウントはパソコンにログインするためのもので、基本的には作成したパソコンだけで使うものです。その一方で、Microsoft アカウントは現在Windows 10の標準的なログイン方法として採用され、購入したアプリや支払い情報などを一括して管理でき、ほかのパソコンにも同じMicrosoft アカウントでログインすれば設定を同期できます。フォルダー共有では、どちらのアカウントも利用できます。

ローカルアカウントは、ローカルアカウントを作成したパソコンだけで使うもので、作成するためにインターネットに接続する必要はありません。

Microsoft アカウントは同社のネットサービスと連携が可能です。作成にはインターネット接続が必要になります。

Wi-Fiの基本

Wi-Fiの便利技

Wi-Fiの快適技（モバイル）

ルーターの基本

ファイル共有とクラウド

音楽／動画の活用

リモートデスクトップの活用

VPNの活用

ツールの活用

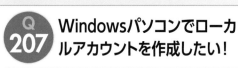

Q207 Windowsパソコンでローカルアカウントを作成したい!

A アカウントの設定から作成が可能です。

共有フォルダーへとアクセスする、ほかのパソコンがローカルアカウントを使っている場合は、そのアカウントと同じものを作ります。

1 スタートメニューから ⚙️ <設定>をクリックして、

2 表示される設定画面で<アカウント>をクリックします。

3 左のメニューから<家族とその他のユーザー>をクリックし、

4 画面を下にスクロールして、

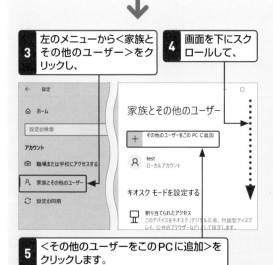

5 <その他のユーザーをこのPCに追加>をクリックします。

6 <このユーザーのサインイン情報がありません>をクリックします。

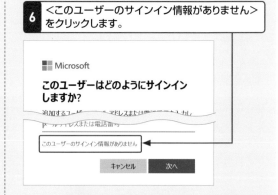

7 <Microsoft アカウントを持たないユーザーを追加する>をクリックします。

8 任意のユーザー名とパスワードを設定します。パスワードを設定しないとファイル共有できないので注意しましょう。

9 <次へ>をクリックします。これでローカルアカウントが作成されます。

ファイル共有の設定技　　　　　　重要度 ★★★

Q208 MSアカウント設定のパソコンにアクセスしたい！

A MSアカウントを追加して、サインインなどの設定を行います。

共有フォルダーへとアクセスする、ほかのパソコンがMicrosoft アカウントを使っている場合は、そのアカウントと同じものを登録します。Microsoft アカウントは最低一度はログインしないと有効にならないので注意が必要です。

1 スタートメニューから ＜設定＞をクリックして、

2 前ページのQ207の手順 **2**〜**4** を参考に、＜アカウント＞→＜家族とその他のユーザー＞→＜その他のユーザーをこのPCに追加＞をクリックします。

3 Microsoft アカウントのメールアドレスを入力して、

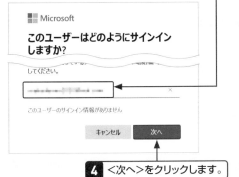

4 ＜次へ＞をクリックします。

5 ＜完了＞をクリックします。これで準備が整います

6 スタートボタンをクリックし、

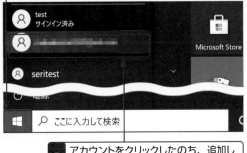

7 アカウントをクリックしたのち、追加したアカウントアイコンをクリックします。

8 サインインを選択し、追加したパスワードを入力します。

9 PINのセットアップ画面が表示されるので任意の数字を入力し、

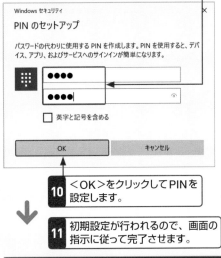

10 ＜OK＞をクリックしてPINを設定します。

11 初期設定が行われるので、画面の指示に従って完了させます。

Wi-Fiの基本

Wi-Fiの便利技

Wi-Fiの快適技（モバイル）

ルーターの基本

ファイル共有とクラウド

音楽／動画の活用

リモートデスクトップの活用

VPNの活用

ツールの活用

Q 209
Windowsパソコンのパスワード保護共有の設定方法を知りたい！

A 共有の詳細設定の変更でパスワード保護を決められます。

パスワード保護共有は、共有フォルダーを作ったパソコンに、アカウントがあるユーザーだけに共有フォルダーへとアクセスをできるようにするためのものです。家庭内のネットワークですが、誰でもアクセスできる状態を避けるための機能といえます。共有フォルダーを作るパソコン、その共有フォルダーにアクセスするパソコン、その両方でパスワード保護共有を有効にする必要があります。

1 スタートメニューから<設定>をクリックして、

2 表示される設定画面で<ネットワークとインターネット>をクリックします。

3 ネットワークの詳細設定にある<ネットワークと共有センター>をクリックします。

4 左のメニューから<共有の詳細設定の変更>をクリックします。

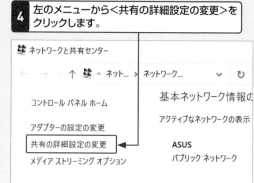

5 「すべてのネットワーク」の右にある⌄をクリックしてメニューを表示し、

6 一番下にある「パスワード保護共有」の<パスワード保護共有を有効にする>にチェックを入れて、

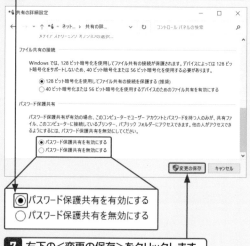

7 右下の<変更の保存>をクリックします。

ファイル共有の設定技　　重要度 ★★★

Q 210 Windowsパソコンで共有フォルダーを設定する方法を知りたい！

A 任意のフォルダーを共有化してアクセス権を設定します。

ほかのパソコンからアクセスできる共有フォルダーの作成は簡単です。アクセスを許可するユーザーとアクセス権の設定が重要になります。共有フォルダーにアクセスする方法は、Q213を参照してください。

1 共有したいフォルダーを任意の場所（トラブルを避けるにはCドライブがお勧めです）に作成し、そのフォルダーを右クリックして、

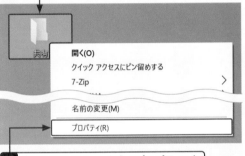

2 表示されるメニューから＜プロパティ＞をクリックします。

3 ＜共有＞タブをクリックし、

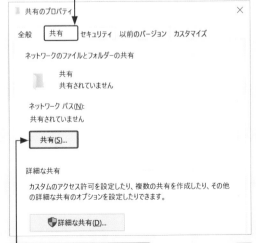

4 ＜共有＞をクリックします。

5 プルダウンメニューから共有を許可するユーザー（ここでは＜test＞）を選択して、

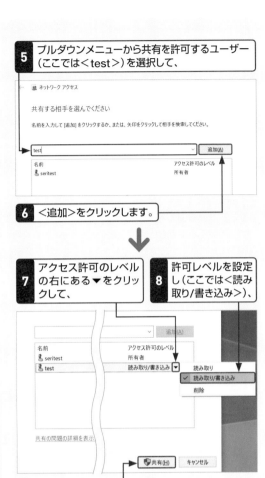

6 ＜追加＞をクリックします。

7 アクセス許可のレベルの右にある▼をクリックして、

8 許可レベルを設定し（ここでは＜読み取り/書き込み＞）、

9 ＜共有＞をクリックします。

10 「すべてのパブリック〜」の画面が表示された場合は、＜いいえ、接続しているネットワークを〜＞をクリックします。

11 ＜終了＞をクリックします。これで「test」アカウントのパソコンから共有フォルダーにアクセスが可能になります。

Wi-Fiの基本

Wi-Fiの便利技

Wi-Fiの快適技（モバイル）

ルーターの基本

ファイル共有とクラウド

音楽／動画の活用

リモートデスクトップの活用

VPNの活用

ツールの活用

Q211 Macのファイル共有について知りたい！

A Mac同士だけでなくWindowsとの共有もできます。

Macにもファイル共有機能が備わっています。機能としては、Mac同士だけを接続する「AFP」（Apple Filing Protocol）と、WindowsとMacが混在した環境でも接続できる「SMB」（Server Message Block）の2種類が用意されています。現在ではSMBが標準と

なっているので、古いバージョンのMacと接続したいといった理由がない限り、AFPを使う必要はないでしょう。

設定の大まかな流れは以下のとおりとなります。

> SMBを有効にする

↓

> Windowsのワークグループ名を指定する

参照 ▶ Q 212

● AFP

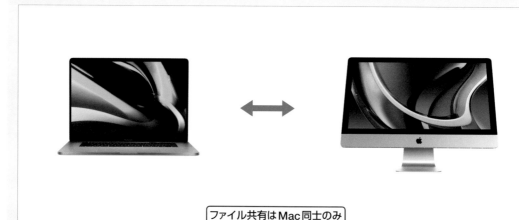

ファイル共有はMac同士のみ

● SMB

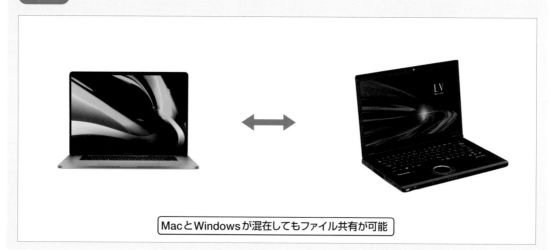

MacとWindowsが混在してもファイル共有が可能

Wi-Fiの基本

Wi-Fiの便利技

Wi-Fiの快適技（モバイル）

ルーターの基本

ファイル共有とクラウド

音楽／動画の活用

リモートデスクトップの活用

VPNの活用

ツールの活用

Q212 Macで共有フォルダーを設定する方法を知りたい!

A ファイル共有機能でSMBを選びましょう。

MacでWindowsと混在環境でファイル共有をするには、SMBと使用して共有し、Windowsのワークグループ名を入力します。

1 左上のAppleアイコン から<システム環境設定>をクリックし、

2 <共有>をクリックします。

3 <ファイル共有>にチェックを入れ、

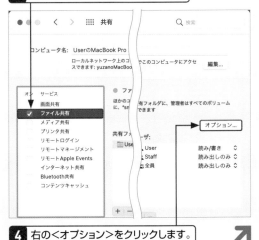

4 右の<オプション>をクリックします。

5 <SMBを使用してファイルやフォルダを共有>にチェックを入れ、

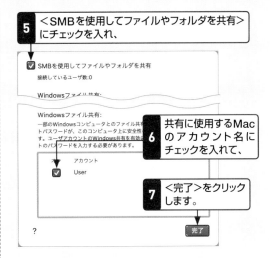

6 共有に使用するMacのアカウント名にチェックを入れて、

7 <完了>をクリックします。

8 <システム環境設定>→<ネットワーク>のネットワーク画面で、<詳細>をクリックします。

9 <WINS>タブをクリックし、

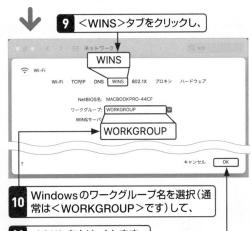

10 Windowsのワークグループ名を選択(通常は<WORKGROUP>です)して、

11 <OK>をクリックします。

Wi-Fiの基本

Wi-Fiの便利技

Wi-Fiの快適技（モバイル）

ルーターの基本

ファイル共有とクラウド

音楽／動画の活用

リモートデスクトップの活用

VPNの活用

ツールの活用

Q213 Windowsパソコンから共有フォルダーを利用したい!

A エクスプローラーからコンピューター名を選択します。

Q210で共有を許可されたユーザーは、エクスプローラーの＜ネットワーク＞をクリックし、「コンピューター」から許可を受けた「コンピューター名」をダブルクリックすると、共有されているフォルダーにアクセスが可能です。なお、手順❷でコンピューター名をダブルクリックした際、共有フォルダーとは別にUsersフォルダーが表示されることがありますが、これはWindowsの仕様の問題で共有フォルダーを作成した場所（ドライブ）によって表示されたりしなかったりするものです。利用する上でとくに問題はありません。なお、このUsersフォルダーの表示／非表示は、Q215～218、Q226にも該当します。ちなみにコンピューター名は、＜設定＞→＜システム＞→＜バージョン情報＞にある「デバイス名」で確認することができます。

1 エクスプローラーの＜ネットワーク＞をクリックし、

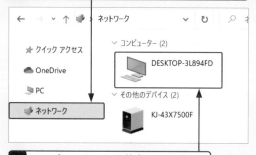

2 コンピューターから共有フォルダーのある「コンピューター名」（ここでは＜DESKTOP-3L894FD＞）をダブルクリックします。

3 アクセスが許可されたユーザーであれば、共有フォルダーにアクセスが可能です。

Q214 Windowsパソコンで資格情報の入力画面が表示されたときは?

A 共有フォルダーのあるユーザー名とパスワードを入力します。

Q213でコンピューター名をクリックした際、資格情報の入力が求められる場合があります。これは共有フォルダーのあるパソコンにアカウントが登録されていないパソコンからアクセスした場合に表示されます。共有フォルダーのあるパソコンに登録されているユーザー名とパスワードを入力することでアクセスが可能になります。

参照 ▶ Q 227

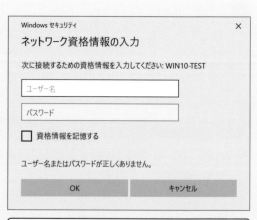

「ネットワーク資格情報の入力」が表示された場合は、そのパソコンに登録されているユーザー名とパスワードを入力します。

（左側縦見出し）Wi-Fiの基本／Wi-Fiの便利技／Wi-Fiの快適技（モバイル）／ルーターの基本／ファイル共有とクラウド／音楽／動画の活用／リモートデスクトップの活用／VPNの活用／ツールの活用

Q 215 Macから共有フォルダーを利用したい！

A <サーバへ接続>を利用します。

Windowsの共有フォルダーにはmacOSからもサーバ接続機能を使えばアクセスが可能です。

1 Finderのメニューから<移動>→<サーバへ接続>をクリックし、

2 サーバアドレスの欄に「smb://共有フォルダーのあるコンピューター名」か「IPアドレス」を入力し（ここでは「smb://WIN10-TEST」）、

smb://WIN10-TEST

よく使うサーバ:

＋　－　⋯∨　？　　ブラウズ　接続

3 <接続>をクリックします。

4 Windows側の共有フォルダーに設定されている許可されたユーザーのアカウント名とパスワードを入力し、

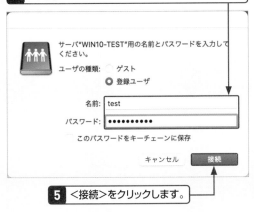

サーバ"WIN10-TEST"用の名前とパスワードを入力してください。

ユーザの種類：　○ ゲスト
　　　　　　　　● 登録ユーザ

名前：　test
パスワード：　●●●●●●●●●●

□ このパスワードをキーチェーンに保存

キャンセル　接続

5 <接続>をクリックします。

6 共有フォルダーの一覧が表示されるので、利用したい共有フォルダー名をクリックし（Usersフォルダーが表示された場合、とくに気にする必要はありません）、

"WIN10-TEST"上のマウントするボリュームを選択してください：

share

キャンセル　OK

7 <OK>をクリックします。

8 これでWindows上の共有フォルダーが表示されます。

< > share

よく使う項目
🌐 AirDrop
🕐 最近の項目
Ａ アプリケーシ…
🖥 デスクトップ
📄 書類
⬇ ダウンロード

iCloud
☁ iCloud Drive

場所
🖥 WIN10-T... ⏏
🌐 ネットワーク

タグ

最近の項目

名前
🖼 IMG_1908.jpg
🖼 IMG_1909.jpg
🖼 IMG_1910.jpg
🖼 IMG_1911.jpg

左側縦タブ:
Wi-Fiの基本
Wi-Fiの便利技
Wi-Fiの快適技（モバイル）
ルーターの基本
ファイル共有とクラウド
音楽／動画の活用
リモートデスクトップの活用
VPNの活用
ツールの活用

ファイル共有の設定技　　　重要度 ★ ★ ★

Q216 iPhoneから共有フォルダーを利用したい！

A サーバへの接続を使えば共有フォルダーにアクセス可能です。

iPhoneからもiOS11以降で追加された「ファイルアプリ」を利用すれば、Windowsの共有フォルダーにアクセスが可能です。

1 ＜ファイル＞をタップし、

2 ＜ブラウズ＞をタップして、

3 … をタップし、

ブラウズ
書類をスキャン
Q 検索
サーバへ接続
場所
編集
● グレイ
最近使った項目　　ブラウズ

4 ＜サーバへ接続＞をタップします。

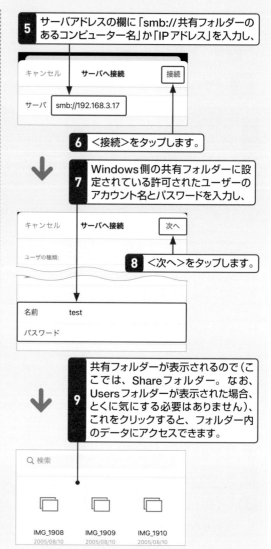

5 サーバアドレスの欄に「smb://共有フォルダーのあるコンピューター名」か「IPアドレス」を入力し、

キャンセル　サーバへ接続　接続
サーバ　smb://192.168.3.17

6 ＜接続＞をタップします。

7 Windows側の共有フォルダーに設定されている許可されたユーザーのアカウント名とパスワードを入力し、

キャンセル　サーバへ接続　次へ
ユーザの種類：

8 ＜次へ＞をタップします。

名前　　　test
パスワード

9 共有フォルダーが表示されるので（ここでは、Shareフォルダー。なお、Usersフォルダーが表示された場合、とくに気にする必要はありません）、これをクリックすると、フォルダー内のデータにアクセスできます。

Q 検索

IMG_1908　　IMG_1909　　IMG_1910
2005/08/10　2005/08/10　2005/08/10

ファイル共有の設定技　　　重要度 ★ ★ ★

Q217 iPadから共有フォルダーを利用したい！

A iPhoneと同じ方法でアクセスができます。

iPadOSでもiPhone（iOS）と同じ手順でWindowsの共有フォルダーにアクセスが可能です。Q216の手順を参照してください。

iPadでもiPhoneと同じ手順で共有フォルダーに接続ができます。

Q218 Androidスマートフォン／タブレットから共有フォルダーを利用したい！

A SMB 2.0対応のファイラーを使用すれば可能です。

iOSと異なり、Androidでは標準機能でWindows 10の共有フォルダーにはアクセスできません。SMB 2.0に対応するファイラーが必要になるので、Google Playからダウンロード・インストールしておきましょう。ここでは無料の「X-plore File Manager」を使って共有フォルダーにアクセスします。

1 インストールした＜X-plore File Manager＞をタップして起動し、

2 ＜表示＞→＜LAN＞→＜LAN＞→＜サーバー追加＞→＜スキャン＞とタップします。

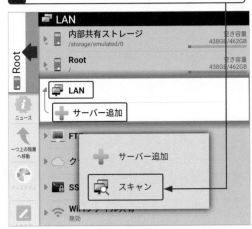

3 ネットワーク上にあるパソコンが一覧表示されるので、共有フォルダーのあるコンピューター名をタップします。

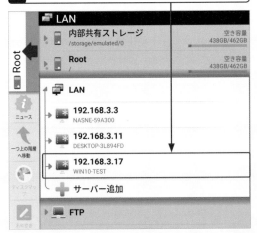

4 サーバーの追加画面が表示されるので、「ユーザー名」にWindows側の共有フォルダーに設定されている許可されたユーザーのアカウント名を、「パスワード」にそのアカウントのパスワードを入力して、

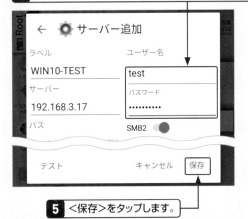

5 ＜保存＞をタップします。

6 再びLANの一覧表示から共有フォルダーのあるコンピューター名をタップすると（Usersフォルダーが表示された場合、とくに気にする必要はありません）、

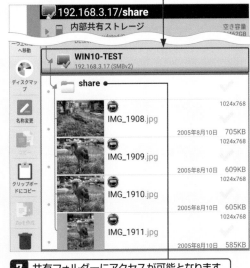

7 共有フォルダーにアクセスが可能となります。

Wi-Fiの基本

Wi-Fiの便利技

Wi-Fiの快適技（モバイル）

ルーターの基本

ファイル共有とクラウド

音楽／動画の活用

リモートデスクトップの活用

VPNの活用

ツールの活用

左側縦タブ：
Wi-Fiの基本
Wi-Fiの便利技
Wi-Fiの快適技（モバイル）
ルーターの基本
ファイル共有とクラウド
音楽／動画の活用
リモートデスクトップの活用
VPNの活用
ツールの活用

Q219 使用中のWindowsパソコンのIPアドレスを知りたい!

A ipconfigコマンドで簡単に確認できます。

共有フォルダーへのアクセスはコンピューター名だけではなく、IPアドレスを指定する方法もあります。共有フォルダーのあるパソコンのIPアドレスを調べるには「ipconfig」コマンドを使うのが手軽です。

1 キーボードのWindowsキーと Ⓡキーを押します。

2 「ファイル名を指定して実行」が表示されるので「cmd」と入力して、

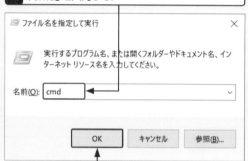

3 ＜OK＞をクリックします。

4 コマンドプロンプトが表示されるので「ipconfig」と入力し、

5 Enterキーを押します。

```
C:¥Windows¥system32¥cmd.exe
Microsoft Windows [Version 10.0.19041.508]
(c) 2020 Microsoft Corporation. All rights reserved.

C:¥Users¥makad>ipconfig

Windows IP 構成

イーサネット アダプター イーサネット:

   接続固有の DNS サフィックス . . . . . :
   IPv4 アドレス . . . . . . . . . . . . : 192.168.3.11
   サブネット マスク . . . . . . . . . . : 255.255.255.0
   デフォルト ゲートウェイ . . . . . . . : 192.168.3.1

C:¥Users¥makad>
```

6 「IPv4 アドレス」と書かれた右にある数値が、このパソコンのIPアドレスになります。

Q220 使用中のMacのIPアドレスを知りたい!

A ネットワーク設定画面で確認することが可能です。

MacのIPアドレスは、ネットワーク設定画面で確認ができます。

1 左上のAppleアイコン をクリックして、

2 「システム環境設定」を開き、＜ネットワーク＞をクリックします。

3 無線で接続している場合は、Wi-FiまたはAirMacをクリックします。

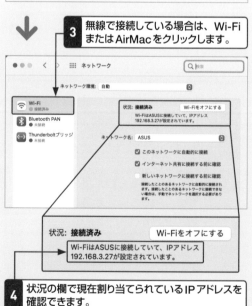

状況: 接続済み　　Wi-Fiをオフにする

Wi-FiはASUSに接続していて、IPアドレス192.168.3.27が設定されています。

4 状況の欄で現在割り当てられているIPアドレスを確認できます。

Q 221 Windowsパソコンの IP アドレスを固定したい！

A ローカルIPアドレスは固定することが可能です。

有線でも無線でもルーターに接続されているパソコンには、ローカルIPアドレスが割り振られています。基本的にはルーターの機能で自動的に割り振られますが、共有フォルダーを作るパソコンは常に同じIPアドレスにしたほうが、ほかのパソコンやスマートフォンからアクセスしやすくなります。

1 スタートメニューから 🔘 をクリックして、

2 設定画面から＜ネットワークとインターネット＞→＜ネットワークと共有センター＞をクリックし、

3 「接続」にあるリンク（有線なら＜イーサネット＞、無線なら＜Wi-Fi＞あるいは＜ワイヤレスネットワーク接続＞と表示されている部分）をクリックします。

4 表示される画面で＜プロパティ＞をクリックします。

5 ＜インターネットプロトコルバージョン4（TCP/IPv4）＞をクリックし、

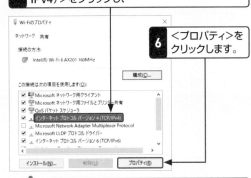

6 ＜プロパティ＞をクリックします。

7 ＜次のIPアドレスを使う＞をクリックし、

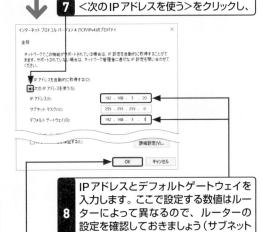

8 IPアドレスとデフォルトゲートウェイを入力します。ここで設定する数値はルーターによって異なるので、ルーターの設定を確認しておきましょう（サブネットマスクは自動的に入力されます）。

9 最後に＜OK＞をクリックします。

Q 222 Windowsパソコンのホームグループの設定が見つからない！

A 最新のWindows 10ではホームグループがなくなりました。

Windows 7以降で家庭用のファイル共有機能として使われてきたホームグループですが、Windows 10ではVersion 1803から廃止されました。そのため、Windows 10でファイル共有をするにはQ204〜210を参照してください。

Windows 7から搭載されたホームグループ機能ですが、Windows 10のVersion 1803から廃止となりました。

Wi-Fiの基本

Wi-Fiの便利技

Wi-Fiの快適技（モバイル）

ルーターの基本

ファイル共有とクラウド

音楽／動画の活用

リモートデスクトップの活用

VPNの活用

ツールの活用

Q 223 使用中のWindowsパソコンのコンピューター名を知りたい！

A 設定のシステムから確認が可能です。

コンピューター名は、パソコンの固有名でありネットワーク接続した場合の識別名でもあります。複数のパソコンがネットワークに接続している場合、どのパソコンがどのコンピューター名なのか把握しておいたほうが共有フォルダーへのアクセス時などに便利です。

1 スタートメニューから⚙をクリックして、

2 表示される設定画面で＜システム＞をクリックします。

3 左側のメニューから＜バージョン情報＞をクリックすると、

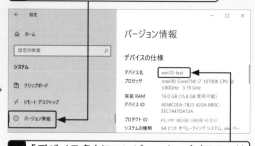

4 「デバイス名」にコンピューター名（ここでは「win10-test」）が表示されます。

Q 224 Windowsパソコンのコンピューター名を変更したい！

A バージョン情報から変更を実行できます。

コンピューター名の変更は、Q223の手順で表示できる「バージョン情報」から行えます。ただし、特殊文字が使えないといったルールがあるので注意してください。

また、ネットワーク内で同じコンピューター名を使わないようにしましょう。パソコンの起動時にエラーメッセージが表示されるなど、トラブルの原因になります。

コンピューター名を入力するときの注意点は、以下のとおりです。

- 最大15文字の半角英数字で入力します
- スペースや特殊文字（ ˜ ! @ # $ % ^ & * ( ) = + _ [ ] { } \ ¦ ; : . ' " , < > / ?）を含めることはできません
- ワークグループ名と同じ名前にできません

1 Q223の手順でバージョン情報を表示し、

2 ＜このPCの名前を変更＞をクリックします。

3 新しいコンピューター名を入力し、

4 ＜次へ＞をクリックします。

5 ＜今すぐ再起動する＞をクリックします。これでコンピューター名が変更されます。

左端縦書きタブ：
Wi-Fiの基本／Wi-Fiの便利技／Wi-Fiの快適技（モバイル）／ルーターの基本／ファイル共有とクラウド／音楽／動画の活用／リモートデスクトップの活用／VPNの活用／ツールの活用

Q225 Windowsパソコンでネットワークにコンピューターが表示されない！

A Windows 10がSMB 1.0をサポートしていないためです。

Windowsではファイル共有プロトコルとしてSMBが利用されていますが、現在のWindows 10ではセキュリティ上の理由からバージョン1.0をサポートしていません。そのため、Windows 10のパソコンから古いWindowsを搭載したパソコンや古いNASがネットワークに表示されないことがあります。Windows 10でSMB 1.0サポートを追加することで、この問題を解決可能ですが、セキュリティ面を考えるとあまりお勧めできません。SMB 2.0以上に対応した環境に移行を検討しましょう。

1 スタートメニューから＜Windowsシステムツール＞→＜コントロールパネル＞をクリックします。

2 ＜プログラム＞→＜プログラムと機能＞→＜Windowsの機能の有効化または無効化＞をクリックします。

3 ＜SMB 1.0/CIFSファイル共有のサポート＞にチェックを入れて、

4 ＜OK＞をクリックします。

5 以上で設定は終わりです。画面が表示されたら＜今すぐ再起動＞をクリックしてください。これでSMB 1.0にしか対応していないパソコンもネットワークに表示されます。

Q226 MacのFinderに接続先コンピューターが表示されない！

A ＜サーバへ接続＞を使ってアクセスしてみましょう。

Macのネットワーク内にある別のパソコンがFinderに表示されない場合は、Q215の方法と同じ、「サーバへ接続」を試して見ましょう。直接コンピューター名やIPアドレスを指定すれば接続できます。

1 Finderのメニューから＜移動＞→＜サーバへ接続＞をクリックします。

2 サーバアドレスの欄に「smb://共有フォルダーのあるコンピューター名かIPアドレス」を入力します。

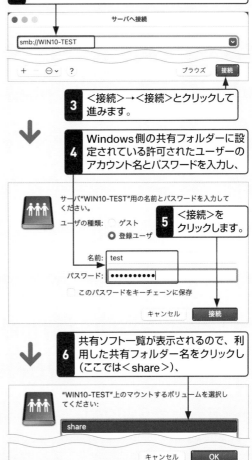

3 ＜接続＞→＜接続＞とクリックして進みます。

4 Windows側の共有フォルダーに設定されている許可されたユーザーのアカウント名とパスワードを入力し、

5 ＜接続＞をクリックします。

6 共有ソフト一覧が表示されるので、利用した共有フォルダー名をクリックし（ここでは＜share＞）、

7 ＜OK＞をクリックします。

Wi-Fiの基本

Wi-Fiの便利技

Wi-Fiの快適技（モバイル）

ルーターの基本

ファイル共有とクラウド

音楽／動画の活用

リモートデスクトップの活用

VPNの活用

ツールの活用

Wi-Fiの基本

Wi-Fiの便利技

Wi-Fiの快適技
（モバイル）

ルーターの基本

ファイル共有と
クラウド

音楽／動画の活用

リモートデスク
トップの活用

VPNの活用

ツールの活用

Q 227 Windowsパソコンで事前に共有フォルダーの資格情報を登録したい！

A 資格情報マネージャで
アカウントを登録しましょう。

別のパソコンにある共有フォルダーにアクセスする際、資格情報の入力を求められることがあります。毎回入力するのが面倒という場合は、資格情報マネージャで共有フォルダーにアクセスが許可されているアカウントを登録しましょう。

参照 ▶ Q 214

1 スタートメニューから＜Windowsシステムツール＞→＜コントロールパネル＞をクリックします。

2 ＜ユーザーアカウント＞→＜資格情報マネージャー＞をクリックします。

3 ＜Windows資格情報＞をクリックし、

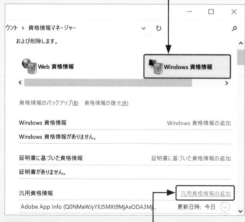

4 ＜汎用資格情報の追加＞をクリックします。

5 「インターネットまたはネットワークのアドレス」にアクセスしたい共有フォルダーのあるパソコンのIPアドレス、「ユーザー名」に共有フォルダーにアクセスが許可されているアカウントのユーザー名、「パスワード」にそのアカウントのパスワードを入力して、

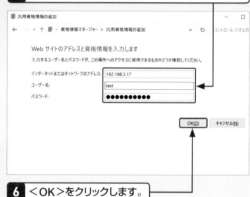

6 ＜OK＞をクリックします。

7 これで資格情報を入力しなくても、共有フォルダーにアクセスが可能になります。

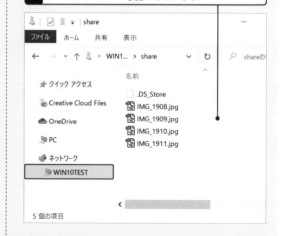

Q 228 USB接続のプリンターの共有方法が知りたい！

A 設定からプリンターの共有化を行います。

最近ではWi-Fiでのネットワーク接続に対応したプリンターが増えていますが、ここではパソコンにプリンターをUSBで接続している場合のネットワーク共有方法について解説します。この設定を行う前に念のため「共有の詳細設定」で「ファイルとプリンターの共有を有効にする」にチェックが入っているか確認しておきましょう。

1 スタートメニューから📷をクリックして、

2 ＜デバイス＞をクリックします。

3 左のメニューから＜プリンターとスキャナー＞をクリックし、

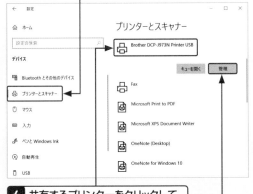

4 共有するプリンターをクリックして、

5 ＜管理＞をクリックします。

6 ＜プリンターのプロパティ＞をクリックします。

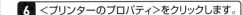

← 設定

⌂ Brother DCP-J973N Printer USB

デバイスの管理

このデバイスには、いくつか異なる機能があります。その機能の設定を管理するために、1つを選択してください。

Brother DCP-J973N Printer USB ▽

プリンターの状態： アイドル

【プリンター キューを開く】

テスト ページの印刷

トラブルシューティング ツールの実行

プリンターのプロパティ ◀

印刷設定

ハードウェアのプロパティ

7 ＜共有＞タブをクリックし、

8 ＜このプリンターを共有する＞にチェックを入れて、

🖨 Brother DCP-J973N Printer USBのプロパティ

全般　**共有**　ポート　詳細設定　色の管理　セキュリティ　デバイスの設定

このプリンターを共有すると、このコンピューターにユーザー名とパスワードを持つネットワーク上のユーザーのみが、そのプリンターで印刷できます。コンピューターがスリープ状態のときは、プリンターを利用することはできません。設定を変更するには、ネットワークと共有センターを使用してください。

☑ このプリンターを共有する(S)

共有名(H)：　Brother DCP-J973N Printer USB

☑ クライアント コンピューターで印刷ジョブのレンダリングをする(R)

ドライバー
このプリンターを他のバージョンの Windows を実行しているユーザーと共有する場合、ユーザーがプリンター ドライバーを検索する必要がなくなるように、追加ドライバーをインストールすることをお勧めします。

【追加ドライバー(D)...】

【OK】　【キャンセル】　【適用(A)】　ヘ

9 ＜OK＞をクリックします。

10 これでネットワーク内のほかのパソコンからもプリンターが利用可能になります。

Wi-Fiの基本

Wi-Fiの便利技

Wi-Fiの快適技（モバイル）

ルーターの基本

ファイル共有とクラウド

音楽／動画の活用

リモートデスクトップの活用

VPNの活用

ツールの活用

163

Q 229 共有したプリンターをWindowsパソコンから使いたい！

A ネットワークに共有したプリンターが表示されます。

Q228で共有化したプリンターは、ネットワークでプリンターが接続されているコンピューター名にアクセスすることで表示されます。基本的には、プリンターのアイコンをダブルクリックするだけでドライバーのインストールが行われ、使用可能になります。今はほとんどなくなりましたが、32bit版のWindows環境ではドライバーは自動インストールされないので、事前に設定が必要です。

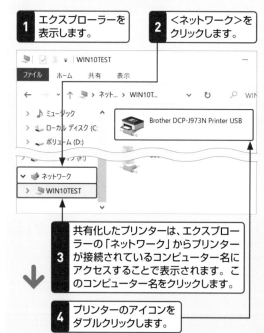

1 エクスプローラーを表示します。

2 <ネットワーク>をクリックします。

3 共有化したプリンターは、エクスプローラーの「ネットワーク」からプリンターが接続されているコンピューター名にアクセスすることで表示されます。このコンピューター名をクリックします。

4 プリンターのアイコンをダブルクリックします。

5 自動的にドライバーがインストールされ、使用可能となります。

● OS が 32bit の場合

共有プリンターにアクセスする側のOSが32bitの場合、ドライバーは自動インストールされません。その場合は、手動でインストールする必要があります。以下の操作を行う前に、あらかじめメーカーのWebサイトなどからドライバーを入手しておきます。製品によって異なるため取り扱い説明書などで確認しましょう。

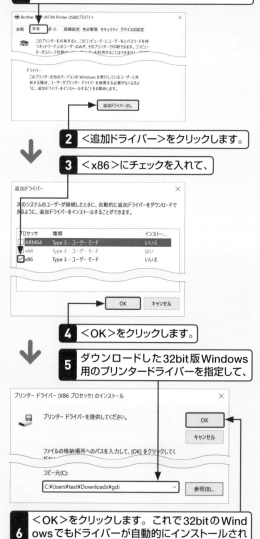

1 プリンターを接続しているパソコン側で、Q228と同じ手順で「プリンターのプロパティ」の<共有>タブをクリックし、

2 <追加ドライバー>をクリックします。

3 <x86>にチェックを入れて、

4 <OK>をクリックします。

5 ダウンロードした32bit版Windows用のプリンタードライバーを指定して、

6 <OK>をクリックします。これで32bitのWindowsでもドライバーが自動的にインストールされるようになります。

Q 230 NASはどんなことができるか知りたい！

A ネットワークを通じてファイルの共有ができます。

NAS（Network Attached Storage）は、ネットワーク経由で利用する外部ストレージです。パソコンのファイル共有を単体で行えるものと考えておけばよいでしょう。24時間稼働を前提としており、複数のパソコンでファイルを共有したいときに便利です。また、NASはインターネット経由で外部からもアクセスできるサーバー機能を備えているのが一般的で、外出先から必要なデータにアクセスできるというメリットもあります。

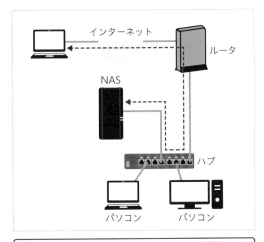

NASはネットワーク接続できるストレージ機器です。ネットワーク内でファイル共有でき、多くのNASはインターネット経由で外部から共有しているファイルにアクセスする機能を備えています。

NASは外付けHDDのような形状が多く、製品によって搭載可能なHDDやSSDの数は異なります。

Q 231 NAS購入時のポイントを知りたい！

A 速度／容量／信頼性など目的に合わせて選びましょう。

NASには完成品と組み立てキットの2種類があります。完成品はLANに接続すれば、すぐに使える手軽さがあります。組み立てキットは自分でHDDやSSDを組み込むタイプで、容量や速度を予算や目的に合わせて調整できるのがメリットです。また、ハイエンドのNASでは高速通信に対応し、複数のストレージを組み込み、2台のストレージに同じデータを書き込むことで耐障害性を高められるRAID1（ミラーリング）構成できるものが多くあります。基本的に高速通信に対応し、機能が増えて搭載できるストレージの数が多くなるほど高価になります。

組み立てキットはストレージを自分で組み込む手間はありますが、高機能なものが多く、容量を自分で決められるメリットがあります。

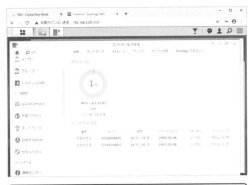

ハイエンドのNASは高価ですが、専用のOSを搭載し、外部からのアクセスや自動バックアップに対応するなど、高度な機能を利用できます。

Wi-Fiの基本

Wi-Fiの便利技

Wi-Fiの快適技（モバイル）

ルーターの基本

ファイル共有とクラウド

音楽／動画の活用

リモートデスクトップの活用

VPNの活用

ツールの活用

Wi-Fiの基本

Wi-Fiの便利技

Wi-Fiの快適技（モバイル）

ルーターの基本

ファイル共有とクラウド

音楽／動画の活用

リモートデスクトップの活用

VPNの活用

ツールの活用

Q 232 NASの設定を行う方法について知りたい！

A メーカーによって異なりますが、大きく2つの設定方法があります。

NASを家庭内のネットワークに追加するには、まずLANケーブルでWi-Fiルーターと接続し、初期設定を済ませる必要があります。その方法は製品によって大きく異なり、専用アプリを用意しているメーカーもあれば、Webブラウザーを使う場合もあります。どちらにしても現在の製品はウィザードなどで簡単に初期設定を済ませ、ファイル共有が可能になるものがほとんどです。ここでは、バッファローのNAS「LS220D0202G」を使った設定方法を紹介します。

1 バッファローのNASでは専用アプリの「NAS Navigator2」を使用します。アプリはバッファローのサイトからダウンロードが可能です。起動すると自動的にネットワーク内のNASを認識します。

2 NASのアイコンを右クリックし、

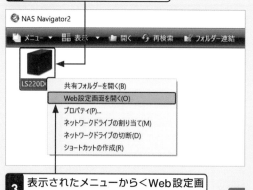

3 表示されたメニューから＜Web設定画面を開く＞をクリックします。

4 Webブラウザーが起動して管理者パスワードの入力画面が表示されます。

5 任意のパスワードを入力して、

6 ＜次へ＞をクリックします。

7 誰でもアクセスできる「公開フォルダー」にするか、登録したユーザーのみがアクセスできる「プライベートフォルダー」にするか設定します。＜公開フォルダー＞にチェックを入れた場合は、ネットワーク内にあるパソコンから「share」フォルダーにアクセスが可能になります。

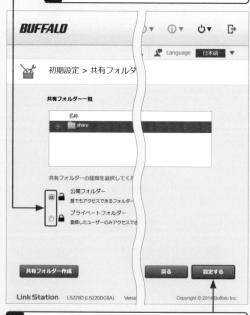

8 設定を終えたら、＜設定する＞をクリックします。

Q 233 NASのファイル共有の設定方法の流れを知りたい!

A 読み取り専用、書き込み可能など必要に応じて設定が可能です。

1 専用アプリの「NAS Navigator2」を起動し、

2 NASを右クリックして、

🖥 NAS Navigator2

🔲 メニュー ▼　📊 表示 ▼　📂 開く　🔄 再検索　📁 フォルダー連結　📁 フォ

LS220D

- 共有フォルダーを開く(B)
- Web設定画面を開く(O)
- プロパティ(P)...
- ネットワークドライブの割り当て(M)

3 表示されるメニューから<Web設定画面を開く>をクリックします。

4 ユーザー名とパスワードの入力を求められたら、初期設定で決めたものを入力し、

☐ 別ユーザー名でログインする

ユーザー名: admin

パスワード: ●●●●●●●

[セキュリティーを強化して利用する]　　　[OK]

5 <OK>をクリックします。

6 Webブラウザーに設定メニューが表示されるので<詳細設定>をクリックします。

BUFFALO　　🏠 ⬆ ❓▼ ①▼ ⏻▼ 🚪

⚙ 詳細設定

7 左のメニューから<ファイル共有>をクリックし、

📁 ファイル共有　　　ファイル共有

💾 ディスク　　　　　📁 共有フォルダー　📱

8 「共有フォルダー」の横にある📱をクリックします。

NASに共有フォルダーを作る場合、読み込み専用とするのか書き込み可能にするのか、また、対応プロトコルは何にするのか、アクセス制限をするのかしないのかなど細かく決められるのが一般的です。ここではQ232と同じくバッファローのNAS「LS220D0202G」を例に設定方法を紹介します。

9 <共有フォルダーの作成>をクリックします。

共有フォルダー一覧

[共有フォルダーの作成]　共有フォルダーの削除

☐	名称	ディスク領域	ごみ箱	SMB	AFP
	info		–	–	–
☐	share	RAIDアレイ1	✓	✓	–

10 必要な設定を行います。一般的な用途であれば「共有フォルダー名」を入力して、

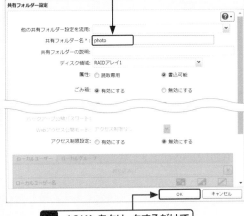

共有フォルダー設定　　　　　　　　　　❓▼

他の共有フォルダー設定を流用:

共有フォルダー名 *: photo

共有フォルダーの説明:

ディスク領域: RAIDアレイ1

属性:　◉ 読取専用　　◉ 書込可能

ごみ箱:　◉ 有効にする　　◉ 無効にする

Webアクセス公開モード

アクセス制限設定:　◉ 有効にする　◉ 無効にする

ローカルユーザー　ローカルグループ

ローカルユーザー名

[OK]　[キャンセル]

11 <OK>をクリックするだけで作成されます。

12 アクセス可能なユーザーを限定したい場合は「アクセス制限設定」の<有効にする>にチェックを入れ、

アクセス制限設定:　◉ 有効にする　　◉ 無効にする

ローカルユーザー　ローカルグループ

絞り込み:　　　　　　　　　☒

ローカルユーザー名

guest

admin

* は必須項目です。

[OK]　[キャンセル]

13 ユーザーごとにアクセス許可を設定します。

Wi-Fiの基本　Wi-Fiの便利技　Wi-Fiの快適技 (モバイル)　ルーターの基本　ファイル共有とクラウド　音楽／動画の活用　リモートデスクトップの活用　VPNの活用　ツールの活用

Q 234 NASの共有フォルダーにアクセスしたい！

A 専用アプリやOSのネットワーク機能でアクセスすることができます。

NASの共有フォルダーへのアクセス方法は製品によって異なります。ここではQ232やQ233と同じくバッファローのNAS「LS220D0202G」を例に設定方法を紹介します。アクセス可能なユーザーに制限をかけておらず、WindowsやMacであれば専用アプリの「NAS Navigator2」、iPhoneやAndroidではアプリの「WebAccess i」で簡単にアクセスが可能です。

● Windows 10 の場合

Windows 10では、専用アプリの「NAS Navigator2」を起動します。

1 NASをクリックして選択し、

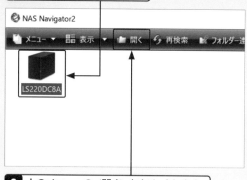

2 上のメニューの＜開く＞をクリックします。

3 NAS内に作成されている共有フォルダーが表示されます。

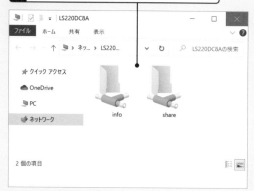

● iPhone の場合

スマートフォンからのアクセスも可能です。ここではiPhoneを例に解説しますが、事前にアプリの「SmartPhone Navigator」と「WebAccess i」をインストールしておきましょう。

1 アプリの「SmartPhone Navigator」を起動し、設定ナビで、NASに設定されているユーザー名とパスワードを入力して、

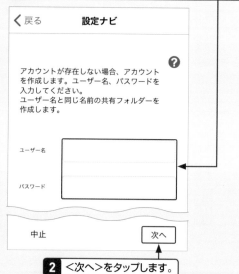

2 ＜次へ＞をタップします。

3 自動的にアプリの「WebAccess i」が起動するので、NAS一覧から＜宅内接続＞をタップします。これで共有フォルダーにアクセスが可能です。

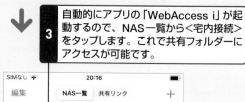

Q 235 ルーターにもNAS機能があるってホント？

A USBポートを備えたWi-FiルーターにはNAS機能を搭載していることが多いです。

USBポートを持つWi-Fiルーターの多くは、USBメモリといったUSB接続のストレージをNASとして扱える機能を備えています。専用のNASほど高機能ではないケースがほとんどですが、ネットワーク内でファイルを共有する目的なら十分です。

たとえば、ASUSTeKのルーター「RT-AC68U」ならば、USBアプリケーションの「Samba共有」を使うことでUSB接続のストレージをNAS化できます。

バッファローのWi-Fiルーターも上位モデルには「USB共有機能」としてUSBメモリをNASとして使える機能が搭載されています。

ASUSのWi-Fi無線ルーター「RT-AX86U」。USBポートを2つ備え、USBストレージデバイス共有機能の設定を行うことができます。

Wi-Fiの基本
Wi-Fiの便利技
Wi-Fiの快適技（モバイル）
ルーターの基本
ファイル共有とクラウド
音楽／動画の活用
リモートデスクトップの活用
VPNの活用
ツールの活用

Q 236 ルーターのNAS機能の設定方法や利用方法について知りたい！

A ルーターの管理メニューから設定できます。

Wi-FiルーターのNAS機能は、通常Webブラウザーなどでアクセスできる管理メニューから設定が行えます。ここでは、バッファローのルーター「WXR-5950AX12」を例に紹介します。

1 ルーターのUSBポートにUSBストレージ（ここでは16GBのUSBメモリを使用）を接続し、

2 Webブラウザーでルーターの管理メニューを表示させ、

3 ＜USBストレージ＞をクリックします。

4 ＜ファイル共有＞にチェックが入っていることを確認します。

5 Windows 10の場合、エクスプローラーのネットワークにルーター名（ここでは「AP58278CB2B340」）が表示され、これをクリックすることで共有フォルダーにアクセスできます。共有フォルダーは標準では「disk1_pt1」となります。

Q 237 そもそもクラウドって何？

A 主にインターネットを経由して提供されるサービスのことです。

クラウドとは、インターネットなどネットワーク経由で提供されるサービスのことを指します。クラウド・コンピューティングと呼ばれることもあります。ユーザーがパソコンやスマートフォンにハードウェアやソフトウェアを追加しなくても、インターネット環境さえあれば、どこでも利用できるのが大きなメリットです。また、Webブラウザーさえあれば利用できるサービスも多く、OSやデバイスの垣根を越えて使えるのも強みといえます。つまり、WindowsでもMacでもiPhoneでもAndroidでも使えるということを意味します（すべてのサービスが対応しているわけではありません）。

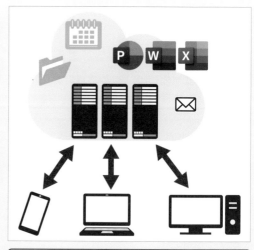

サービスが主にインターネット経由で提供されるため、OSやデバイス、場所に関係なく利用できるのがクラウドの大きな強みです。必要なサービスやデータにいつでもすぐアクセス可能というわけです。

Wi-Fiの基本　Wi-Fiの便利技　Wi-Fiの快適技（モバイル）　ルーターの基本　ファイル共有とクラウド　音楽／動画の活用　リモートデスクトップの活用　VPNの活用　ツールの活用

Q238 クラウドサービスで提供されている機能を知りたい!

A ストレージ、メール Officeアプリが有名です。

クラウドで提供されているサービスでもっとも使われているのがストレージとメールです。ストレージは、オンライン上にファイルを保存するサービスです。どこでも必要なファイルにアクセスできるほか、家族や友人たちと撮影した画像などを共有するのにも便利です。メールは、パソコン、スマートフォン関係なくいつでも受信、送信できるため、仕事とプライベートの両方で非常に活躍します。Officeは、文書やグラフ、プレゼンのスライドをWebブラウザー上で表示、作成できるというもの。わざわざOffice系のアプリをパソコンにインストールすることなく使えるのが強みです。

Q239 代表的なクラウドサービスの提供業者を知りたい!

A Microsoft、Google Appleなどが有名です。

代表的なクラウドサービスの提供業者としては、Microsoft、Google、Appleがあります。それぞれストレージやメール、カレンダー、Officeといった複数のサービスを展開しています。

● Microsoft

Microsoft 365 Personal	オンラインストレージ、Office、メール、スケジュール管理など複合的なクラウドサービス。年12,984円。

● Google

Googleドライブ	オンラインストレージ。無料は15GBまで。
Gmail	フリーメールサービス。
Googleカレンダー	スケジュール管理。
Googleフォト	画像や動画の管理。

● Apple

iCloud	総合的なクラウドサービス。ストレージ、画像や動画の管理、メール、スケジュール管理などが用意されている。無料で使えるストレージ容量は5GBまで。

Q240 OneDriveは 何ができるの?

A ファイルの保存や共有が可能なオンラインストレージです。

Windows 10の標準アプリとしても導入されている「OneDrive」。これはオンラインストレージで、パソコン上の「OneDrive」フォルダーに保存したファイルを自動的にオンラインストレージにアップロードしたり、オンラインストレージ上のファイルを共有化して、家族や友人がダウンロードできるようにすることも可能です。無料で5GBまで使用可能です。月額224円で100GBまで増やせるほか、Microsoft 365 Personalに加入すれば、1TBまで利用可能になります。

特徴	ファイルをクラウドに保存することができる。
	ファイルをクラウドに保存することで、家族や友人とそのファイルを共有することができる。
利用条件	Microsoft アカウントがあれば利用可能。
	月額224円で100GB、年額12,984円のMicrosoft 365 Personalに加入すれば1TBまで利用可能。

Wi-Fiの基本

Wi-Fiの便利技

Wi-Fiの快適技（モバイル）

ルーターの基本

ファイル共有とクラウド

音楽／動画の活用

リモートデスクトップの活用

VPNの活用

ツールの活用

Q 241 OneDriveはどうやって使うの?

A OneDriveフォルダーにファイルを保存して同期させるのが機能です。

Windows 10の「OneDrive」フォルダーにファイルを保存すると自動的にオンライン上のOneDriveストレージと同期が行われます。同期したファイルには、ファイル名の左側にチェック⊘が表示されます。

1 タスクトレイにある☁を右クリックし(表示されていない場合は▲をクリックします)、

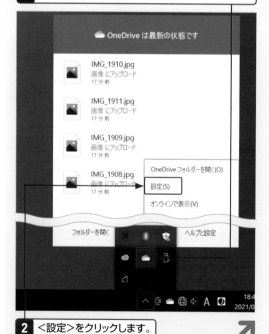

2 <設定>をクリックします。

Windows 10にはOneDrive用のアプリが標準で導入されており、Microsoft アカウントでログインしている場合、「OneDrive」フォルダーに保存したファイルは自動的にオンライン上のOneDrive ストレージと同期します。OneDrive 上のファイルには、スマートフォンやほかのパソコンからもアクセスが可能なのほか、共有化してほかの人がダウンロードできる状態にすることも可能です。

3 <アカウント>タブをクリックすると、

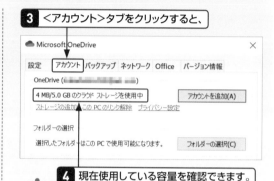

4 現在使用している容量を確認できます。

5 <バックアップ>タブをクリックし、

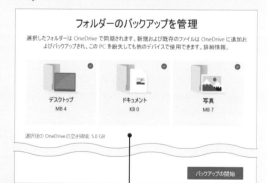

6 <バックアップを管理>をクリックします。

フォルダーのバックアップを管理

選択したフォルダーは OneDrive で同期されます。新規および既存のファイルは OneDrive に追加およびバックアップされ、この PC を紛失しても他のデバイスで使用できます。詳細情報。

デスクトップ	ドキュメント	写真
MB 4	KB 0	MB 7

選択後の OneDrive の空き領域: 5.0 GB

バックアップの開始

7 この管理画面から、デスクトップ、ドキュメント、写真のフォルダーもOneDriveと同期させることが可能です。必要に応じて選ぶとよいでしょう。

Wi-Fiの基本
Wi-Fiの便利技
Wi-Fiの快適技(モバイル)
ルーターの基本
ファイル共有とクラウド
音楽/動画の活用
リモートデスクトップの活用
VPNの活用
ツールの活用

Q 242 Googleドライブについて知りたい!

A Googleが提供するオンラインストレージです。

Googleドライブはオンラインストレージの1つです。無料で15GBまで使用でき、月額250円で100GB、月額380円で200GB、月額1,300円で2TB、月額6,500円で10TBまで使用可能となります。

Googleサービスを利用する上で注意が必要なのは、GoogleのオンラインストレージはオンラインストレージはオンラインストレージはGoogleドライブ、Googleフォト、Gmailと共用であることです。無料の15GBで利用する場合、Googleドライブで容量を使いすぎるとGmailでメールの新たな送受信ができなくなります。

Googleドライブは、基本的にWebブラウザーで利用します。Webブラウザーは、Chrome、Firefox、Microsoft Edge（Windowsのみ）、Safari（Macのみ）で動作しますが、スムーズに利用できるのは、Googleの提供のChromeです。機能としては、ファイルのアップロードやダウンロード、共有といったことが可能です。

![Google One画面]
Googleのオンラインストレージは、Googleドライブ、Googleフォト、Gmailで共有されます。

Q 243 「バックアップと同期」アプリについて知りたい!

A Googleドライブとパソコンのファイルを同期できるアプリです。

「バックアップと同期」はGoogleが無料で提供しているアプリです。指定したパソコンのフォルダーやパソコンに作成される「Googleドライブ」フォルダーに保存したファイルをオンライン上のGoogleドライブと同期できるようになります。大切データを自動的にオンラインストレージにバックアップし、そこにいつでもアクセスできるようになるのが最大のメリットといえます。なお、このアプリはGoogleフォトとも連携でき、写真と動画をGoogleフォトにアップロードも可能です。

![バックアップと同期 ダウンロード画面]

「バックアップと同期」アプリはGoogleドライブのサイトから無料でダウンロードが可能です（https://www.google.co.jp/intl/ja_ALL/drive/download/）。

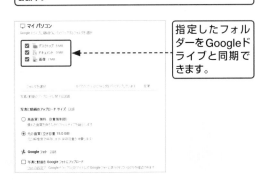

指定したフォルダーをGoogleドライブと同期できます。

「Googleドライブ」フォルダーが作られ、そこに保存したファイルも自動的にオンライン上のGoogleドライブと同期します。

Wi-Fiの基本

Wi-Fiの便利技

Wi-Fiの快適技（モバイル）

ルーターの基本

ファイル共有とクラウド

音楽／動画の活用

リモートデスクトップの活用

VPNの活用

ツールの活用

Q244 データをGoogleドライブにバックアップしたい！

A 「バックアップと同期」アプリで簡単に行えます。

大事なファイルをGoogleドライブにバックアップしておきたい、という場合はQ243で紹介した「バックアップと同期」アプリが便利です。指定したフォルダーを自動的にGoogleドライブと同期するようになります。指定したフォルダーに新しいファイルが追加された場合、自動的にGoogleドライブへとアップロードを行うので、重要なファイルの保存場所として重宝できます。

1 Q243で紹介している「バックアップと同期」アプリをダウンロードして起動します。

2 Googleアカウント名、続いてパスワードと入力していき、

3 <次へ>をクリックします。

4 Googleドライブと同期するフォルダーを指定します。標準では「デスクトップ」「ドキュメント」「画像」フォルダーが指定されています。

<フォルダを選択>、あるいは<変更>をクリックして、同期するフォルダーを新たに設定することができます。

5 <次へ>をクリックします。

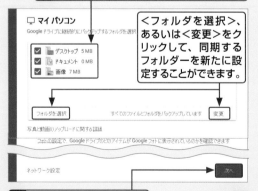

6 パソコンにオンライン上のGoogleドライブと同期する「Googleドライブ」フォルダーが作られます。

7 同期が不要な場合は<マイドライブをこのパソコンに同期>のチェックを外します。

8 <OK>をクリックします。

9 エクスプローラーを開くと、Googleドライブと同期したファイルやフォルダーには左下に緑色のチェック✓が入るのですぐわかります。

10 同期したフォルダーやファイルはGoogleドライブの「マイパソコン」に保存されます。

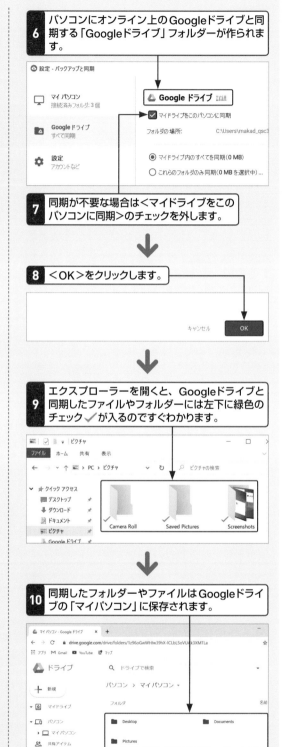

Q245 iCloudドライブについて知りたい！

A Appleが提供するオンラインストレージです。

iCloudドライブはAppleが提供するオンラインストレージです。ファイルをオンライン上のストレージにアップロードして保存できるほか、WindowsやMacであれば、指定したフォルダーに保存したデータをiCloudドライブと自動的に同期させることも可能です。また、iPhoneであれば、設定やアプリを丸ごとバックアップできます。別のiPhoneにその設定を復元できるので、機種変更にも便利です。利用にはApple IDが必要で、無料で使えるのは5GBです。

iCloudドライブはオンラインストレージの1つ。Apple IDがあれば、ブラウザーでアクセスでき、ファイルのアップロードやダウンロードが可能です。

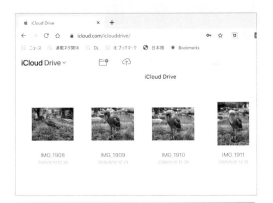

iPhoneであれば、設定やアプリのバックアップにも利用可能です。

Q246 オンラインストレージの容量を増やしたい！

A 有料プランを使うことで大幅にアップできます。

オンラインストレージは無料で使える容量は5GB～15GB程度がほとんどです。大容量のファイルを保存するには少々心許ない容量といえます。そのため、ほとんどのオンラインストレージでは大容量の有料プランを用意しています。ここでは代表的なサービスの有料プランの価格と容量を紹介するので、参考にしてください。

● OneDrive（Microsoft）

容量	価格	備考
5GB	無料	ストレージのみ
100GB	月額224円	ストレージのみ
1TB	年額12,984円	Officeライセンスなど

● Googleドライブ（Google）

容量	価格	備考
15GB	無料	ストレージのみ
100GB	月額250円	最大5人の家族で共有可能
200GB	月額380円	最大5人の家族で共有可能
2TB	月額1,300円	最大5人の家族で共有可能

● iCloudドライブ（Apple）

容量	価格	備考
5GB	無料	ストレージのみ
50GB	月額130円	ストレージのみ
200GB	月額430円	最大6人の家族で共有可能
2TB	月額1,300円	最大6人の家族で共有可能

● Dropbox

容量	価格	備考
2GB	無料	ストレージのみ
2TB	1,200円	個人
2TB	2,000円	ファミリー

Wi-Fiの基本

Wi-Fiの便利技

Wi-Fiの快適技（モバイル）

ルーターの基本

ファイル共有とクラウド

音楽／動画の活用

リモートデスクトップの活用

VPNの活用

ツールの活用

Q 247　オンラインストレージでファイル共有を行う方法を知りたい！

A ほとんどのサービスは共有機能を備えています。

多くのオンラインストレージにはファイルの共有機能が備わっています。ファイルを共有設定にすると、そのファイルにアクセスするための専用URLが発行され、それをファイルを共有したい相手に伝えるのが一般的です。ファイルの読み込みだけ、編集も可能など、コントロールできる権限も多くあります。ここではMicrosoftのOneDriveを例に共有の流れを紹介します。

1 WebブラウザーでOneDriveにアクセスし、

2 共有したいフォルダーやファイルの右上にある○をクリックして ☑ にし、

3 上部のメニューから＜共有＞をクリックします。

↓

4 「リンクの送信」が表示されるので、＜リンクのコピー＞をクリックします。

↗

5 共有したファイルやフォルダーにアクセスするためのURLが発行され、クリップボードにコピーされます。＜コピー＞をクリックします。

6 コピーしたURLをメールなどで共有したい相手に伝えることで、相手は共有ファイルやフォルダーにアクセスが可能になります。

● **共有ファイル／フォルダーにアクセスする側**

続いて、発行したURLにアクセスする側を紹介します。

1 伝えられたURLにWebブラウザーでアクセスすると、

2 共有化したフォルダーやファイルが表示されます。

3 ファイルの右上にある○をクリックして ☑ にすると、

4 ダウンロードが可能です（＜ダウンロード＞をクリックします）。

5 Microsoftアカウントを持っていれば、共有化したフォルダーにファイルをアップロードすることも可能です。

6

AV 機器もフル活用!
音楽や動画を楽しむ
活用技

Q 248 家電とWindowsパソコンで写真や動画って共有できるの？

A メディアサーバーを使えば簡単に共有が可能です。

スマートフォンやデジカメで撮影した画像や動画をパソコンで管理している人は多いと思います。それらの画像や動画を家族で楽しむために、テレビやレコーダー、ほかのパソコンやスマートフォンで再生できたらと思う人もいるでしょう。これを実現で

きるのが「メディアサーバー」です。これはメディアファイル（動画や画像）を共有できるサーバーで、規格としては「DLNA（Digital Living Network Alliance）」が有名です。ネットワーク接続に対応したテレビやレコーダーであればDLNAに対応しているものが多く、パソコンやスマートフォンでも対応アプリが多数存在します。普段使ってるパソコンをDLNA対応のメディアサーバーにすれば、家庭内のネットワークでメディアファイルの共有が可能になります。

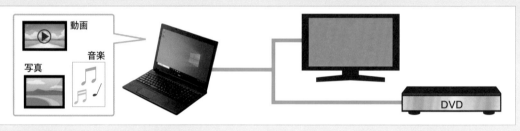

パソコンをメディアサーバーにすれば、対応する機器から簡単にメディアファイルの再生が可能になります。

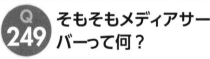
Q 249 そもそもメディアサーバーって何？

A メディアファイルを共有して対応機器から再生可能にするものです。

動画、画像、音楽などメディアファイルの再生に特化したサーバーが「メディアサーバー」です。パソコンであれば、メディアサーバーとして動作するアプリ

を導入することで実現でき、NASであれば最初からメディアサーバー機能が搭載されている製品がほとんどです。メディアサーバーの利点はDLNAという標準的な規格が存在し、家電やゲーム機などネットワークに接続できる幅広い機器が対応していることです。パソコンをメディアサーバー化すれば、家庭内のテレビや寝室のスマートフォンやタブレットでメディアファイルの再生が可能と、利便性は一気に広がります。

パソコンであればメディアサーバー機能を備えたアプリの導入で実現できます。

NASでは標準でメディアサーバー機能を搭載している製品がほとんどです。

Q 250 DLNAって何？

A メディアファイル再生／共有の共通規格です。

「DLNA」（Digital Living Network Alliance）は、さまざまな機器でメディアファイルの共有／再生を実現させるための統一規格です。DLNAに対応した機器同士であれば、メーカーやOSなどが異なっていてもメディアファイルの共有と再生が行えるのが強みです。メディアファイルが保存されている機器が「サーバー」、再生する側の機器が「クライアント」になります。サーバー機能は、パソコンのアプリで実現できるほか、最近のレコーダーであれば搭載されていることが多くなっています。クライアント機能は、PS4といったゲーム機、ネットワーク接続に対応したテレビに備わっているほか、パソコンやスマートフォン、タブレットでは対応アプリを利用することで実現が可能です。

Q 251 DTCP-IPって何？

A テレビ番組の録画データを配信可能にする規格です。

地上デジタル／BSデジタル／CSデジタルの録画データはコピー防止の著作権保護が施されていますが、それを家庭内ネットワークで配信可能にするのが「DTCP-IP（Digital Transmission Content Protection）」と呼ばれる技術規格です。
通常、DLNAとセットになっており、DLNAとDTCP-IPの両方に対応したサーバー、クライアント同士であれば、ネットワーク内で録画番組の共有と再生が可能になります。レコーダーで録画した番組を、ネットワーク経由でパソコンやスマートフォンで再生が可能になるというわけです。

Q 252 メディアファイルの種類が知りたい！

A 主に動画、画像、音楽ですが対応形式は機器によって異なります。

メディアサーバーはメディアファイルを保存する場所です。メディアファイルは主に動画、画像、音楽ファイルのことを指しますが、共有、再生可能な形式はサーバー、クライアントによって異なります。
たとえば、ソニーのPS4はアプリのメディアプレーヤーを追加することでDLNAクライアントとして動作できますが、対応するファイル形式は動画がMP4、MP2TS、MKV（H.264）AVI（MPEG-4 part 2およびH.264）、音楽がMP3、AAC、FLAC、画像がJPEG、PNGとなっています。TVアプリの「torne」はDTCP-IPに対応していますが、録画番組の再生が可能なのはネットワークレコーダー「torne」とソニーのレコーダーの一部に限られます。
このように、DLNAを使って共有環境を作る場合はサーバー側、クライアント側、両方の対応ファイルを確認しておきましょう。

メディアファイルは動画、画像、音楽のことを指します。

PS4のDLNAクライアント機能を持つ「メディアプレーヤー」は音楽ファイルとしてMP3、AAC、FLAC形式に対応していますが、WAVやWMAはサポートしていません。

Wi-Fiの基本

Wi-Fiの便利技

Wi-Fiの快適技（モバイル）

ルーターの基本

ファイル共有とクラウド

音楽／動画の活用

リモートデスクトップの活用

VPNの活用

ツールの活用

Q 253 Windows Media Player の共有機能って何？

A Windows Media Playerには DLNAサーバー機能が備わっています。

Windows 10に標準搭載されているWindows Media Playerには、「メディアストリーミング」というメディアファイルの共有機能が備わっています。これはDLNA対応のサーバー機能で、有効にすることでWindows Media Playerに登録しているメディアファイルを、DLNA対応のクライアントで再生が可能になります。Windows 10ならば、家族で動画、画像、音楽ファイルをすぐに共有できます。

Windows 10に標準搭載されているWindows Media PlayerにはDLNAサーバー機能が備わっています。

Q 254 Windows Media Player の共有機能を使うには？

A メディアストリーミングを 有効にします。

1 スタートメニュー→＜Windows アクセサリ＞→＜Windows Media Player＞とクリックして、Windows Media Playerを起動します。

2 上部のメニューから＜ストリーム＞をクリックし、

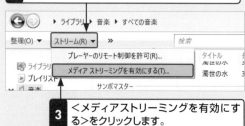

3 ＜メディアストリーミングを有効にする＞をクリックします。

4 「メディアストリーミングオプション」が表示されるので＜メディアストリーミングを有効にする＞をクリックします。

Windows Media PlayerをDLNAサーバーとして使うには、「メディアストリーミング」を有効にするだけと簡単です。また、再生を許可するデバイス（クライアント側）を設定することも可能です。

5 「メディアライブラリに名前を付けてください」の欄に任意の名前を入力します。これがクライアント側に表示される名前になります（自動で付けられる名前のままでも問題ありません）。

6 ネットワーク上に存在する対応デバイス（クライアント側）も一覧表示されるので、再生させたくないデバイスがある場合は＜許可＞のチェックを外します。

7 設定が終了したら、＜OK＞をクリックします。

Q 255 設定した共有を確認したい！

A DLNAクライアント対応のアプリを使いましょう。

Q254で設定した共有機能が問題なく動作しているのか確かめるためには、同じネットワーク内にあるDLNA クライアント機能を持つ別のデバイスでアクセスしてみるのが一番です。手っ取り早いのは、別のWindows 10パソコンでWindows Media Playerを起動してみることでしょう。画面左側のリストの「その他のライブラリ」にDLNA サーバーとして動作するパソコンのメディアライブラリ名が表示されるはずです。

1 DLNAクライアント側（ネットワーク内の別のWindowsパソコン）のWindows Media Playerを起動します。

2 DLNAサーバーとして動作するWindows Media Playerは、「その他のライブラリ」として表示されます（ここでは「seri_media」）。これをクリックします。

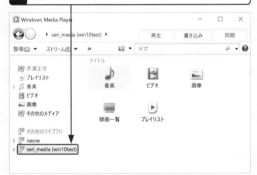

3 あとは再生したいメディアを選ぶだけです。とくに何の設定も必要なく、そのまま再生されます。ここでは音楽ファイルを再生しています。

Q 256 設定した共有を解除したい！

A デバイスへの許可をすべて禁止にします。

Windows Media Playerの共有機能（DLNAサーバー機能）を停止するには、「メディアストリーミングオプション」でデバイスからのアクセス許可をすべて禁止にします。共有を再開したい場合はアクセス許可を再び行いましょう。

1 Windows Media Playerの上部メニューから<ストリーム>をクリックし、

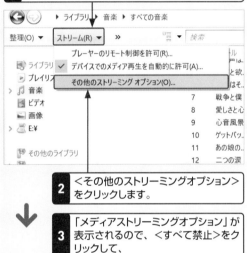

2 <その他のストリーミングオプション>をクリックします。

3 「メディアストリーミングオプション」が表示されるので、<すべて禁止>をクリックして、

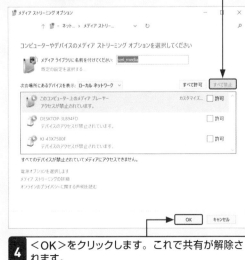

4 <OK>をクリックします。これで共有が解除されます。

Wi-Fiの基本

Wi-Fiの便利技

Wi-Fiの快適技（モバイル）

ルーターの基本

ファイル共有とクラウド

音楽／動画の活用

リモートデスクトップの活用

VPNの活用

ツールの活用

Q 257 iTunesにも共有機能があるの？

A ホームシェアリング機能で
メディア共有が可能です。

Appleの音楽管理アプリ「iTunes」にも「ホームシェアリング」と呼ばれるメディア共有機能が搭載されています。なお、Macは「macOS Catalina」以降では iTunesがなくなり、OSにホームシェアリング機能が統合されています。ホームシェアリングはDLANほど汎用性がなく、利用できるのはiTunesがインストールされたパソコン、macOS Catalina以降のMac、iPhone／iPad／iPod TouchなどApple製のスマートフォンやタブレットに限られます。その一方で、DLNAのようにデバイスによって再生可能なファイル形式が変わるといったトラブルがないというメリットがあります。

1 Windows版のiTunesはMicrosoft Storeから無料でダウンロードできます。スタートメニューから＜Microsoft Store＞をクリックし、

2 「iTunes」で検索などを行ってインストールページを表示したら、

3 ＜インストール＞（あるいは＜入手＞）をクリックします。

Q 258 iTunesってすぐに使えるの？

A コンテンツのダウンロードが
可能です。

現在のMacではiTunesの機能はOSや別アプリに統合、分割されて存在しなくなっています。そのため、iTunesはWindowsで音楽管理を行ったり、iPhoneなどAppleのデバイスと連携するためのアプリといえます。ダウンロード後は、パソコン内の音楽や動画をライブラリに登録したり、iTunes Storeから音楽や動画を購入したりできます。

1 iTunesを起動すると、まずこの画面が表示されるので内容を確認し、＜同意します＞をクリックします。

2 iTunes Storeで音楽や動画の購入が可能です。

3 上部のメニューから＜ファイル＞をクリックし、

4 ＜ファイルをライブラリに追加＞または＜フォルダをライブラリに追加＞から音楽や動画ファイルをライブラリに登録が可能です。

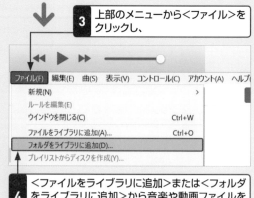

サイドタブ（縦書き）：
Wi-Fiの基本／Wi-Fiの便利技／Wi-Fiの快適技（モバイル）／ルーターの基本／ファイル共有とクラウド／音楽／動画の活用／リモートデスクトップの活用／VPNの活用／ツールの活用

Q259 iTunesのホームシェアリングを使うには？

A Apple IDがあれば簡単に実行できます。

iTunesのメディアサーバー機能といえる「ホームシェアリング」を使うにはApple IDが必要です。無料で取得できるので、事前に取得しておきましょう。また、ホームシェアリングで共有したメディアファイルをiPhoneなどの別デバイスで再生するには、そのデバイスが同じネットワーク内にあり、かつ同じApple IDでログインする必要があります。そのため、セキュリティ面やプライバシーを考えると家族以外とは共有しないほうがよいでしょう。

1 上部のメニューから＜ファイル＞→＜ホームシェアリング＞→＜ホームシェアリングをオンにする＞と選択します。

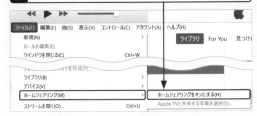

2 Apple IDとパスワードを入力し、

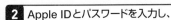

3 ＜ホームシェアリングをオンにする＞をクリックします。

4 パソコンが認証されていない場合はこの画面が表示されるので、＜認証＞をクリックします。なお、パソコンは最大5台まで認証が可能です。

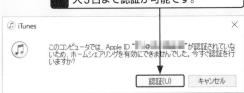

Q260 MacでiTunesを使うにはどうすればよい？

A 最新のmacOSにはiTunesが搭載されていません。

iPhoneやiPadなどiOSデバイスとMacとの同期は従来iTunesが利用されてきましたが、「macOS Catalina」以降には、iTunesがなくなりました。代わりに「Finder」で同期するようになり、音楽のライブラリは「ミュージック」アプリで管理できるようになっており、実用上問題はありません。

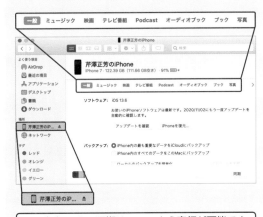

iOSデバイスとの同期はFinderから実行が可能です。

音楽ライブラリは「ミュージック」アプリで管理できます。

Wi-Fiの基本

Wi-Fiの便利技

Wi-Fiの快適技（モバイル）

ルーターの基本

ファイル共有とクラウド

音楽／動画の活用

リモートデスクトップの活用

VPNの活用

ツールの活用

Q261 AndroidスマートフォンからiTunesを使うにはどうすればよい?

A iTunesはないので、「Apple Music」アプリを活用しましょう。

AndroidにはiTunesはありませんが、iOSの「ミュージック」アプリと同等の「Apple Music」アプリがGoogle Playから無償でダウンロードが可能で

す。iTunesで購入した曲を再生できるだけでなく、WindowsのiTunesのライブラリにある曲をiCloudミュージックライブラリと同期させることで、「Apple Music」アプリでも再生が可能になります。Windowsのパソコン上に保存されている音楽ファイルを「Apple Music」アプリに直接同期させることはできません。また、「Apple Music」アプリを使うにはApple Musicのサービスに登録する必要があります。

1 Windowsの場合、iTunesのライブラリに登録されている曲をAndroidで聞くためには上部メニューの<編集>→<環境設定>を選びます。

2 <iCloudミュージックライブラリ>にチェックを入れ、

3 <OK>をクリックします。これでライブラリ内の曲がiCloudにアップロードされます。

4 Google Playから「Apple Music」アプリをAndroidスマートフォンにインストールします。

5 iTunesで購入した曲やiCloudミュージックライブラリ上の曲をAndroidの「Apple Music」アプリで再生可能になります。

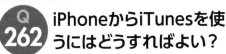

Q262 iPhoneからiTunesを使うにはどうすればよい？

A 音楽や映画の購入はiTunes Storeで、管理はミュージックで可能です。

WindowsにおけるiTunesは、iOSデバイスとの同期やパソコン内の音楽ファイルの管理、音楽や映像の購入もできる多機能アプリですが、iPhoneなどiOSデバイスでは異なります。音楽や映画の購入用として「iTunes Store」アプリが用意され、音楽の管理は「ミュージック」アプリが担当します。

iOSでは音楽や映像の購入用として「iTunes Store」アプリを用意しています。

音楽の管理は「ミュージック」アプリで行います。

Q263 iTunesサーバー機能付きNASはあるの？

A 数多く存在します。バッファローのNASを例に紹介します。

NASには保存した音楽ファイルをiTunesに公開できる「iTunesサーバー機能」を備えたものがあります。家庭内のネットワーク内にあるiTunesをインストールしたWindowsなどから手軽に音楽再生ができるのが便利です。ここではバッファローのNAS「LinkStation LS220D0202G」を例にiTunesサーバー機能を紹介します。

1 WebブラウザーでLinkStation LS220D0202Gの設定にアクセスし、

2 「DLNAサーバー」のスイッチをクリックしてオンにします。DLANサーバー機能を有効化すればiTunesサーバーも自動的に有効になります。

3 DLANサーバー機能で共有化しているNASのフォルダーに音楽ファイル（拡張子がMP3／M4A／M4Pファイル）を保存します。ファイル単位、フォルダー単位どちらでも大丈夫です。

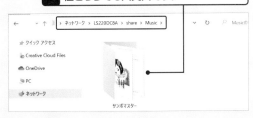

4 Windowsのi Tunes左上のプルダウンメニューからiTunesサーバー機能を有効にしているNASを選ぶと（ここでは＜ミュージック＞→＜LS220DC8A＞）、NAS内の音楽ファイルを再生できます。

Wi-Fiの基本

Wi-Fiの便利技

Wi-Fiの快適技（モバイル）

ルーターの基本

ファイル共有とクラウド

音楽／動画の活用

リモートデスクトップの活用

VPNの活用

ツールの活用

Q 264 iPhone／iPadの画面を TVに表示できるか知りたい！

A HDMI出力やApple TVを 利用する方法があります。

iPhoneやiPadの画面をテレビに出力して撮影した写真や動画を家族や友だちと楽しみたいということもあるでしょう。その場合は、HDMI出力に対応した「Apple Lightning - Digital AVアダプタ」やセットトップボックスの「Apple TV」を使うのが簡単です。

安価な類似品も数多く存在しています。別途電源が必要だったりと、Apple Lightning - Digital AVアダプタに比べて使い勝手はやや悪くなることが多いです。

iPhoneやiPadの画面をHDMI出力できる「Apple Lightning - Digital AVアダプタ」。実売価格は6,400円前後です。

iPhoneやiPadの画面をテレビ出力できるAirPlay 2に対応する「Apple TV」。容量32GBモデルで実売価格16,800円前後。

Q 265 Apple TVについて 知りたい！

A iPhoneのテレビ接続版といえる セットトップボックスです。

iOSベースのtvOSを採用するAppleのセットトップボックスが「Apple TV」です。Appleが提供する映像や音楽の配信サービスが利用できるほか、iOSと同様にさまざまなアプリが提供されており、YouTubeやHulu、Amazon Prime Videoなど日本でもおなじみの映像配信サービスも利用できます。iPhoneやiPadの画面をテレビに表示できるAirPlay 2にも対応します。

テレビと接続して利用するApple TV。アプリの導入でさまざまなサービスを利用できます。

Q266 iPhone／iPadの画面をTVに表示する手順を知りたい！

A Apple TVを利用する場合ミラーリングするだけです。

ここでは、Apple TVを使ってiPhone／iPadの画面をテレビに出力する手順を紹介します。Apple TVはすでにテレビと接続し、セットアップは済んでいるものとします。

● Apple TV の設定

1 Apple TVの＜設定＞→＜AirPlayとHome Kit＞を開き、

2 ＜AirPlay＞がオンになっていることを確認します。

AirPlayとHomeKit

AirPlay	オン
アクセスを許可	全員 >
会議室のディスプレイ	オフ >
AirPlayディスプレイアンダースキャン	自動

＜アクセスを許可＞は標準だと＜全員＞ですが、パスワードを設定してセキュリティを高めることも可能です。

● iPhone ／ iPad の設定

1 続いてiPhone／iPad側の設定です。ここではiOS 14.5を利用します。コントロールセンターを呼び出し（iPhone 7の場合は画面下から上にスワイプ、iPhone 12の場合は画面右上から斜め下にスワイプ）、

2 ＜画面ミラーリング＞をタップします。

3 Apple TV（ここではリビングルーム）をタップします。

4 これでテレビ側にもiPhoneの画面が表示されます。

5 終了するときは＜ミラーリングを停止＞をタップします。

Q267 Androidスマートフォン／タブレットの画面をTVに表示できるか知りたい！

A 有線の場合は端末が映像出力対応が必要
Chromecastなら無線で表示が可能です。

Androidスマートフォン／タブレットの画面をテレビに出力するには、有線と無線、2つの方法がありま

す。有線の場合は端末が映像出力に対応している必要があります。端子がmicroUSBの場合は「MHL」、Type-Cの場合は「DisplayPort Alternate Mode」への対応が必要です。さらにテレビに接続するには、MHLならHDMIへの変換アダプター、DisplayPort Alternate ModeならType-CからHDMIへの変換アダプターが必要になります。無線の場合は、メディアストリーミング用デバイス「Chromecast」を使います。

Android端末がmicroUSBで「MHL」に対応している場合、microUSBをHDMIに変換するアダプターでテレビと接続できます。

Android端末がType-Cで「DisplayPort Alternate Mode」に対応している場合、Type-CをHDMIに変換するアダプターやUSB Type-C to HDMIケーブルでテレビと接続できます。

Q268 Chromecastについて知りたい！

A Android端末の映像を無線で
テレビに表示できるデバイスです。

ChromecastはAndroidやiPhone／iPad、Google Chromeブラウザーなどの映像を無線でテレビに表示できるメディアストリーミング用デバイスです。大画面で写真や動画を楽しみたいときに便利なものです。

Googleが販売しているChromecast。現在は第3世代のものが直販価格5,072円で販売されています。

Q 269 Androidスマートフォン／タブレットの
画面をTVに表示する手順を知りたい！

A Chromecastをテレビに接続し、
Google Homeアプリで設定します。

ここでは第3世代のChromecastにAndroid端末の画面を表示させる手順を紹介します。テレビにChromecastは接続済みとします。

1 ChromecastをテレビのHDMI端子に接続します。電源ケーブルの接続も必要です。

● テレビに表示させたい Android 端末の設定

1 Google Play から「Google Home」アプリをインストールします。

Google Home
Google LLC

4.0 ★　　　　1億以上　　　　3+
99万件のレビュ　ダウンロード数　3 歳以上 ⓘ
ー

インストール

2 画面の指示に従って Chromecast の初期設定を行います。

Chromecast が見つかりました

Chromecast7512 をセットアップしますか？

別のデバイスをセットアップ

スキップ　　　　　　　　　　　はい

3 設定した Chromecast（ここでは＜リビングルーム＞）に接続（タップ）します。

serizawa

家のメンバーの招待 ✕　🎵 Apple Music のリンク

メディア　ルーティン　設定

リビングルーム
1台のデバイス

リビングルーム
音楽を再生

他のキャスト デバイス
1台のデバイス

KJ-43X7500F

4 Android 端末の画面をそのまま表示させたい場合は＜画面をキャスト＞をタップします。

リビングルーム

背景を表示中

5 枚中 1 枚目
Google

画面をキャスト　　背景をカスタマイズ

5 YouTube や Hulu など Chromecast 対応アプリなら、映像だけをテレビに表示させることも可能です。

Wi-Fiの基本
Wi-Fiの便利技
Wi-Fiの快適技（モバイル）
ルーターの基本
ファイル共有とクラウド
音楽／動画の活用
リモートデスクトップの活用
VPNの活用
ツールの活用

Wi-Fiの基本

Wi-Fiの便利技

Wi-Fiの快適技
（モバイル）

ルーターの基本

ファイル共有と
クラウド

音楽／動画の活用

リモートデスク
トップの活用

VPNの活用

ツールの活用

Q 270 Windowsパソコンの画面をTVに無線で表示できるか知りたい！

A MiracastやChromecastを利用すれば可能です。

Windowsの画面をテレビに無線で表示させるには、MiracastやChromecastに対応するデバイスを利用することで可能になります。どちらもWi-Fi経由でWindowsの画面をテレビに表示できるデバイスです。YouTubeで見つけたおもしろい動画を大画面のテレビに表示させて家族で楽しみたい、といった場合には非常に便利なデバイスといえます。

タブをキャスト　　　　　×

🖥 KJ-43X7500F
　　使用可能

🖥 リビングルーム
　　使用可能

ソース ▼

Chromecastは、同じネットワークにあるWindowsパソコンなら、Google Chromeブラウザーから手軽にテレビへと画面を表示できます。

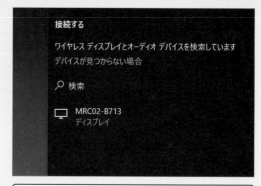

接続する

ワイヤレス ディスプレイとオーディオ デバイスを検索しています
デバイスが見つからない場合

🔍 検索

🖥 MRC02-B713
　　ディスプレイ

Miracastを使利用するにはWindowsパソコンが、Miracastに対応している必要があります。

Q 271 Miracastについて知りたい！

A Wi-Fi Allianceが策定した無線通信方式でワイヤレスHDMIとも呼ばれています。

MiracastはWi-Fi Allianceによって策定された無線通信方式です。映像を無線（Wi-Fi）で飛ばすことからワイヤレスHDMIと呼ばれることもあります。ネットワークを経由せず、Miracast対応デバイスを1対1で接続するのが特徴です。

Windowsパソコンの画面をMiracastでテレビに表示させたい場合は、HDMI接続に対応するMiracast対応のディスプレイアダプター（レシーバー）を使用します。

Q272 Windowsパソコンの画面をTVに無線で表示する手順を知りたい！

A Miracastをテレビに接続したらWindowsの設定を行います。

ここでは、Miracast を利用してWindows パソコンの画面をテレビに表示する手順を紹介します。Miracast 対応のディスプレイアダプター（レシーバー）としてエレコムの「LDT-MRC02/C」を用意。Windows パソコンの画面を無線（Wi-Fi）で飛ばし、LDT-MRC02/C で受信して、それをテレビに表示するという仕組みです。

1 エレコムのMiracast対応のディスプレイアダプター（レシーバー）「LDT-MRC02/C」。テレビのHDMI端子とUSB端子（電源供給用）に接続します。

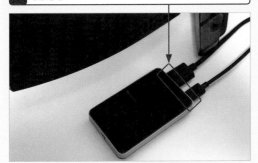

2 Miracast対応のWindowsパソコン（ここではWindows 10）のアクションセンターをクリックし、

3 ＜接続＞をクリックします。

4 ディスプレイとしてLDT-MRC02/C（ここではMRC02-B713）が検出されるので、これをクリックします。

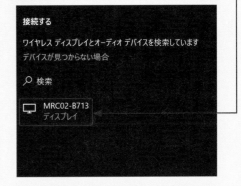

5 自動的にLDT-MRC02/Cとの接続がスタートし、テレビにWindowパソコンの画面が表示されます。

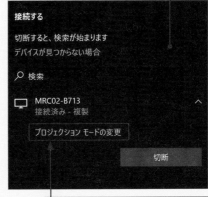

6 ＜プロジェクション モードの変更＞をクリックします。

7 プロジェクションモードとして、同じ画面を表示する「複製」、デスクトップの表示領域を広げ、テレビの2台目のディスプレイとして使う「拡張」なども選択できます。

Q 273 Fire TV Stickについて知りたい！

A Amazonが販売するストリーミングプレーヤーです。

Fire TVシリーズは、Amazonが販売するテレビやディスプレイのHDMI端子に接続して利用するス

トリーミングプレーヤーです。Amazonが提供するAmazon Prime Videoの視聴をはじめ、アプリを追加することでYouTubeやNetflix、Hulu、dTVなどさまざまな動画配信サービスの視聴も可能です。スティック型で無線LAN対応のFire TV StickとFire TV Stick 4K、無線LAN／有線LAN両対応でハンズフリー操作にも対応するFire TV Cubeがあります。

Fire TV Stick。Amazonで4,980円で販売されています。4K対応のFire TV Stick 4Kは6,980円。付属のリモコンで操作します。

ハンズフリー操作が可能なFire TV Cube。価格は14,980円。

Fire TV Stickの接続例。テレビやディスプレイのHDMI端子に接続します。USBによる電源接続も必要です。

Amazon Prime Videoやゲームなどが楽しめます。

アプリを追加することでさまざまな動画配信サービスも視聴可能です。

Wi-Fiの基本
Wi-Fiの便利技
Wi-Fiの快適技（モバイル）
ルーターの基本
ファイル共有とクラウド
音楽／動画の活用
リモートデスクトップの活用
VPNの活用
ツールの活用

Q 274 NASに保存したメディアファイルってそのまま再生できるの？

A Windowsパソコンなら再生可能です。AndroidやiOSはアプリ利用で可能です。

NASの共有フォルダーには、アクセス制限などをかけていなければ、Windowsパソコンは通常のフォルダーと同じようにアクセスし、保存されているファイルの実行が可能です。動画や音楽ファイルをそのまま再生させることができます。AndroidやiOSも「VLC」などネットワーク内の共有フォルダーにアクセスできるメディアプレーヤーアプリを使えば、動画や音楽ファイルの再生が可能です。

1 Windowsパソコンなら、NAS内の共有フォルダーにアクセスし、

2 保存されている動画や音楽ファイルをそのまま再生が可能です。

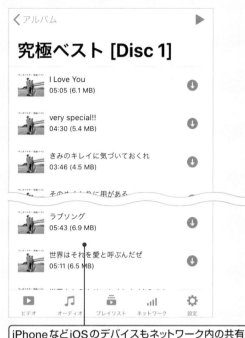

iPhoneなどiOSのデバイスもネットワーク内の共有フォルダーにアクセスできる「VLC for Mobile」などを使えば再生が可能です。

Android（VLC for Android）でも同様です。

Q275 ルーターのDLNA機能ってどう使うの？

A NAS機能を備えたルーターなら DLNAに対応している可能性が高いです。

DLNAはDigital Living Network Allianceの略称で、家電やパソコン、スマートフォン、タブレットなど機器やメーカーを問わず、ネットワークを通じて簡単に接続できるようにするためのガイドラインのことです。Wi-Fiルーターの上位機種にはNAS機能と合わせてDLNAにも対応していることがほとんどです。たとえば、バッファローのWi-Fiルーター「WXR-5950AX12」は、USBポートにUSBメモリなどのストレージを接続し、それをNASとして使えるファイル共有機能が用意されていますが、DLNAサーバーとして動作するメディアサーバー機能も備わっています。メディアサーバー機能を有効にすれば、共有化しているファイルはDLANクライアント機能を備えるアプリから音楽や動画ファイルの再生が可能です。

USBメモリ

メディアサーバー機能（DLNAサーバー）で共有化された音楽や動画ファイルは、DLANクライアント機能を持つアプリで再生が可能です。ここではWindows Media Playerを使用しています。

USBストレージ設定

USBストレージ
1 USB DISK 3.0

再検出　　取り外し

USB3.1 Gen1で動作中
2.4GHzの電波が繋がりにくい場合は「USB3.1 Gen1で動作させる」のチェックを外し、USB2.0で動作させて下さい。
☑ USB3.1 Gen1で動作させる

ファイル共有
☑ 使用する

メディアサーバー
☑ 使用する

バッファローの上位モデルにはメディアサーバーという名称でDLANサーバー機能が用意されています。USBメモリなどUSB接続のストレージをDLANサーバーとして使用することができます。

iPhoneなどのiOSデバイスでもDLANクライアント機能を持つアプリを導入すれば再生が可能です。画面はDALNクライアント機能も備えるメディアプレーヤーアプリ「VLC for Mobile」です。

Androidでも同様です。DLANクライアント機能のアプリで再生が可能です。画面は「VLC for Android」アプリのものです。

Q 276 レコーダーで録画した番組を iPhoneで再生できるの？

A ネットワーク機能を備えた レコーダーなら可能です。

最近では、録画した番組をスマートフォンで再生したり、スマートフォンにダビングして持ち出せる機能を備えているレコーダーが増えています。ここでは、アイ・オー・データ機器の録画テレビチューナー「REC-ON（HVTR-BCTX3）」で録画した番組をiPhoneで再生したり、ダビングする手順を紹介します。

アイ・オー・データ機器の録画テレビチューナー「REC-ON（HVTR-BCTX3）」。USB接続のSSDやHDDに番組の録画が可能。録画番組はスマートフォンで再生できるほか、ダビングして持ち出すことが可能です。

iPhoneではREC-ON専用アプリ「REC-ON App」を使用します。録画した番組はUSB録画リストとして一覧表示できます。現在放送中の番組の視聴も可能です。

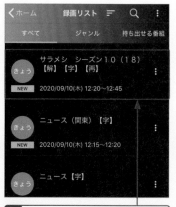

1 再生したい番組をタップします。

2 番組が表示されます。自宅のネットワークだけではなく、iPhoneがインターネットに接続されていれば、外出先でも視聴可能です。

3 ここをタップすると、日付順、番組名順、録画時間順といったソートも可能です。

4 インターネット環境のない場所でも録画番組を楽しみたい場合は、iPhoneへの持ち出し機能を利用します。🔡をタップし、

5 ＜持ち出し変換＞をタップします。これはiPhone本体に番組をダビングする機能です。

6 ダビング時は複数の画質を選べます。本体の容量を考えて選ぶとよいでしょう。

7 ＜変換開始＞をタップします。

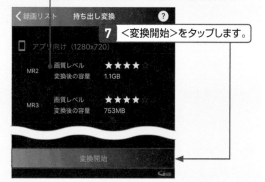

Wi-Fiの基本

Wi-Fiの便利技

Wi-Fiの快適技（モバイル）

ルーターの基本

ファイル共有とクラウド

音楽／動画の活用

リモートデスクトップの活用

VPNの活用

ツールの活用

Wi-Fiの基本

Wi-Fiの便利技

Wi-Fiの快適技（モバイル）

ルーターの基本

ファイル共有とクラウド

音楽／動画の活用

リモートデスクトップの活用

VPNの活用

ツールの活用

Q 277 レコーダーで録画した番組をAndroidスマートフォンで再生できるの?

A iPhoneと同じ手順で再生が可能です。

Q276と同じく、アイ・オー・データ機器の録画テレビチューナー「REC-ON（HVTR-BCTX3）」で録画した番組をAndroidで再生したり、ダビングしたりする手順を紹介します。

Q276と同じアイ・オー・データ機器の録画テレビチューナー「REC-ON（HVTR-BCTX3）」を使用します。

AndroidでもREC-ON専用アプリ「REC-ON App」を使用します。録画した番組はUSB録画リストとして一覧表示できます。こちらでも放送中の番組の視聴も可能です。

1 番組をタップすると、再生できます。自宅のネットワークだけではなく、インターネットに接続されていれば、外出先でも視聴ができます。

2 ┇ をタップして、

3 メニューから＜番組情報＞をタップすると、

4 番組情報を確認できます。

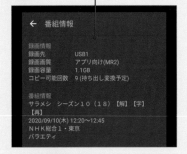

5 インターネット環境のない場所でも録画番組を楽しみたい場合は、Androidにダビングすることも可能です。

6 手順2の画面で ┇ をタップして、

7 ＜持ち出し変換＞をタップします。

8 ダビング時は複数の画質を選べます。本体の容量を考えて選ぶとよいでしょう。

Q278 家でも外でもテレビの視聴や録画予約をしたい！

A ネットワーク対応レコーダーなら多くの場合対応しています。

最近のネットワーク対応レコーダーなら、外出先からのテレビ視聴や録画予約に対応しているものが多くなっています。Q276、Q277と同じく、アイ・オー・データ機器の録画テレビチューナー「REC-ON（HVTR-BCTX3）」での視聴、予約録画手順を紹介します。デバイスはiPhone、アプリは「REC-ON App」を使用しています。

1 ホーム画面から放送中の欄にある＜地デジ＞＜BS＞＜CS＞をタップすれば現在放送中の番組が表示されます。家庭内のネットワークでも外出先でも同様です（BS、CSの視聴には契約が必要です）。

2 予約録画には＜番組表へ＞をタップし、

3 録画予約したい番組をタップします。

4 時計のアイコン◎をタップすれば予約録画は完了です。画質や繰り返し録画を行うかといった設定も行えます。

5 録画予約した番組はホーム画面の予約リストに追加されます。タップすると、

6 予約設定の詳細を確認できます。

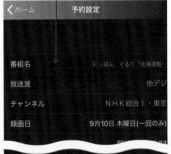

Wi-Fiの基本

Wi-Fiの便利技

Wi-Fiの快適技（モバイル）

ルーターの基本

ファイル共有とクラウド

音楽／動画の活用

リモートデスクトップの活用

VPNの活用

ツールの活用

197

Q279 iPhone／iPadの画面をパソコンに表示する方法を知りたい！

A Windowsパソコンでは AirPlay に対応したアプリを導入すれば可能です。

● Windows パソコンの場合

iPhone や iPad など iOS デバイスの画面を Windows パソコンで表示させるには、Apple のワイヤレス映像伝送技術「AirPlay」に対応するアプリを導入することで可能になります。ここでは、その1つ「LonelyScreen」を使って表示させる手順を紹介します。なお、利用には Windows パソコンと iOS デバイスが同一にネットワークに接続されている必要があります。

Windows側

1 LonelyScreen はダウンロードすることで入手できます。Web サイト（https://lonelyscreen.com/）にアクセスし、

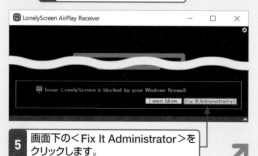

2 ＜Get started today＞をクリックします。

3 次の画面で、無料のトライアル版＜Free Trial Download＞をクリックして、ダウンロード・インストールします。

4 LonelyScreen を起動して、

5 画面下の＜Fix It Administrator＞をクリックします。

iPhone側

6 iOS のコントロールセンターを開き、

7 ＜画面ミラーリング＞をタップします。

8 ＜LonelyScreen＞をタップします。

Windows側

9 LonelyScreen に iPhone の画面が表示されます。

● Mac の場合

Mac の場合は簡単です。Mac と iOS デバイスを Lightning ケーブルで接続し、QuickTime Player を起動します。＜ファイル＞から＜新規ムービー収録＞を選び、録画ボタン横にある ▼ をクリックしてメニューから iOS デバイスを選ぶだけです。

Q 280 Androidスマートフォン／タブレットの画面をパソコンに表示する方法を知りたい！

A Miracastに対応していれば
Windows 10標準機能で表示可能です。

● Windows パソコンの場合

Windows 10はパソコン本体がMiracastに対応していれば、Miracastのレシーバー（受信器）として動作させる「このPCへのプロジェクション」機能が使えます。あとは、Androidのキャスト機能で「このPCへのプロジェクション」機能を起動しているWindowパソコンに接続するだけです。これでAndroidの画面をWindowsパソコンに表示できます。

Windows側

1 Windows 10の「設定」を表示し、＜システム＞をクリックし、左側のメニューから＜このPCへのプロジェクション＞をクリックします。

2 「このPCへのプロジェクション」がインストールされていない場合は、＜オプション機能＞をクリックします。すでにインストール済みの場合はこの手順は不要です。

このPC へのプロジェクション

Windows スマートフォンまたは PC からこの画面に出力し、キーボード、マウス、およびその他のデバイスを使用する

このPC へのプロジェクションのために、"ワイヤレス ディスプレイ" のオプション機能を追加する:

オプション機能

3 ＜機能の追加＞をクリックし、＜ワイヤレスディスプレイ＞にチェックを入れて、

オプション機能を追加する

使用可能なオプション機能の検索

☑ ワイヤレス ディスプレイ　　　　　　1.06 MB
他のデバイスがこのコンピューターにワイヤレスでプロジェクションできるようにします。Miracast 対応のハードウェアが必要です。

☐ 簡体字中国語補助フォント　　　　　41.4 MB

☐ 韓国語補助フォント　　　　　　　　9.28 MB

インストール (1)　　　　　　キャンセル

4 ＜インストール＞をクリックします。

5 ＜このPCへのプロジェクション用の接続アプリを起動します＞をクリックします。

このPC へのプロジェクション

Windows スマートフォンまたは PC からこの画面に出力し、キーボード、マウス、およびその他のデバイスを使用する

このPC へのプロジェクション用の接続アプリを起動します

許可した場合は、一部の Windows と Android デバイスからこの PC に出力でき

6 Androidの画面を受信できる状態になります。

Android側

7 あとはAndroidのキャスト機能でWindows 10に対して送信を開始します（ここでは＜LAPTOP-Q0UTM40G＞をタップ）。これでWindows 10にAndroidの画面が表示されます。

← キャスト

KJ-43X7500F
BRAVIA 4K GB ATV3

LAPTOP-QOUTM4OG
ワイヤレスディスプレイ

● Mac の場合

Mac にAndroidの画面を表示させるにはアプリを導入します。いくつか種類がありますが、ここでは「LetsView」をお勧めします。このアプリをAndroidとMacの両方に導入すれば、表示が可能になります。

Wi-Fiの基本

Wi-Fiの便利技

Wi-Fiの快適技（モバイル）

ルーターの基本

ファイル共有とクラウド

音楽／動画の活用

リモートデスクトップの活用

VPNの活用

ツールの活用

Q 281 iPhone／iPadの画面をWindowsパソコンで録画したい！

A AirPlayに対応し、録画機能を持ったアプリを使うことで可能です。

Androidの操作手順を録画し、家族や友だちに紹介したり、YouTubeに公開したいということもあるでしょう。Q279で紹介した「LonelyScreen」は、Androidの画面をWindowsパソコンに表示できるだけでなく、録画機能も備えています。導入方法はQ279を参照してください。ここでは録画方法を紹介します。

1 AirPlayに対応したWindows用のアプリ「LonelyScreen」。録画機能も備えています。導入手順はQ279を参照してください。

2 Androidの画面をWindowsパソコンで表示したところです。画面右下の▲をクリックします。

3 下段の中央部に赤いボタンが表示されます。クリックすると録画がスタートします。赤いボタンが停止ボタンに変わるので、このボタンをクリックすると録画が停止します。

4 録画されたファイルは「ビデオ」フォルダーにMP4形式で保存されます。

Q 282 iPhone／iPadの画面をMacで録画したい!

A QuickTime Playerで簡単に録画できます。

iPhoneやiPadなどiOSデバイスの画面をMacで録画したい場合は、標準でインストールされている「QuickTime Player」アプリで行えます。Lightningケーブルで MacとiOSデバイスを接続し、QuickTime Playerを起動して録画をスタートするだけとお手軽です。

1 MacとiOSデバイスをLightningケーブルで接続します。

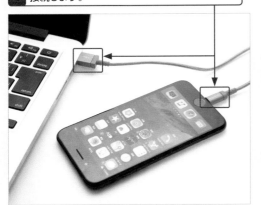

Mac側

2 QuickTime Playerを起動して、

3 <ファイル>→<新規ムービー収録>をクリックします。

4 録画ボタン横にある ▼ をクリックして（ ▼ をクリックすると非表示になります）、

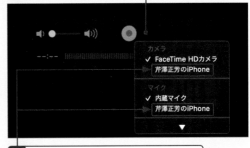

5 メニューからiOSデバイスを選びます。

iPhone側

6 録画ボタンをクリックすれば録画がスタートします。

Mac側

7 再び録画ボタン（停止ボタン）をクリックして録画を停止します。

8 <ファイル>→<保存>をクリックすると、動画ファイル（MOV形式）として保存できます。

Q 283 Androidスマートフォン／タブレットの画面をWindowsパソコンで録画したい！

A 録画に対応したミラーリングアプリを使います。

Androidの画面をWindowsに表示できるミラーリングアプリは複数存在しますが、録画を行いたい場合に便利なのがフリーソフトの「LetsView」です。WindowsパソコンとAndroid端末が同一ネットワークにあれば、ワイヤレスでWindowsパソコンへと画面を表示させて、録画も行えます。

1 WindowsとAndroidの両方にLetsViewをダウンロードして、インストールします。

Windows側

2 ブラウザーを利用してWebサイト（https://letsview.com/jp/）にアクセスし、

3 ＜無料ダウンロード＞をクリックして、画面の指示に従ってダウンロードし、インストールします。

Android側

4 Play ストアで「LetsView」を検索し、＜インストール＞をタップして、画面の指示に従ってダウンロードし、インストールします。

Windows側

5 LetsViewを起動して、

6 画面上部の＜スマホ画面ミラーリング＞をクリックします。

更なる世界は更なる視界で見ましょう

Android側

7 LetsViewをタップして起動し、

キャスト中や記録中にプライベート情報が公開されます

記録中やキャスト中に、**LetsView**は、画面上に表示またはデバイスから再生されている個人的な情報（音声、パスワード、お支払い情報、写真、メッセージなど）を取得する可能性があります。

キャンセル　　今すぐ開始

8 接続情報に表示される＜LetsView＞→＜スマホ画面ミラーリング＞→＜今すぐ開始＞の順にタップします。

Windows側

9 WindowsにAndroidの画面が表示されるので画面上部にある ◎ をクリックして録画を開始します。もう一度 ◎ をクリックすると録画が終了し、動画ファイル（MP4形式）が保存されます。

Wi-Fiの基本

Wi-Fiの便利技

Wi-Fiの快適技（モバイル）

ルーターの基本

ファイル共有とクラウド

音楽／動画の活用

リモートデスクトップの活用

VPNの活用

ツールの活用

Q 284
Androidスマートフォン／タブレット の画面をMacで録画したい!

A Windowsと同じく録画に対応した ミラーリングアプリを使います。

Androidの画面をMacに表示できるミラーリングア プリは複数存在しますが、録画を行いたい場合に便 利なのがフリーソフトの「LetsView」です。Macと Android端末が同一ネットワークにあれば、ワイヤレ スでWindowsパソコンへと画面を表示させて、録画 も行えます。

1 MacとAndroidの両方にLetsViewを ダウンロードし、インストールします。

Mac側

2 ブラウザーを利用して「https://letsview.com/ jp/」にアクセスし、

3 <無料ダウンロード>をクリックして、画面の指 示に従ってダウンロードし、インストールします。

Android側

4 Play ストアで「LetsView」を検索し、<インス トール>をタップして、画面の指示に従ってダウン ロードし、インストールします。

Mac側

5 LetsViewを起動して、

6 画面上部の<スマホ画面ミラーリング>を クリックします。

Android側

7 LetsViewをタップして起動し、

8 接続情報に表示される<LetsView>→<スマホ 画面ミラーリング>→<LetsView>(ここでは <LetsView [UserのMacBook_Pro] >)の順 にタップします。

Mac側

9 MacにAndroid の画面が表示さ れるので画面上 部にある◎をク リックします。こ れで録画が開始 されます。もう 一度◎をクリッ クすれば録画が 終了し、動画ファ イル(MP4形式) が保存されます。

Wi-Fiの基本

Wi-Fiの便利技

Wi-Fiの快適技 (モバイル)

ルーターの基本

ファイル共有と クラウド

音楽／動画の活用

リモートデスク トップの活用

VPNの活用

ツールの活用

Q285 どうするとライブ配信ができるか知りたい!

A やりたい配信内容に合わせた機材を揃えましょう。

ライブ配信の方法やサービスは多種多様です。友人など限定された人に現在の状況を伝えたいといったライブ配信であれば、スマートフォンとInstagramや

FacebookといったSNSのライブ配信機能を使うのがもっとも手軽といえます。YouTuberのように、世界へと広く配信したい場合は配信内容に合わせて機材を選ぶ必要があります。自分自身が出るのであれば、Webカメラなど映像を撮れる機材があったほうがよいでしょう。Nintendo Switchのゲーム実況ならビデオキャプチャデバイスやヘッドセットも必要となります。

特定の人に配信する場合は、Instagramや Facebookなど、SNSのライブ配信機能を使うのがもっとも手軽な方法といえます。

PS4やPS5にはゲーム機自体にライブ配信機能が備わっていますが、Nintendo Switchを使って配信したい場合や本格的なゲーム実況を配信したいならビデオキャプチャデバイスやヘッドセットを用意しましょう。

広く配信したい場合はYouTubeのライブ配信機能が最適といえます。スマートフォンからの配信も可能ですが、画質などに凝りたい場合は高画質なWebカメラなどを用意するとよいでしょう。

Wi-Fiの基本 Wi-Fiの便利技 Wi-Fiの快適技(モバイル) ルーターの基本 ファイル共有とクラウド 音楽/動画の活用 リモートデスクトップの活用 VPNの活用 ツールの活用

Q 286　Windowsパソコンを使って
YouTubeでライブ配信したい！

A　配信用アプリを使うのが
一般的な方法です。

1 ブラウザーを利用してOBS Studio（https://obsproject.com/ja/download）にアクセスし、

2 ＜ダウンロード インストーラー＞（64bitパソコンの場合）をクリックしてダウンロード・インストールします。32bitパソコンの場合は＜ダウンロード インストーラー（32-bit）＞をクリックします。

3 OBS Studioを起動し、

4 ソースの欄にある＋をクリックし、

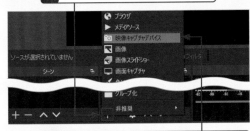

5 表示されるメニューから＜映像キャプチャデバイス＞をクリックします。

6 表示される画面で、＜新規作成＞にチェックを入れて＜OK＞をクリックします。

7 プロパティ画面が表示されるので、「デバイス」としてWebカメラを選択し（ここでは＜Logicool HD Webcam C270＞）、

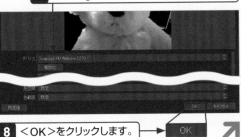

8 ＜OK＞をクリックします。

Windowsパソコンを使ってYouTubeにライブ配信を行う場合は、内容に合わせた機材と配信用のアプリを組み合わせます。ここではWebカメラの映像を配信する手順を紹介します。YouTubeのアカウント設定は事前に済ませておきましょう。

アプリには配信では定番のフリーソフト「OBS Studio」を使用します。OBS Studioは、Windowsの画面やゲーム画面などの配信や録画も可能です。

9 手順**4**の画面に戻るので、画面右下の＜設定＞をクリックします。

10 ＜配信＞をクリックし、

11 「サービス」を＜YouTube－RTMP＞に設定します。

12 ＜ストリームキーを取得＞をクリックすると、

13 Webブラウザーが起動してYouTubeの配信設定画面が表示されるので、ストリームキーをコピーし、

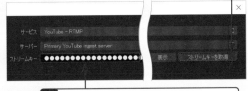

14 ＜ストリームキー＞の欄にペーストして、

15 画面右下の＜OK＞をクリックします。

16 あとは＜配信開始＞をクリックすれば、YouTubeへのライブ配信がスタートします。もう一度クリックすると配信停止します。

Wi-Fiの基本

Wi-Fiの便利技

Wi-Fiの快適技（モバイル）

ルーターの基本

ファイル共有とクラウド

音楽／動画の活用

リモートデスクトップの活用

VPNの活用

ツールの活用

Wi-Fiの基本

Wi-Fiの便利技

Wi-Fiの快適技（モバイル）

ルーターの基本

ファイル共有とクラウド

音楽／動画の活用

リモートデスクトップの活用

VPNの活用

ツールの活用

Q 287 Macを使ってYouTubeでライブ配信したい！

A Windows同様に配信用アプリを使うのが一般的な方法です。

OBS StudioはMac版も用意されているので、基本的にはQ286と同じ手順でライブ配信が可能です。ここでも同じようにWebカメラの映像を配信する手順を紹介します。YouTubeのアカウント設定を済まし、OSB Studioを導入します。

1 ブラウザーを利用してOBS Studio（https://obsproject.com/ja/download）にアクセスし、

2 ＜ダウンロード インストーラー＞をクリックしてダウンロード・インストールします。

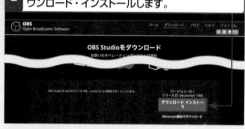

3 OBS Studioを起動し、

4 ソースの欄にある ✚ をクリックし、

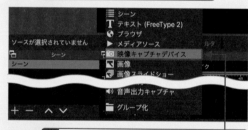

5 表示されるメニューから＜映像キャプチャデバイス＞をクリックします。

6 表示される画面で、＜新規作成＞にチェックを入れて＜OK＞をクリックします。

7 プロパティ画面が表示されるので、「デバイス」としてWebカメラを選択し（ここでは＜USBカメラ＞）、

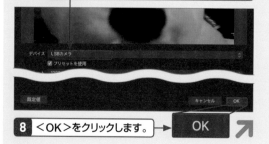

8 ＜OK＞をクリックします。

9 手順 **4** の画面に戻るので、画面右下の＜設定＞をクリックします。

10 ＜配信＞をクリックし、

11 「サービス」を＜YouTube－RTMP＞に設定します。

12 ＜ストリームキーを取得＞をクリックすると、

13 Webブラウザーが起動してYouTubeの配信設定画面が表示されるので、ストリームキーをコピーし、

14 ＜ストリームキー＞の欄にペーストして、

15 ＜OK＞をクリックします。

16 あとは＜配信開始＞をクリックすれば、YouTubeへのライブ配信がスタートします。もう一度クリックすると配信停止します。

Q 288 YouTubeに動画をアップロードする方法を知りたい!

A 動画ファイルをそのまま
アップロードできます。

YouTube はアカウントさえ作成すれば、簡単に動画ファイルのアップロードが可能です。MOV、MP4、AVI、WMV、FLV など主要な動画ファイル形式に対応しているため、ほとんどの場合はYouTubeのサイトから＜動画をアップロード＞を選び、動画ファイルをドラッグ＆ドロップするだけでアップロードできます。あとはタイトルや公開範囲などを決めれば、公開が行えます。

1 YouTubeのアカウントにサインインし、

2 📹 をクリックして、

▶ 動画をアップロード

((•)) ライブ配信を開始

3 ＜動画をアップロード＞をクリックします。

4 YouTubeに公開したい動画ファイルをドラッグ＆ドロップします。

アップロードする動画ファイルをドラッグ＆ドロップします
公開するまで、動画は非公開になります。

ファイルを選択

5 タイトルや説明、サムネイルなどの設定を行い、

詳細

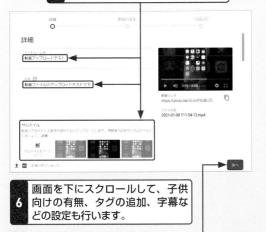

6 画面を下にスクロールして、子供向けの有無、タグの追加、字幕などの設定も行います。

7 ＜次へ＞をクリックします。

8 必要に応じて関連コンテンツのプロモーションに関する設定などを行います。

動画の要素

カードの追加

9 ＜次へ＞をクリックします。

10 最後に公開する日時や視聴できるユーザーの選択などを行い、

公開設定

11 ＜保存＞をクリックすると、正式な公開となります。

12 アップロードした動画は共有可能なリンクを取得したり、ダウンロードや削除なども行えます。

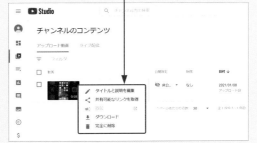

Studio

チャンネルのコンテンツ

アップロード動画　ライブ配信

✏ タイトルと説明を編集
🔗 共有可能なリンクを取得
▷ 再生
⬇ ダウンロード
🗑 完全に削除

Wi-Fiの基本

Wi-Fiの便利技

Wi-Fiの快適技（モバイル）

ルーターの基本

ファイル共有とクラウド

音楽／動画の活用

リモートデスクトップの活用

VPNの活用

ツールの活用

Q 289 カメラで自宅を監視する方法を知りたい!

A ネットワークカメラを利用すると可能です

防犯やペットの様子を見るため自宅にカメラを設置し、外出先からも見たいというニーズは多いと思います。設置やセッティングは難しいように思えますが、ネットワークカメラを使えば手軽に実現ができます。

最近のモデルはスマートフォンのアプリでネットワーク関連の設定も簡単に済ませられるようになっており、導入の敷居は非常に下がっています。

ネットワークカメラは子供やペットの見守り需要の高まりもあり、その種類は非常に増えています。

Q 290 ネットワークカメラ購入時のポイントを知りたい!

A 画質と暗闇への対応、ペット目的なら声かけ機能がポイントです。

最近のネットワークカメラは専用のスマートフォンアプリで簡単にネットワークへの接続を含む初期設定を済ませられるのがほとんどです。そのため、選ぶ

上でのポイントになるのが、まず「画質」です。高画質を求めるならフルHD（1080p）に対応しているものを選びましょう。また、暗くなってからも自宅の様子を確認したいならナイトビジョン機能があると確実です。ペット目的なら、外出先からも声をかけられる「声かけ」機能があると安心といえるでしょう。このほか、防犯目的なら動くものを検知すると自動でスマートフォンに通知してくれる機能があるものを選ぶとよいでしょう。

首振り機能で広い範囲を確認できるネットワークカメラもあります。

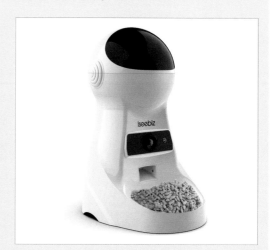

ペット向けとしては自動給餌器までセットになったネットワークカメラも存在しています。

Q 291 Webカメラの設置と設定方法を知りたい!

A アプリを使って簡単に設定が可能です。

ネットワークカメラはマグネットや両面テープなどでどこにでも設置しやすくなっているものが多くあります。また、電源もUSBケーブルで供給できるものが増えています。そのため、自宅への設置はそれほど難しいものではありません。

ここでは、アトムテックの「ATOM Cam」を使った設定手順を紹介します。現在のネットワークカメラは、面倒なネットワーク関連の設定も最小限の情報入力で済ませられるのも特徴といえます。

アトムテックの「ATOM Cam」。実売価格は3,200円前後。角度を変えやすいスタンドに加え、スタンドはマグネットになっているので金属となっている場所なら簡単に設置が可能です。

1 ATOM CamはiOS、Android、Windows（ベータ版）向けのアプリが用意されています。ここではiPhone（iOS 14.5）を使った設定手順を紹介します。まずは、App Storeから「ATOM-スマートライフ」アプリを導入します。

2 アカウント登録を行います。メールアドレスとパスワードを入力して、

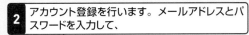

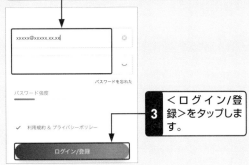

3 ＜ログイン/登録＞をタップします。

4 アカウント登録後は＜デバイス追加＞→＜ATOM Cam＞とタップします。

5 あとは画面の指示に従って初期設定を行います。

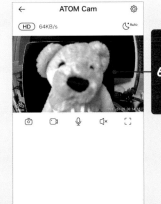

6 初期設定が完了すれば、外出先からもATOM Camにアクセスが可能になります。

Wi-Fiの基本

Wi-Fiの便利技

Wi-Fiの快適技（モバイル）

ルーターの基本

ファイル共有とクラウド

音楽／動画の活用

リモートデスクトップの活用

VPNの活用

ツールの活用

Q 292 Windowsパソコンでネットワークカメラの映像を見たい!

A 専用のアプリで
映像を表示できます。

Windows用のアプリを用意していたり、Web ブラウザーからアクセスできるネットワークカメラなら

Windowsパソコンから映像を見ることが可能です。ここではQ291と同じくアトムテックの「ATOM Cam」を使った場合の手順を紹介します。Q291で紹介したATOM Camの初期設定は済ませてあるものとします。また、ATOM CamのWindows用アプリは原稿執筆時点ではベータ版でサポート外である点はご注意ください。

1 アトムテックのWebサイト(https://www.atomtech.co.jp/app/atom-dl/)にアクセスし、<Windows用はこちら>アプリをダウンロードします。ファイルを解凍して<WindowsForms Atom.exe>をダブルクリックしてアプリを起動します。

2 メールアドレスとパスワードを入力し、

3 <プライバシーポリシー>と<スマートホーム・・・>にチェックを入れ、

4 <ログイン>をクリックします。

5 登録したメールアドレスに認証コードが届くので、その数値を入力し、

6 <次のステップ>をクリックします。

7 中央の再生ボタンをクリックするとATOM Camの映像が表示されます。

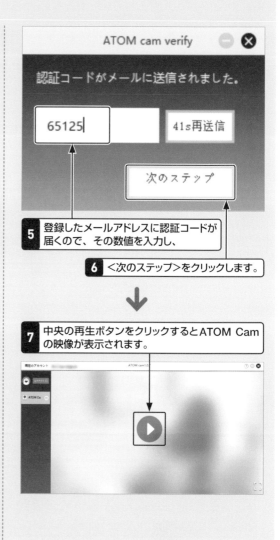

Wi-Fiの基本

Wi-Fiの便利技

Wi-Fiの快適技（モバイル）

ルーターの基本

ファイル共有とクラウド

音楽／動画の活用

リモートデスクトップの活用

VPNの活用

ツールの活用

Q 293 iPhoneでネットワークカメラの映像を見たい！

A 専用アプリの導入で映像の表示などが行えます。

ネットワークカメラはスマートフォンで初期設定や映像表示をするものが多くなっています。iPhoneで手軽に外出先から自宅のネットワークカメラの映像を見られるのも大きな魅力です。ここではQ291と同じくアトムテックの「ATOM Cam」を使った場合の手順を紹介します。Q291で紹介したATOM Camの初期設定は済ませてあるものとします。

1 App Storeで「ATOM-スマートライフ」アプリを導入します。＜入手＞をタップします。

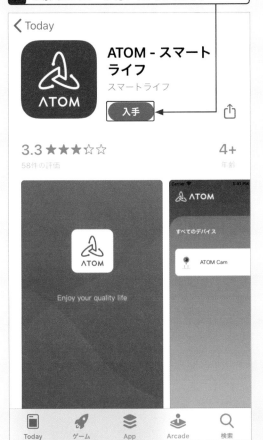

2 登録したメールアドレスとパスワードを入力し、

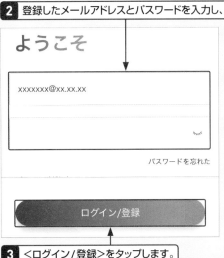

3 ＜ログイン/登録＞をタップします。

4 メールアドレス宛てに届いた認証コードを入力します。

5 メニューが表示されるので＜ATOM Cam＞をタップします。

6 ATOM Camの映像が表示されます。iPhone向けのアプリならナイトビジョンへの切り替え、録画の開始、静止画の撮影なども行えます。

Wi-Fiの基本

Wi-Fiの便利技

Wi-Fiの快適技（モバイル）

ルーターの基本

ファイル共有とクラウド

音楽／動画の活用

リモートデスクトップの活用

VPNの活用

ツールの活用

Q 294 iPadでネットワークカメラの映像を見たい!

A iPhone同様に専用アプリの導入で映像の表示が可能です。

iPadでもQ293で紹介したiPhoneで映像を見るための手順とほとんど変わりません。ここではQ291と同じくアトムテックの「ATOM Cam」を使った場合の手順を紹介します。Q291で紹介したATOM Camの初期設定は済ませてあるものとします。

事前にiPadに「ATOM-スマートライフ」アプリを導入しておきます。

1 アプリを起動し、登録したメールアドレスとパスワードを入力して、

2 <ログイン/登録>をタップします。

3 メールアドレス宛てに届いた認証コードを入力します。

4 メニューが表示されるので<ATOM Cam>をタップします。

5 ATOM Camの映像が表示されます。iPad向けのアプリならナイトビジョンへの切り替え、録画の開始、静止画の撮影なども行えます。

Q 295 Androidスマートフォン/タブレットでネットワークカメラの映像を見たい!

A 対応するアプリの導入でどこでも映像が見られます。

最近のネットワークカメラなら、Android用のアプリが用意されていることがほとんどです。ここではQ291と同じくアトムテックの「ATOM Cam」を使った場合の手順を紹介します。Q291で紹介したATOM Camの初期設定は済ませてあるものとします。

事前にAndroid端末に「ATOM-スマートライフ」アプリを導入しておきます。

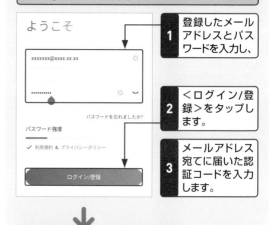

1 登録したメールアドレスとパスワードを入力し、

2 <ログイン/登録>をタップします。

3 メールアドレス宛てに届いた認証コードを入力します。

4 メニューが表示されるので<ATOM Cam>をタップします。

5 ATOM Camの映像が表示されます。Android向けのアプリならナイトビジョンへの切り替え、録画の開始、静止画の撮影なども行えます。

7

楽しく遠隔操作!
リモートデスクトップの
活用技

Q296 リモートデスクトップって何ができるの？

A インターネット経由で
パソコンを遠隔操作できます

リモートデスクトップとは、インターネット経由で
パソコンを遠隔操作することを指します。現在では

アプリの充実により、Windowsはもちろん、Macに
加え、iPhoneやAndroidなどのスマートフォン、タブ
レットでも遠隔操作が可能になっています。その魅
力は、外出先のパソコンやスマートフォンから、自宅
のパソコンを自由に操作できることにあります。自
宅のパソコンにしかないデータにアクセスしたい、
といった場合には非常に便利な方法といえます。

パソコンから別のパソコンを遠隔操作できるのが「リ
モートデスクトップ」です。

スマートフォンからも遠隔操作が可能です。

Q297 リモートデスクトップを使うには何が必要？

A WindowsではPro／Enterpriseのエディション、
グローバルIP、ポートの変換などが必要になります。

外出先のパソコンから、自宅など遠隔地にあるWind
owsパソコンを遠隔操作したい場合、いくつかの条

件をクリアする必要があります。まず、自宅側（アク
セスされる側）がリモートデスクトップに対応する
Windows 10／8.1のPro／Enterpriseエディション
であること、グローバルIPアドレスが使えること、
ルーターに「ポートフォワード機能」が搭載されてい
ることです。ポートフォワード機能は、リモートデス
クトップに使用するポートを変換（開放）し、外部の
パソコンから接続できるようにするものです。

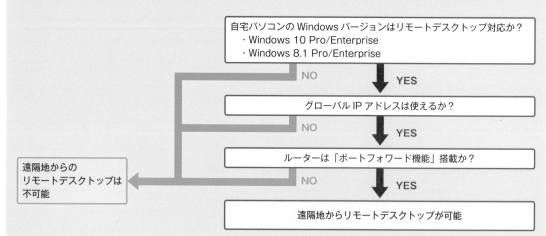

自宅パソコンの Windows バージョンはリモートデスクトップ対応か？
・Windows 10 Pro/Enterprise
・Windows 8.1 Pro/Enterprise

NO　　　YES

グローバル IP アドレスは使えるか？

NO　　　YES

ルーターは「ポートフォワード機能」搭載か？

NO　　　YES

遠隔地からの
リモートデスクトップは
不可能

遠隔地からリモートデスクトップが可能

Wi-Fiの基本 / Wi-Fiの便利技 / Wi-Fiの快適技（モバイル） / ルーターの基本 / ファイル共有とクラウド / 音楽／動画の活用 / リモートデスクトップの活用 / VPNの活用 / ツールの活用

Q298 ポートが狙われやすいってホント？

A リモートデスクトップが使う
TCPポート「3389」は有名なためです。

リモートデスクトップでは、操作される側（サーバー側）のWindowsパソコンへのアクセスに標準では

TCPポート「3389」を使用します。このことは有名であるため、TCPポート「3389」は不正アクセスの標的になりやすくなっています。そのため、リモートデスクトップで使用するポートを変更することをお勧めします。ポート変更はレジストリの変更が必要です。レジストリは誤った場所を削除したり変更すると最悪Windowsが起動しなくなります。慎重に作業しましょう。

1 ⊞キーと®キーを同時に押して「ファイル名を指定して実行」を呼び出し、

2 「regedit」と入力して、

3 ＜OK＞をクリックします。

4 レジストリエディターが起動するので、＜HKEY_LOCAL_MACHINE＞→＜SYSTEM＞→＜CurrentControlSet＞→＜Control＞→＜Terminal Server＞→＜WinStations＞→＜RDP-Tcp＞の順にアクセスし、

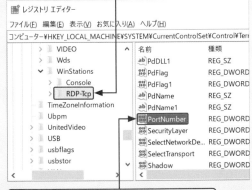

5 右側の一覧から＜PortNumber＞を見つけて、ダブルクリックします。

6 「表記」の欄から＜10進数＞をクリックし、

7 「値のデータ」をWindowsが通常しない49152番から65535番の中から任意の数字を入力し、

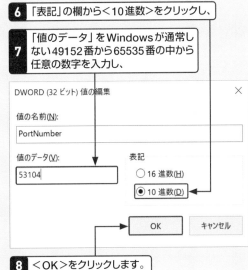

8 ＜OK＞をクリックします。

● ポートの確認

変更されたポート番号は＜設定＞→＜システム＞→＜リモートデスクトップ＞→＜詳細設定＞のリモートデスクトップポートの欄で確認できます。

Q 299 ルーターのポート変換って何？

A 外部からのアクセスに対して通信を転送させることです。

通常ルーターに接続されているパソコンには外部（インターネット）からアクセスはできません。そのため、ルーターのポートフォワード機能で外部（インターネット）からの通信をリモートデスクトップの操作される側（サーバー側）のパソコンへと転送する必要があります。このことを本書では「ポート変換（開放）」と表記していますが、メーカーによって「静的IPマスカレード」や「アドレス変換」と表記されることもあります。

1 ここではバッファローのルーター「WSR-1166DHPL2」を例にポートフォワード機能の設定方法を紹介します。Webブラウザーでルーターの設定画面にアクセスし、

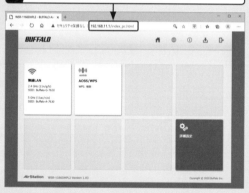

2 右下の＜詳細設定＞をクリックします。

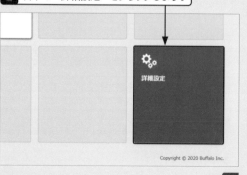

3 ＜セキュリティ＞→＜ポート変換＞とクリックし、

4 プロトコルの「任意のTCP/UDPポート」の欄とLAN側ポートの「TCP/UDPポート」の欄にQ298で設定したポート番号を入力します。

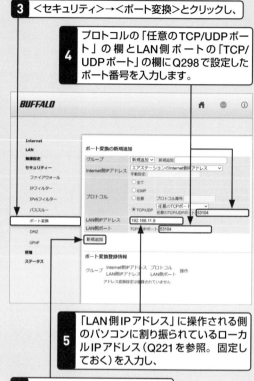

5 「LAN側IPアドレス」に操作される側のパソコンに割り振られているローカルIPアドレス（Q221を参照。固定しておく）を入力し、

6 ＜新規追加＞をクリックします。

● ポートの確認

登録されたポート変換（開放）の設定は「ポート変換登録情報」の欄に表示されます。

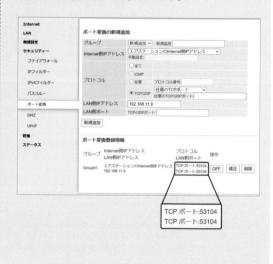

TCPポート:53104
TCPポート:53104

Q 300 操作される側のWindows パソコンに必要な設定は？

A リモート接続を許可して
ポートを指定します。

操作される側のWindowsパソコン（サーバー側）で、リモートデスクトップのポート変更（Q298参照）やルーターのポートフォワード機能でポート変換（開放）（Q299参照）が済んでいるのが前提です。操作される側では、システムのリモートアクセスの許可を行う必要があります。

1 スタートメニュー→＜設定＞で設定を起動し、＜システム＞をクリックします。

2 左のメニューから＜リモートデスクトップ＞をクリックします。

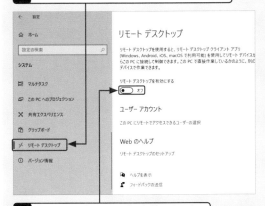

3 「リモートデスクトップを有効にする」の ◯ をクリックして ◯ にします。

↓

4 確認画面が表示されるので、＜確認＞をクリックします。

5 スタートメニューを開き、＜Windows管理ツール＞→＜セキュリティが強化されたWindows Defenderファイアウォール＞をクリックして、設定画面を起動します。 ↗

6 左側のメニューから＜受信の規則＞をクリックします。

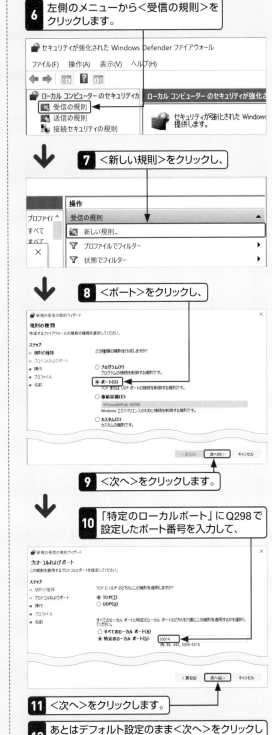

7 ＜新しい規則＞をクリックし、

8 ＜ポート＞をクリックし、

9 ＜次へ＞をクリックします。

10 「特定のローカルポート」にQ298で設定したポート番号を入力して、

11 ＜次へ＞をクリックします。

12 あとはデフォルト設定のまま＜次へ＞をクリックして、最後に任意の名前を入力します。

Wi-Fiの基本
Wi-Fiの便利技
Wi-Fiの快適技（モバイル）
ルーターの基本
ファイル共有とクラウド
音楽／動画の活用
リモートデスクトップの活用
VPNの活用
ツールの活用

Q 301 操作する側のWindowsパソコンってどうすればいいの？

A リモートデスクトップアプリで操作されるパソコンにアクセスします。

外部から操作される側（サーバー側）のパソコンで、ダイナミックDNS（Q319、Q320参照）やポートフォワード（Q298、Q299参照）、リモートデスクトップの設定（Q300参照）を済ませ、外部からアクセスが可能な状態にします。あとは、操作する側（クライアント側）で「リモートデスクトップ」アプリを起動し、必要な情報を入力します。ここではWindows 10を使用していますが、Windows 8.1でも手順はほとんど同じです。

1 操作する側のパソコン（クライアント側）のスタートメニューから＜Windowsアクセサリ＞→＜リモートデスクトップ接続＞をクリックします。

2 「コンピューター」欄に接続先のアドレス（IPアドレスやダイナミックDNSのアドレス）とQ298で設定したポート番号を入力します。たとえば、アドレスを111.111.111.111、ポート番号を53104とした場合は「111.111.111.111:53104」と入力し、

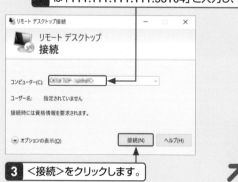

3 ＜接続＞をクリックします。

4 Windowsセキュリティ画面が表示されるので、操作される側（サーバー側）のパソコンのパスワードを入力して、

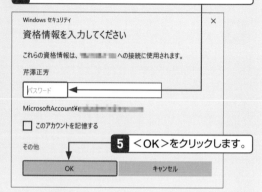

5 ＜OK＞をクリックします。

6 「このリモートコンピューターのIDを識別できません〜」と表示された場合は＜はい＞をクリックします。

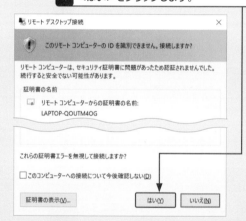

7 「リモートデスクトップ接続」画面が表示され、操作される側（サーバー側）のパソコンのデスクトップが表示されます。マウスやキーボードでそのまま操作が可能です。右上の＜×＞をクリックすれば終了できます。

Wi-Fiの基本 / Wi-Fiの便利技 / Wi-Fiの快適技（モバイル） / ルーターの基本 / ファイル共有とクラウド / 音楽／動画の活用 / リモートデスクトップの活用 / VPNの活用 / ツールの活用

Q 302 リモートでファイルの コピーってできるの？

A リモートデスクトップアプリの 標準機能として用意されています。

Windowsのリモートデスクトップアプリには、操作される側（サーバー側）のファイルをコピーできる機能が用意されており、ファイルが必要な場合にも簡単に取り出せるようになっています。

1 Q301の手順を参考に「リモートデスクトップ接続」を起動します。

2 左下の＜オプションの表示＞をクリック（クリックすることで＜オプションの非表示＞に変わる）し、

3 ＜ローカルリソース＞タブをクリックして、

4 ＜クリップボード＞にチェックが入っていることを確認したら、

5 ＜接続＞をクリックします。

6 リモートデスクトップ接続が実行されます。

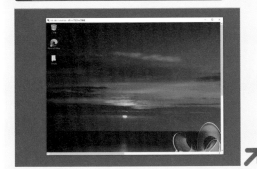

7 リモートデスクトップ接続が実行されます。操作される側（サーバー側）にあるファイルやフォルダーを選択して右クリックし、

8 表示されるメニューから＜コピー＞をクリックします。

9 操作する側のパソコンで、同じく右クリックメニューから＜貼り付け＞を実行すればコピーが行われます。

Wi-Fiの基本
Wi-Fiの便利技
Wi-Fiの快適技（モバイル）
ルーターの基本
ファイル共有とクラウド
音楽／動画の活用
リモートデスクトップの活用
VPNの活用
ツールの活用

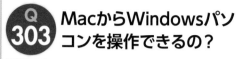

Q 303 MacからWindowsパソコンを操作できるの？

A Microsoft リモート デスクトップアプリを導入すれば可能です。

App Store で配信されているmacOS向けの「Microsoft リモート デスクトップ」アプリを利用すれば、Mac からWindows パソコンの遠隔操作が可能です。操作される側（サーバー側）となるWindows パソコンの準備はQ300と同様です。

1 Microsoft リモート デスクトップを起動します。

2 ＜Add PC＞をクリックします。

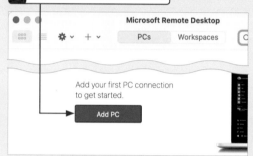

3 設定画面が開くので「PC name」の欄に接続先のアドレス（IPアドレスやダイナミックDNSのアドレス）を入力し、

4 画面下の＜Add＞をクリックします。

macOSの場合、リモートデスクトップに使うポートを変更（Q298参照）していると、うまく接続できない場合があります。そのときはセキュリティは下がりますが、TCPポート「3389」に戻して接続してみましょう。

5 操作される側（サーバー側）にアクセスするための設定ができるので、それをダブルクリックします。

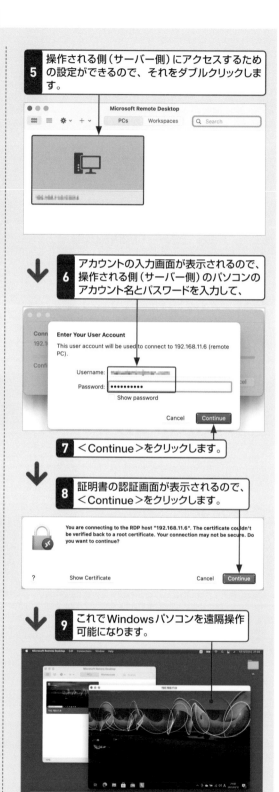

6 アカウントの入力画面が表示されるので、操作される側（サーバー側）のパソコンのアカウント名とパスワードを入力して、

7 ＜Continue＞をクリックします。

8 証明書の認証画面が表示されるので、＜Continue＞をクリックします。

9 これでWindowsパソコンを遠隔操作可能になります。

Wi-Fiの基本
Wi-Fiの便利技
Wi-Fiの快適技（モバイル）
ルーターの基本
ファイル共有とクラウド
音楽／動画の活用
リモートデスクトップの活用
VPNの活用
ツールの活用

リモート設定の実践技　　重要度 ★ ★ ★

Q304 Macからのリモート操作でもファイル共有可能なの？

A データを共有できるフォルダーを作成可能です。

macOS用のアプリ「Microsoft リモート デスクトップ」でも、Q302と同様にファイルのコピーを行うことも可能ですが、データ共有用のフォルダーを作り、それを利用してデータを相互にやり取りすることもできます。

1 Q298で作った設定の右上に表示される ✐ をクリックします。

2 「Edit PC」画面が表示されるので＜Folders＞タブをクリックし、

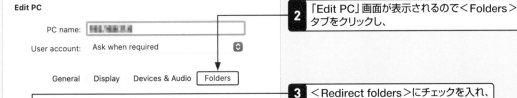

3 ＜Redirect folders＞にチェックを入れ、

4 左下の＋をクリックして、

5 共有に利用するフォルダーを指定したら、

6 ＜Save＞をクリックします。

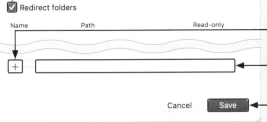

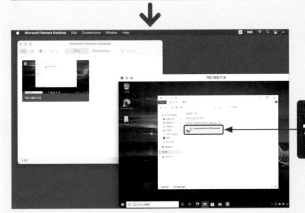

7 操作される側（サーバー側）のパソコンに指定したフォルダーが「リダイレクトされたドライブとフォルダー」として表示されるので、そこを利用してファイルのやり取りができます。

Wi-Fiの基本

Wi-Fiの便利技

Wi-Fiの快適技（モバイル）

ルーターの基本

ファイル共有とクラウド

音楽／動画の活用

リモートデスクトップの活用

VPNの活用

ツールの活用

Wi-Fiの基本

Wi-Fiの便利技

Wi-Fiの快適技
（モバイル）

ルーターの基本

ファイル共有と
クラウド

音楽／動画の活用

リモートデスク
トップの活用

VPNの活用

ツールの活用

Q 305 iPhoneでもWindowsパソコンを操作できるってホント？

A iOSにもWindowsを遠隔操作できるリモートデスクトップアプリがあります。

macOSと同じくiPhoneなどiOSデバイス向けにも「Microsoft リモート デスクトップ」アプリが配信されており、Windowsパソコンを遠隔操作することができます。操作される側（サーバー側）となるWindowsパソコンの準備はQ300と同様です。

1 「Microsoft リモート デスクトップ」アプリを導入して起動します。

2 右上の＋をタップし、

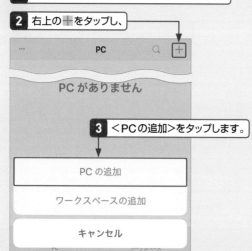

3 ＜PCの追加＞をタップします。

4 設定画面が表示されるので「PC名」の欄に接続先のアドレス（IPアドレスやダイナミックDNSのアドレス）とQ298で設定したポート番号を入力します。たとえば、アドレスを111.111.111.111、ポート番号を53104とした場合は「111.111.111.111:53104」と入力し、

5 ＜保存＞をタップします。

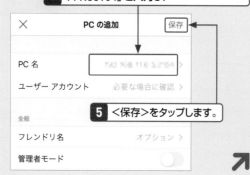

6 操作される側（サーバー側）にアクセスするための設定ができるので、それをタップします。

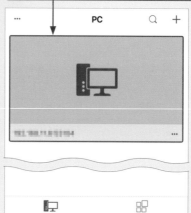

7 アカウントの入力画面が表示されるので、操作される側（サーバー側）のパソコンのアカウント名とパスワードを入力して、

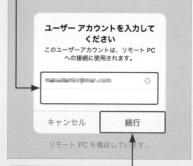

8 ＜続行＞をタップします。

9 これでWindowsパソコンが遠隔操作できるようになります。

Q306 iPhoneの小さな画面でも操作できるの？

A マウスの操作もキーボード入力もできます。

iPhoneの小さな画面でもWindowsパソコンを問題なく操作できます。標準設定では、指の動きに合わせてマウスカーソルが動き、タップでマウスの左クリック、2回すばやくタップすればダブルクリック、長押しすれば右クリックが割り当てられています。ソフトキーボードを表示させれば、文字入力やWindowsキーを使ったショートカットなども実行可能です。

指でマウスカーソルを操作でき、画面の拡大もできるので細かい部分が見えないということもありません。

ソフトキーボードも備わっており、Ctrl＋Alt＋Deleteキーの同時押しなどWindows特有の操作も可能です。

Q307 Mac同士で遠隔操作できるの？

A リモート操作に対応するアプリがいくつかあります。

Mac同士を遠隔操作する機能として、以前は「どこでも My Mac」がありましたが、macOS Mojaveで廃止となってしまいました。その代わりとしてApple純正の「Apple Remote Desktop」やEdoviaの「Screens 4」など、Mac同士の遠隔操作に対応したアプリがApp Storeで配信されています。いずれも有料です。

Mac同士を遠隔操作できる機能としてmacOSには「どこでも My Mac」がありましたが、macOS Mojaveで廃止となりました。

Apple Remote DesktopなどMac同士を遠隔操作できるアプリはApp Storeで配信されています。

Q 308 外出先からMacを遠隔操作するには？

A いくつかアプリがありますが、ここでは Screens 4での手順を紹介します。

Mac同士で遠隔操作できるアプリはいくつかありますが、ここではEdoviaの「Screens 4」を使って手順を紹介します。Screens 4はポート変換などネットワーク関連の設定をせずに使えるのが便利です。

操作される側のMac

1 「Screen Connect」（https://edovia.com/en/screens-connect/）をダウンロードしてインストールします（無償）。起動後、Screens IDを取得して「Sing In」します（＜Sing In＞をクリックします）。

Screens ID

If you've already created a Screens ID, please sign in or create a new one.

Sign In

Forgot Password?　Create a Screens ID

← Back　→ Continue

2 「Initial Computer〜」の画面が表示されたら、2か所の＜Enable＞をクリックします。

Initial Computer Configuration

Before we continue, we need to ensure the required services are enabled.

❌ Remote Management is disabled. [Enable]

⚠️ Remote Login is disabled. [Enable]

Remote Login is only required if you choose to use a secure connection.

← Back　→ Continue

3 これで操作される側の設定は完了です。

Initial Computer Configuration

Before we continue, we need to ensure the required services are enabled.

✅ Remote Management is enabled.

✅ Remote Login is enabled.

Remote Login is only required if you choose to use a secure connection.

← Back　→ Continue

操作する側のMac

App Storeから「Screens 4」を導入します。価格は3,680円です。

4 Screens 4を起動し、右上の＜サインイン＞をクリックし、

サインイン

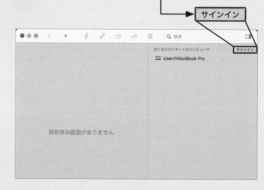

5 Screen Connectと同じScreens IDとパスワードを入力し、

Screens Connectを使ってサインイン。

Screens IDをお持ちの場合は、それを使ってこちらからサインインしてください。お持ちでない場合は、"Screens IDを作成"をクリックしてください。

Screens ID　　　　　パスワード　　お忘れですか？

? 　Screens IDを作成　　　キャンセル　[サインイン]

6 ＜サインイン＞をクリックします。

7 「近くおよびリモートのコンピュータ」に操作される側のMacが表示されるのでクリックします。

8 認証画面が表示されるので、操作される側のMacのユーザー名とパスワードを入力し、

9 ＜認証＞をクリックします。

10 操作される側のMacの遠隔操作が可能になります。

Q 309 OneDriveでも遠隔操作できるの？

A 以前は可能でしたが現在では機能がなくなっています。

OneDriveにはWindowsパソコンに遠隔地からアクセスし、パソコン内の全ファイルをダウンロードできる機能が備わっていましたが、2020年7月31日で廃止されています。

OneDriveでのリモートアクセス機能を紹介するサイトもまだ数多く存在していますが、現在では使えなくなっているので注意が必要です。

以前のOneDriveでは、外部からパソコンの全ファイルにアクセスし、ダウンロードできる機能が備わっていました。

現在のOneDriveでは外部からパソコンにアクセスできる機能は廃止されています。

Wi-Fiの基本

Wi-Fiの便利技

Wi-Fiの快適技（モバイル）

ルーターの基本

ファイル共有とクラウド

音楽／動画の活用

リモートデスクトップの活用

VPNの活用

ツールの活用

Q 310 Google Chromeでも遠隔操作できるの？

A リモートデスクトップ機能が提供されています。

Google開発のWebブラウザーとして知られる「Google Chrome」ですが、拡張機能としてパソコンを遠隔操作可能な「Chrome Remote Desktop」が用意されています。無料で利用でき、ポート変換（開放）といった作業をせずに使えるほか、スマートフォン版も用意されています。まずは、操作される側の設定を紹介します。Google Chromeはインストールされ、Googleアカウントにログイン済みを前提にしています。

1 Google ChromeでChromeリモートデスクトップのサイト（https://remotedesktop.google.com/access）にアクセスします。

2 「リモートアクセスの設定」の枠にある＜ダウンロード＞のアイコン 🔽 をクリックします。

3 ChromeウェブストアのChrome Remote Desktopのページが表示されるので、画面右上の＜Chromeに追加＞をクリックします。

4 「Chrome Remote Desktop」を追加しますか？と表示されるので、＜拡張機能を追加＞をクリックします。

5 「インストールの準備完了」と表示されるので＜同意してインストール＞をクリックします。

6 パソコンの名前を入力し、

7 ＜次へ＞をクリックします。

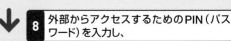

8 外部からアクセスするためのPIN（パスワード）を入力し、

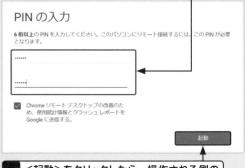

9 ＜起動＞をクリックしたら、操作される側の設定は完了です。

Q 311 外出先からGoogle Chromeで自宅パソコンに接続するには？

A 操作される側の設定が済んでいればChromeブラウザーで簡単にできます。

外出先のWindowsパソコンから自宅パソコン（Windowsパソコン）に接続するには、Q310の設定（接続される側）が済んでいれば簡単です。同じくGoogle Chromeブラウザーで、接続される側と同じGoogleアカウントでログインし、Chromeリモートデスクトップのサイトにアクセスすれば外出先からでも自宅のパソコンに接続、操作が可能です。

Q310の接続される側の設定が済んでいるものとし、ここからは接続する側の設定の解説となります。

1 Google Chromeブラウザーで接続される側のパソコンと同じGoogleアカウントでログインし、Chromeリモートデスクトップのサイト（https://remotedesktop.google.com/access）にアクセスします。

2 オンラインとなっているデバイス（接続される側のパソコン名）をクリックします。

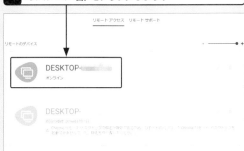

3 接続される側のパソコンで設定したPINを入力し、

4 ➡をクリックします。

5 接続される側のデスクトップが表示されて操作可能になります。

6 画面右側の ◀ をクリックします。

7 メニューが表示されます。接続される側のパソコンにあるファイルをダウンロードしたり、逆にファイルをアップロードしたりすることも可能です。

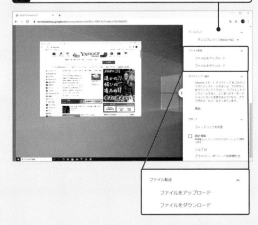

Q 312 遠隔操作なら TeamViewerが便利？

A WindowsやiOS、Androidなど幅広いOSに対応しているのが便利です。

パソコンの遠隔操作が可能なアプリは数多くありますが、対応OSの多さ、アクセスの手軽さではTeamViewerが優れています。操作される側はWindows、macOS、Linux、Android、Chrome OSに対応し、操作する側はそれに加えて、iOSとiPadOSにも対応しています。

また、ポート変換（開放）といったネットワーク設定が不要で、アプリを導入するだけで遠隔操作可能な環境を作れます。ここでは、Windowsパソコンを操作される側に設定する方法を紹介します。

1 TeamViewerは公式サイト（https://www.teamviewer.com/ja/）からダウンロードが可能です。個人なら無料で利用が可能です。

2 ダウンロードしたファイルを実行してインストールを行います。通常は＜デフォルトインストール＞を選択し、

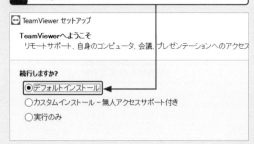

3 ＜同意する－次へ＞をクリックします。

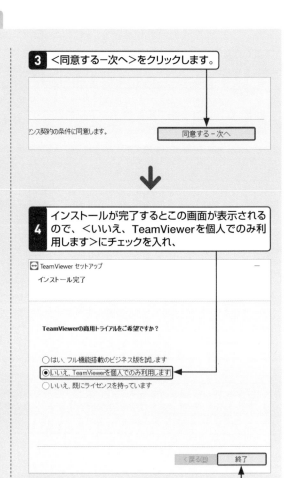

4 インストールが完了するとこの画面が表示されるので、＜いいえ、TeamViewerを個人でのみ利用します＞にチェックを入れ、

5 ＜終了＞をクリックします。

6 TeamViewerが起動するので、「使用中のID」と「パスワード」をメモします。これがパソコンやスマートフォンなど別のデバイスから接続する際に必要な情報になります。

Q313 TeamViewerならスマートフォンでもアクセスしやすいってホント?

A iPhoneやiPadのほかAndroidにも対応しています。

TeamViewer は操作する側(クライアント側)としてWindowsパソコンやMac だけではなく、iPhoneやiPad、Android も対応しており、スマートフォンからの遠隔操作のしやすいアプリとなっています。Q312で操作される側の準備ができていれば、スマートフォンから簡単に遠隔操作が可能です。ここでは、Androidを例に遠隔操作を行う手順を紹介しますが、iPhoneやiPadでも基本的に同じです。

1 Google PlayからAndroid版 のTeamViewerをダウンロードし、インストールを行っておきます。

2 TeamViewerを起動したら、<AGREE AND CONTINUE>をタップし、機能解説を見ます。

3 「パートナーID」の欄に操作される側のパソコンで表示された「使用中のID」を入力し、

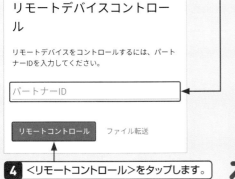

4 <リモートコントロール>をタップします。

5 「パスワード」の欄に操作される側のパソコンで表示されたパスワードを入力し、

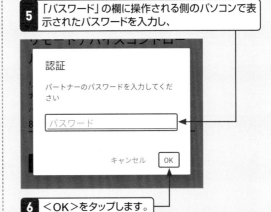

6 <OK>をタップします。

7 操作される側のパソコンにアクセスし、遠隔操作が可能になります。

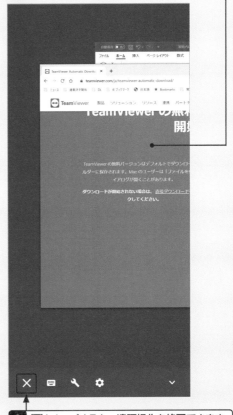

8 ✕をタップすると、遠隔操作を終了できます。

Q 314 TeamViewerのファイル共有機能を使いたい！

A TeamViewerならスマホからもパソコンのファイルをダウンロード可能です。

TeamViewerには、ファイルの送受信機能が備わっており、操作される側のパソコンにあるファイルにスマートフォンからアクセスし、ダウンロードすることが可能です。外出先で、パソコンのファイルが必要になった場合などに便利です。ここではAndroid版のTeamViewerを利用していますが、iPhoneやiPadでも基本的に同じです。

1 TeamViewerを起動します。

2 「パートナーID」の欄に操作される側のパソコンで表示された「使用中のID」を入力し、

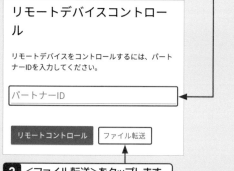

3 ＜ファイル転送＞をタップします。

4 「パスワード」の欄に操作される側のパソコンで表示されたパスワードを入力し、

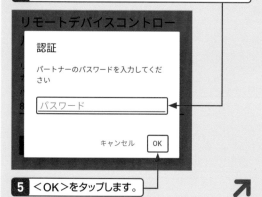

5 ＜OK＞をタップします。

6 以上で、操作される側のパソコンに保存されているファイルにアクセスができるようになります。

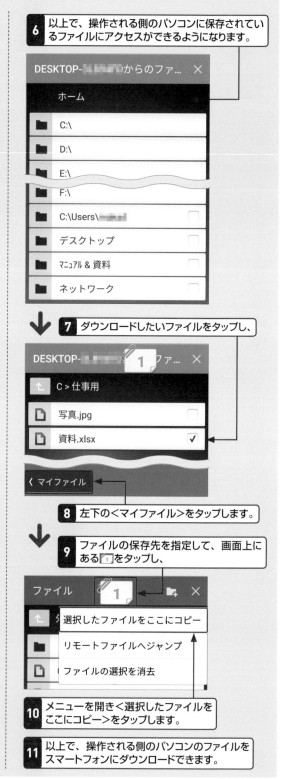

7 ダウンロードしたいファイルをタップし、

8 左下の＜マイファイル＞をタップします。

9 ファイルの保存先を指定して、画面上にある □ をタップし、

10 メニューを開き＜選択したファイルをここにコピー＞をタップします。

11 以上で、操作される側のパソコンのファイルをスマートフォンにダウンロードできます。

Q 315 外出先からWindowsパソコンの電源って入れられるの？

A Wake On LAN（WOL）に対応した環境があれば可能です。

電源がオフになっているパソコンに対して、有線LAN／無線LANを経由して特定のパケット（マジックパケット）を送信して起動させるのが「Wake On LAN」（以下、WOL）です。これを利用すれば、外出先からも自宅にあるパソコンを起動させることが可能です。ただし、外出先からインターネットを経由してパソコンを起動させるには、パソコン、ルーターがWOLに対応している必要があります。さらに、外出先から起動したいパソコンをWindowsとUEFIの両方でWOLを有効化し、自宅のグローバルIPアドレスを確認、ルーターの設定に外出先から入れるようにする必要があります。利便性やセキュリティを考えるとダイナミックDNS、VPNを使ったほうがよいなど、使うには少々ハードルが高い機能となっています。ここでは設定の流れを紹介します。

1 Windows 10のデバイスマネージャーを開き（スタートボタン右クリック→＜デバイスマネージャー＞）、WOLで使用するネットワークアダプターのプロパティを表示します。

2 ＜詳細設定＞タブをクリックし、

3 ＜Wale on magic～＞をクリックして、

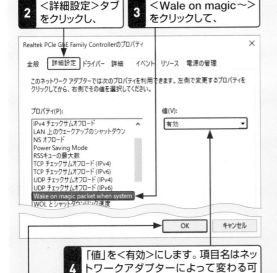

4 「値」を＜有効＞にします。項目名はネットワークアダプターによって変わる可能性があるので注意してください。

5 ＜OK＞をクリックします。

6 さらに＜電源の管理＞タブをクリックします。

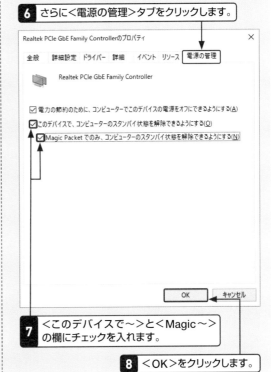

7 ＜このデバイスで～＞と＜Magic～＞の欄にチェックを入れます。

8 ＜OK＞をクリックします。

9 コントロールパネルの「電源オプション」の＜高速スタートアップを有効にする（推奨）＞をオフにします。

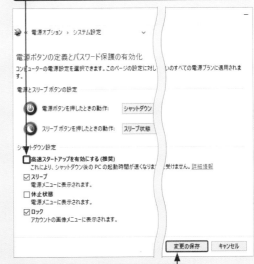

10 ＜変更の保存＞をクリックします。

Wi-Fiの基本

Wi-Fiの便利技

Wi-Fiの快適技（モバイル）

ルーターの基本

ファイル共有とクラウド

音楽／動画の活用

リモートデスクトップの活用

VPNの活用

ツールの活用

Wi-Fiの基本

Wi-Fiの便利技

Wi-Fiの快適技
（モバイル）

ルーターの基本

ファイル共有と
クラウド

音楽／動画の活用

リモートデスク
トップの活用

VPNの活用

ツールの活用

● **マザーボード／ルーターの設定**

以降はマザーボード／ルーターの設定になります
が、設定名などは利用機器によって異なるためマニュ
アルなどで確認してください。

マザーボードのUEFIメニュー
で＜Wake On LAN＞を有効
にします（画像はASRockの
B450 Steele Legend）。

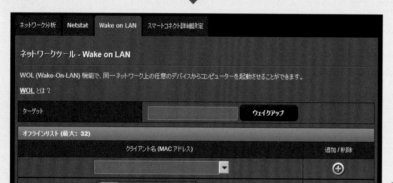

ルーターの設定メニューに外
部からアクセスできるように
設定し、Wake On LANで起
動するパソコンを登録します。

あとは外出先からルーターの
設定に入り、Wake On LAN
機能でパソコンにマジックパ
ケットを送信すれば、そのパ
ソコンが起動します（画像は
ASUSのRT-AX3000）。

8

VPN を徹底攻略!
リモートアクセスの
便利技

Q 316 VPNって何？何が便利なの？

A インターネット上に構築された仮想の専用線です。

VPN（Virtual Private Network）は、その名称のとおり、仮想のプライベートネットワーク／仮想の専用線です。専用線とは、企業で利用されている通信サービスです。離れた拠点間（本社と支店間など）を1対1で接続したい場合に利用されています。

VPNは、これに近い機能を利用料金が安価なインターネット上に構築する機能です。VPNは、特定の人のみが利用でき、通信内容はすべて暗号化されます。また、「承認」と呼ばれる送信者と受信者がお互いに正しい相手だと確かめる方法も備えています。このため、VPNでは比較的安全な通信が行えると考えられており、会社ではリモートワークなどに活用されています。

VPNは、必要な機材が揃っていれば、個人でも構築できます（以下のQ317参照）。暗号化がなされていないフリーWi-Fiなどを利用する場合は、VPNを利用することでセキュリティを高めることができます。

なお、VPNで外出先から自宅などにリモートアクセスを行いたい場合は、自宅のインターネット回線にグローバルIPアドレスが割り当てられている必要があるほか、IPv4 over IPv6環境では利用できない場合がある点に注意してください。

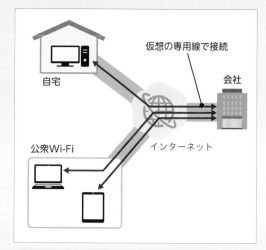

仮想の専用線で接続　自宅　会社　公衆Wi-Fi　インターネット

VPNは、インターネット上に仮想の専用線を構築でき、安全性の高い通信を行えます。

Q 317 VPNに必要なものって何？

A VPNサーバーとVPNクライアントソフトが必要です。

VPNは、企業や家庭内などに設置されたVPNサーバーに対して外出先などからVPNクライアントを使ってアクセスすることで利用します。VPNサーバーは、接続クライアントとの間で認証を行って、VPNを構築する機能を提供します。Windows 10には標準でその機能が備わっているほか、ルーターにVPNサーバー機能が搭載されている場合があります。お勧めは、VPNサーバー機能搭載のルーターを利用することです。ネットワークの知識がなくてもルーターの設定画面から設定でき、簡単にVPNサーバーを構築できます。一方でWindows 10の機能は、VPNサーバーの設定を行った上で、Windows 10に

搭載されているファイアウォールの変更やVPNを利用するためにルーターの設定変更も必要となるなど、VPNの構築難易度は高めです。

また、VPNクライアントは、主要なOSに標準搭載されており、通常はこの機能を利用しますが、VPNの接続方式によっては、専用のクライアントが必要になります。このほか、家庭内ネットワークにVPNで接続したいときは、外出先から自宅に「myhome-example.com」などのドメイン名を使って接続できるダイナミックDNSサービスの利用も必要です。

VPNサーバー機能を搭載したWi-Fi 6対応のWi-Fiルーター。写真は、tp-linkの「Archer AX73」。

Q318 ローカルIPを固定ってどういうこと？

A 固定のIPv4アドレスで利用することです。

ローカルIPの固定とは、特定の機器のIPアドレス（IPv4アドレス）を常に同じIPアドレスで利用することをいいます。家庭内でネットワークを構築する場合、パソコンやスマートフォンなどのネットワークに参加する機器は、通常、ルーターに搭載されている「IPアドレス自動割り当て機能（DHCPサーバー機能）」からIPアドレスを取得します。しかし、この機能は便利な半面、デメリットもあります。それは、機器に対して割り当てられるIPアドレスが、常に同じにならないことです。たとえば、VPNサーバーやDNSサーバーなど、特定機能を提供するサーバーは、住所に相当するIPアドレスが勝手に変わってしまうと、クライアントからアクセスできなくなってしまいま

す。このため、このような特定のサービスを提供する機器は、いつでもアクセスできるように常に同じIPアドレスで利用できる必要があります。つまり、固定のIPアドレスで運用する必要があるというわけです。通常、IPアドレスの固定は、手動で設定します。また、ルーターの中には、登録済みMACアドレスに対して常に同じIPアドレスを割り当てる機能を備えた製品があります。

Windows 10のIPv4アドレスの設定画面。IPアドレスは、手動設定を行うことで常に同じIPアドレスを利用するように設定できます。

Q319 ダイナミックDNSって何に使うの？

A 自宅に設置したWebサーバーを公開したり、VPNで自宅にアクセスしたい場合に利用します。

個人のインターネット接続回線に割り当てられているIPアドレス（グローバルIPアドレス）は、通常、インターネットサービスプロバイダー（ISP）の「IPアドレス自動割り当て機能（DHCPサーバー機能）」による動的なIPアドレスです。接続先がこのような動的なIPアドレスを利用している環境は、そのままではリアルタイムにインターネット側から接続先のIPア

ドレスを知る方法がないため、確実にアクセスできる保障がありません。

DDNSは、このような回線でも「myhome-example.com」などの固定のホスト名（ドメイン名）を利用してアクセスする機能を提供します。通常、自宅のWebサーバーをインターネットに公開したい場合やVPNを利用して自宅のNASやパソコンなどにアクセスしたい場合などにDDNSを利用します。

なお、DDNSは、ISPから割り当てられるIPアドレスが、「グローバルIPアドレス」の場合のみに利用できます。ローカルIPアドレスを割り当てるようなインターネット接続サービスを利用している場合は、DDNSを利用することはできません。

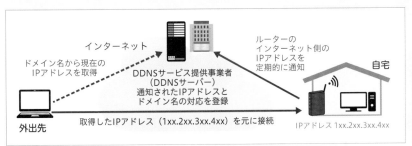

DDNSの概要。DDNSを利用すると、固定のホスト名（ドメイン名）を利用して自宅の機器にアクセスできます。

Wi-Fiの基本

Wi-Fiの便利技

Wi-Fiの快適技（モバイル）

ルーターの基本

ファイル共有とクラウド

音楽／動画の活用

リモートデスクトップの活用

VPNの活用

ツールの活用

Q 320 ダイナミックDNSサービスを利用するには？

A ルーターメーカーやISPなどがDDNSサービスを提供しています。

ダイナミックDNSサービス（DDNSサービス）は、インターネット（ISP）やルーターメーカーなどが提供しています。ISPが提供しているサービスは、そのISPを利用しているユーザー向けのサービスです。通常、申し込みを行って、ホスト名（ドメイン名）を決めるだけですぐに利用を開始できます。ホスト名は、「○○○.aa.ne.jp」のような形で提供され、「○○○」の部分をユーザーが自由に選択できます。料金は、無料の場合と有料の場合があり、ISPによって異なります。また、ISPによっては、ユーザーに割り当てられたIPアドレスが変更されてもドメイン名との対応を自動で行ってくれる場合があります。このようなサービスは、DDNSの利用に必要なインターネット接続回線のグローバルIPアドレスの定期的な通知が不要なため、大きなメリットといえます。

ルーターメーカーが提供しているサービスは、基本的に自社のルーターを利用しているユーザー向けとなっています。国内でルーターを販売しているメーカーの多くがこのサービスを提供しており、ルーターから簡単に設定が行えるほか、無料で利用できるケースがほとんどです。また、IPアドレスの定期的な通知もルーターが自動で行ってくれます。ホスト名は、ISPと同じ形で提供されます。

DDNSは、NO-IPやmydnsなどのフリーのサービス

も有名です。これらのサービスは、ISPと同じ形でホスト名が提供され、無料で誰でも利用できる点はメリットですが、一方で何らかの仕組みを用いて、インターネット接続回線に割り当てられているグローバルIPアドレスを定期的にこれらの事業者に通知する必要があります。一部のルーターは、これらのサービスに対応しており、IPアドレスの自動更新を行える機能を備えています。対応ルーターを利用している場合は、これらのサービスを利用する方法もあります。

DDNSサービスは、このようにいくつかの方法で利用できますが、中でもお勧めなのは、ルーターメーカー提供のDDNSサービスを利用する方法です。ルーターメーカー提供のDDNSサービスは、ルーターの設定画面から申し込みやホスト名の設定を簡単に行えます。また、使用するIPアドレスも変更があった場合は、自動的に反映されるため、一度設定を行えば、そのまま運用できる点もメリットです。DDNSサービスを利用したい場合は、ルーターにDDNSサービス関係の設定があるかどうか、また、ルーターメーカーのDDNSサービスを利用できるかどうかを確認してみてください。

なお、インターネット接続のために契約しているISPがIPアドレスの自動更新機能を備えたDDNSサービスを提供している場合は、そのサービスを利用するのもよいでしょう。このサービスも一度設定を行ってしまえば、あとはISPまかせでDDNSを利用できます。IPS側で必要な作業をすべて自動で行ってくれるのは、安定運用において非常に大きなメリットです。

tp-link製Wi-Fiルーター「tp-link AX5400」に搭載されているDDNSの設定画面。tp-linkでは、自社のルーターユーザー向けにDDNSサービスを行っており、tp-link IDを取得することでこのサービスを利用できます。また、ルーターからすべての設定を行えます。

Wi-Fiの基本

Wi-Fiの便利技

Wi-Fiの快適技
（モバイル）

ルーターの基本

ファイル共有と
クラウド

音楽／動画の活用

リモートデスク
トップの活用

VPNの活用

ツールの活用

Q 321 ルーターでVPNを設定する方法を知りたい!

A 設定画面でVPNサーバー機能を有効にします。

VPN サーバー機能を搭載したルーターを利用している場合は、ルーターの設定画面からVPN サーバーの設定を行えます。設定も難しくありません。基本的には、ルーターの設定画面を開き、VPN サーバー機能を有効に設定して、接続方式の設定や接続アカウントの登録などを行うことで利用できます。

なお、VPN サーバーには、PPTP、L2TP ／ IPsec、IKEv2、OpenVPN など複数の接続方式があります。

セキュリティが高いのは、L2TP ／ IPsec、IKEv2、OpenVPN ですが、OpenVPN は、OS に標準搭載のVPN クライアントソフトが対応していないため、接続には専用のクライアントソフト／アプリのインストールが必要です。また、PPTP は広く普及した接続方式ですが、初期の接続方式であり、ほかの接続方式に比べてセキュリティが劣るため、macOS やiOSの標準機能では、サポートされていません。どの接続方式に対応しているかは、利用しているルーターによって異なります。利用環境などに応じて、接続方式の設定を行ってください。ここでは、tp-link製のWi-Fiルーター「tp-link AX5400」を例に、ルーター搭載のVPNサーバー機能の設定方法を紹介します。

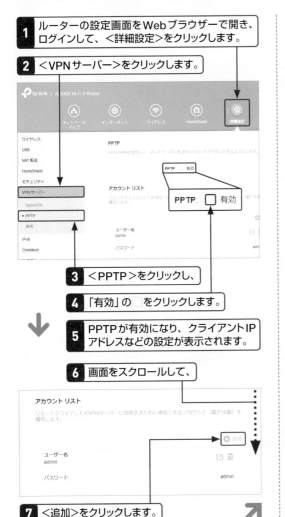

1 ルーターの設定画面をWebブラウザーで開き、ログインして、＜詳細設定＞をクリックします。

2 ＜VPNサーバー＞をクリックします。

3 ＜PPTP＞をクリックし、

4 「有効」の□をクリックします。

5 PPTPが有効になり、クライアントIPアドレスなどの設定が表示されます。

6 画面をスクロールして、

7 ＜追加＞をクリックします。

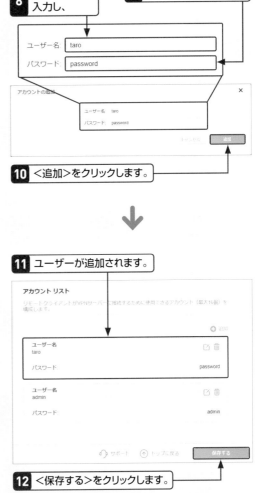

8 ユーザー名を入力し、

9 パスワードを入力して、

10 ＜追加＞をクリックします。

11 ユーザーが追加されます。

12 ＜保存する＞をクリックします。

Q 322 WindowsパソコンにVPNサーバー機能ってあるの？

A Windowsには標準でVPNサーバー機能が搭載されています。

Windows 10には、標準でPPTPやL2TP／IPsecで接続できるVPNサーバー機能が搭載されています。この機能は、Windows 10 Proだけでなく、Windows 10 Homeでも利用できます。

なお、Windows 10のVPNサーバーの機能を利用する場合、VPNサーバーの設定を行っただけでは、外部からの接続は行えません。Windows 10で外部か

らVPNで接続できるようにするためには、セキュリティ対策ソフトに備わっているパーソナルファイアウォール機能またはWindows 10に標準で備わっているWindows Defender ファイアウォールの設定変更も必要になるほか、ルーターのポート変換の設定も行う必要があります。設定難易度が高くなるため、手軽にVPNサーバーを利用したい場合は、VPNサーバー機能を搭載したルーターを利用するのがお勧めです。ここでは、手軽に設定を行えるPPTP接続によるVPNサーバーの設定手順を紹介します。なお、ファイアウォールの設定についてQ300、ルーターのポート変換については、Q299を参照してください。

1 Windows 10の設定画面を開き、＜ネットワークとインターネット＞をクリックし、＜アダプターのオプションを変更する＞をクリックします。

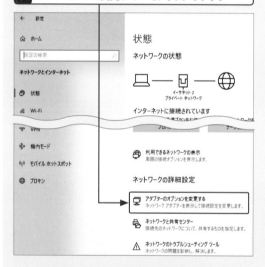

2 ネットワーク接続の画面が表示されます。

3 Alt キーを押します。

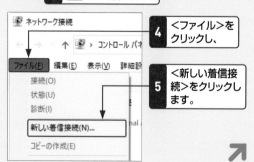

4 ＜ファイル＞をクリックし、

5 ＜新しい着信接続＞をクリックします。

6 接続に使用するユーザー（ここでは「vpn」）の□をクリックして、☑にします。

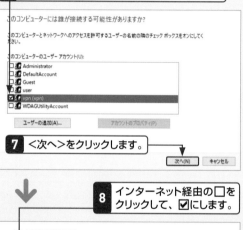

7 ＜次へ＞をクリックします。

8 インターネット経由の□をクリックして、☑にします。

9 ＜次へ＞をクリックします。

10 ＜アクセスを許可＞をクリックし、画面の指示に従って操作すると、

11 ネットワーク接続の画面に「着信接続」が作成されます。

12 TCPポートの「1723」と「47」をファイアウォールの設定で受信可に設定し、同じポートをVPNサーバーにしたWindows 10に転送するようにするポート変換の設定をルーターに対して行います。

左側縦見出し：Wi-Fiの基本／Wi-Fiの便利技／Wi-Fiの快適技（モバイル）／ルーターの基本／ファイル共有とクラウド／音楽／動画の活用／リモートデスクトップの活用／VPNの活用／ツールの活用

Q 323 WindowsパソコンからVPN で自宅にアクセスするには？

A VPNの接続設定を作成してアクセスします。

Windowsパソコンから自宅などに設置したVPNサーバーにアクセスしたいときは、設定画面からVPNの接続設定を作成して、アクセスします。VPNの接続設定は、以下の手順で作成します。なお、Windows 10の標準機能は、OpenVPNには対応していません。接続方法が、OpenVPNの場合は、専用のクライアントソフトをインストールしてください。

1 Windows 10の設定画面を開き、＜ネットワークとインターネット＞をクリックします。

システム
ディスプレイ、サウンド、通知、電源

デバイス
Bluetooth、プリンター、マウス

ネットワークとインターネット
Wi-Fi、機内モード、VPN

個人用設定
背景、ロック画面、色

2 ＜VPN＞をクリックします。

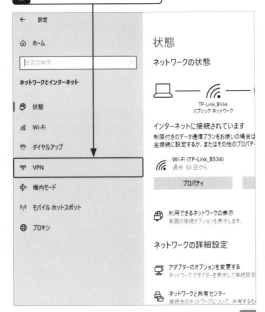

← 設定

⌂ ホーム

設定の検索

ネットワークとインターネット

⊕ 状態

📶 Wi-Fi

☎ ダイヤルアップ

°⦿° VPN

⊹ 機内モード

(๑) モバイル ホットスポット

⊕ プロキシ

状態

ネットワークの状態

TP-Link_B534
パブリック ネットワーク

インターネットに接続されています
制限付きのデータ通信プランをお使いの場合は
金接続に設定するか、またはその他のプロパティ

Wi-Fi (TP-Link_B534)
過去 30 日から

プロパティ

利用できるネットワークの表示
周囲の接続オプションを表示します。

ネットワークの詳細設定

アダプターのオプションを変更する
ネットワーク アダプターを表示して接続設定

ネットワークと共有センター
接続先のネットワークについて、共有するも

3 ＜VPN接続を追加する＞をクリックします。

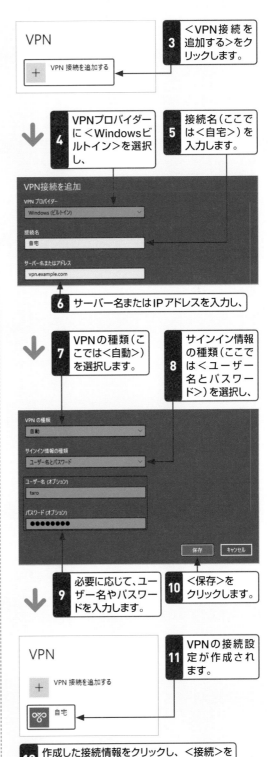

VPN

＋ VPN 接続を追加する

4 VPNプロバイダーに＜Windowsビルトイン＞を選択し、

5 接続名（ここでは＜自宅＞）を入力します。

VPN接続を追加

VPN プロバイダー
Windows (ビルトイン)

接続名
自宅

サーバー名またはアドレス
vpn.example.com

6 サーバー名またはIPアドレスを入力し、

7 VPNの種類（ここでは＜自動＞）を選択します。

8 サインイン情報の種類（ここでは＜ユーザー名とパスワード＞）を選択し、

VPN の種類
自動

サインイン情報の種類
ユーザー名とパスワード

ユーザー名 (オプション)
taro

パスワード (オプション)
●●●●●●●●

保存　　キャンセル

9 必要に応じて、ユーザー名やパスワードを入力します。

10 ＜保存＞をクリックします。

11 VPNの接続設定が作成されます。

VPN

＋ VPN 接続を追加する

°⦿° 自宅

12 作成した接続情報をクリックし、＜接続＞をクリックするとVPN接続を開始します。

Wi-Fiの基本

Wi-Fiの便利技

Wi-Fiの快適技
（モバイル）

ルーターの基本

ファイル共有と
クラウド

音楽／動画の活用

リモートデスク
トップの活用

VPNの活用

ツールの活用

Q 324 MacからVPNで自宅にアクセスするには？

A VPNの接続設定を作成してアクセスします。

Mac から自宅などに設置したVPN サーバーにアクセスしたいときは、システム環境設定からVPNの接続設定を作成して、アクセスします。VPNの接続設定は、以下の手順で作成します。なお、Mac の標準機能は、PPTP とOpenVPNには対応していません。接続方法が、OpenVPNの場合は、専用のクライアントソフトをインストールしてください。PPTPの場合は、L2TP ／ IPsecなどの別の接続方法を利用してください。

1 システム環境設定を開き、＜ネットワーク＞をクリックします。

ソフトウェア
アップデート　　ネットワーク　Bluetooth　サウンド　プリンタと
スキャナ

2 ＋をクリックし、

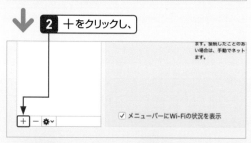

ます。接続したことのあい場合は、手動でネットます。

☑ メニューバーにWi-Fiの状況を表示

＋ － ⚙∨

3 インターフェイスに＜VPN＞を選択して、

4 VPNタイプ（ここでは＜L2TP over IPSec＞）を選択します。

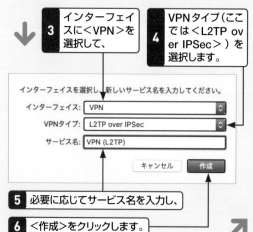

インターフェイスを選択し、新しいサービス名を入力してください。

インターフェイス：VPN

VPNタイプ：L2TP over IPSec

サービス名：VPN (L2TP)

キャンセル　　作成

5 必要に応じてサービス名を入力し、

6 ＜作成＞をクリックします。

7 VPN が作成されます。

8 サーバーアドレスを入力し、

構成：デフォルト
サーバアドレス：vpn.example.com
アカウント名：taro

認証設定...
接続

9 アカウント名を入力します。

10 ＜認証設定＞をクリックします。

11 ユーザー認証に関する設定を行い、

ユーザ認証：
● パスワード：●●●●●●●
○ RSA SecurID
○ 証明書　　　選択...
○ Kerberos
○ CryptoCard

コンピュータ認証：
● 共有シークレット：
○ 証明書　　　選択...

キャンセル　　OK

12 ＜OK＞をクリックします。

13 ＜適用＞をクリックします。

状況：未接続

構成：デフォルト
サーバアドレス：vpn.example.com
アカウント名：taro

認証設定...
接続

☐ メニューバーにVPNの状況を表示　　詳細... ？

元に戻す　適用

14 ＜接続＞をクリックすると、VPN接続を開始します。

Q 325 iPhone／iPadからVPNで自宅にアクセスするには？

A VPNの接続設定を作成し、アクセスします。

iPhone／iPadから自宅などに設置したVPNサーバーにアクセスしたいときは、VPNの接続設定を作成して、アクセスします。iPhone／iPadの標準機能は、PPTPとOpenVPNには対応していません。接続方法が、OpenVPNの場合は、専用のクライアントソフトをインストールしてください。PPTPの場合は、L2TP／IPsecなどの別の接続方法を利用してください。ここでは、L2TP／IPsecでVPN接続を行う方法を例に、VPNの接続設定の作成方法を説明します。

1 設定画面を開き、＜一般＞→＜VPN＞とタップします。

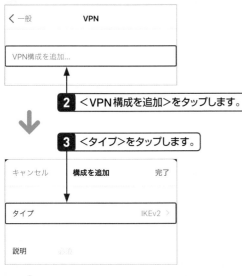

2 ＜VPN構成を追加＞をタップします。

3 ＜タイプ＞をタップします。

4 ＜L2TP＞をタップします。

5 説明（ここでは＜自宅＞）を入力し、

6 接続先のサーバーアドレスまたはIPアドレスを入力します。

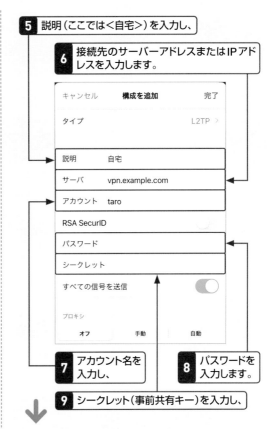

7 アカウント名を入力し、

8 パスワードを入力します。

9 シークレット（事前共有キー）を入力し、

10 ＜完了＞をタップします。

11 VPNの接続設定が作成されます。

12 状況の　　をタップすると、VPN接続を開始します。

Wi-Fiの基本

Wi-Fiの便利技

Wi-Fiの快適技（モバイル）

ルーターの基本

ファイル共有とクラウド

音楽／動画の活用

リモートデスクトップの活用

VPNの活用

ツールの活用

左側縦タブ：
Wi-Fiの基本
Wi-Fiの便利技
Wi-Fiの快適技（モバイル）
ルーターの基本
ファイル共有とクラウド
音楽／動画の活用
リモートデスクトップの活用
VPNの活用
ツールの活用

Q 326 AndroidからVPNで自宅にアクセスするには？

A VPNの接続プロファイルを作成し、アクセスします。

Androidから自宅などに設置したVPNサーバーにアクセスしたいときは、設定画面を開いてVPNの接続プロファイルを作成して、アクセスします。Androidの標準機能は、OpenVPNには対応していません。接続方法が、OpenVPNの場合は、専用のクライアントソフトをインストールしてください。ここでは、PPTPでVPN接続を行う方法を例に、VPNの接続プロファイルの作成方法を説明します。

1 設定画面を開き、＜接続＞→＜その他の接続設定＞とタップし、＜VPN＞をタップします。

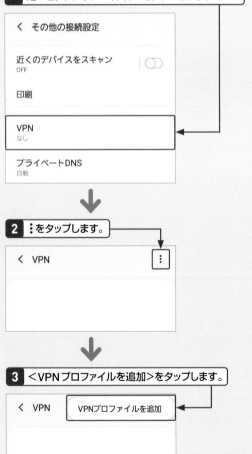

```
＜　その他の接続設定

近くのデバイスをスキャン        ( ◯ )
OFF

印刷

VPN
なし

プライベートDNS
自動
```

2 ⋮をタップします。

```
＜　VPN                    ⋮
```

3 ＜VPNプロファイルを追加＞をタップします。

```
＜　VPN    [ VPNプロファイルを追加 ]
```

4 名前を入力し、

5 タイプ（ここでは＜PPTP＞）を選択します。

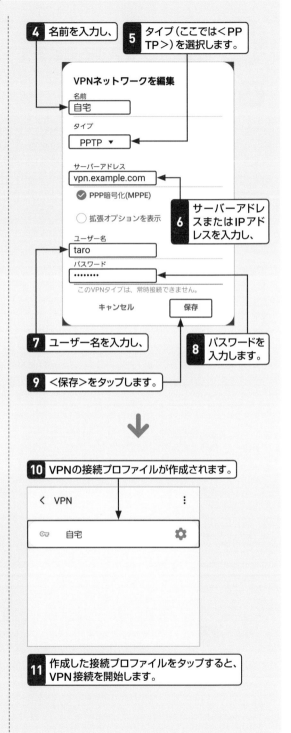

```
VPNネットワークを編集

名前
[ 自宅 ]

タイプ
[ PPTP ▼ ]

サーバーアドレス
[ vpn.example.com ]

✓ PPP暗号化(MPPE)

◯ 拡張オプションを表示

ユーザー名
[ taro ]

パスワード
[ •••••••• ]

このVPNタイプは、常時接続できません。

キャンセル        保存
```

6 サーバーアドレスまたはIPアドレスを入力し、

7 ユーザー名を入力し、

8 パスワードを入力します。

9 ＜保存＞をタップします。

10 VPNの接続プロファイルが作成されます。

```
＜　VPN                    ⋮

🔑  自宅                    ⚙
```

11 作成した接続プロファイルをタップすると、VPN接続を開始します。

Q327 NASに外出先から アクセスって可能なの?

A VPNでアクセスする方法のほか、NASの独自機能でアクセスできる場合があります。

外出先から自宅のNASにアクセスしたい場合にもっとも一般的に方法の1つが、VPNを利用することです。自宅にVPNサーバーを構築しておき、外出先から自宅にVPNで接続することで、NASにリモートアクセスできます。この方法では、NASの共有フォルダーをWindows 10のエクスプローラーやMacのFinderなどのファイル操作ソフトを利用して、操作できます。転送速度は、接続に利用しているインターネットのネットワーク速度に依存しますが、NASにファイル/フォルダーをコピーしたり、逆にNASからファイル/フォルダーをコピーしたりといったことが簡単に行えます。

また、NASによっては、外出先から自宅のNASにリモートアクセスするための独自機能を備えた製品も増えてきています。このタイプの代表的な機能としては、「WebDAV (Web-based Distributed Authoring and Versioning)」やバッファロー製のNASに備わっている「Webアクセス」などがあります。このような機能を備えたNASを利用している場合は、VPNを利用しなくても、自宅のNASにWebブラウザーなどを利用してリモートアクセスできます。WebDAVやWebアクセスなどの機能は、設定も簡単です。手軽に自宅のNASにリモートアクセスしたいときは、これらの機能を利用するのもお勧めです。

バッファロー製のNASに備わっているリモートアクセス機能「Webアクセス」の設定画面。設定も簡単に行えます。

Q328 外出先からNASの共有フォルダーにアクセスするには?

A VPNで利用する場合は、UNC形式で指定することで共有フォルダーにアクセスできます。

Windowsパソコンで外出先からVPNを利用して自宅のネットワークに接続した場合、エクスプローラーのネットワークにNASのアイコンが表示されない場合が多く発生します。このようなときは、コントロールパネルを開き、<プログラム>→<Windowsの機能の有効化または無効化>とクリックし、「SMB1.0／CIFSファイル共有のサポート」をインストールすることで解決できる場合があります。また、これでも解決できないときは、エクスプローラーのアドレスバーに「¥¥IPアドレス」というUNC形式でNASのIPアドレスを直接指定すれば、共有フォルダーにアクセスできます。なお、WindowsパソコンからNASの共有フォルダーにアクセスする場合は、ネットワークプロファイルを「プライベート」に設定しておく必要があります。

また、Macを利用しているときは、サーバ接続機能を使い、サーバアドレスに「smb://IPアドレス」の形式で入力することで接続できます (Q215参照)。iPhoneやAndroidからも、IPアドレスを利用することでNASの共有フォルダーにアクセスできます (Q216〜218参照)。

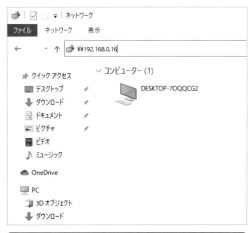

ネットワークにNASのアイコンが表示されないときは、エクスプローラーのアドレスバーをクリックし、「¥¥IPアドレス」の形式でNASのIPアドレスを直接指定し、Enterキーを押すと、アクセスできます。

Wi-Fiの基本

Wi-Fiの便利技

Wi-Fiの快適技（モバイル）

ルーターの基本

ファイル共有とクラウド

音楽／動画の活用

リモートデスクトップの活用

VPNの活用

ツールの活用

Q329 SoftEther VPNって便利なの？

A 多機能なだけでなく、比較的容易にVPNを構築できるソフトです。

SoftEther VPNは、筑波大学のSoftEtherプロジェクトで研究開発されているオープンソースソフトウェアのVPNソフトです。SoftEther VPNは、Windows、macOS、Linux、FreeBSDなどのOS上で動作します。SoftEther VPNの特徴は、個人や家庭などの小規模の利用から、大企業まで幅広い範囲をカバーできる高性能・高機能なVPNソフトであることです。SoftEther VPNは、VPNサーバーソフト「SoftEther VPN Server」、遠隔地の拠点をブリッジ接続したいときに利用する「SoftEther VPN Bridge」、VPNクライアントソフト「SoftEther VPN Client」などが用意されているほか、Windowsに対応した管理ユーティリティ「SoftEther VPN サーバー管理マネージャ」も用意されており、VPNの構築に必要なものがすべて揃っています。

また、SoftEther VPNは、OpenVPN、L2TP／IPsec、MS-SSTP、L2TPv3、SSL-VPNなど多彩なVPNの接続方式にも対応しているという特徴もあります。SoftEther VPNで構築されたVPNは、Windowsや

Mac、iPhone／iPad、Androidに標準で備わっているVPNクライアントを利用して接続できます。

さらにSoftEther VPNは、NATやファイアウォールを通過できるという特徴も備えています。通常、VPNサーバーをNATやファイアウォールの内側に配置すると、外部からの通信がNATやファイアウォールに阻まれてVPNサーバーまで到達しません。このため、外部からの通信がVPNサーバーまで届くように、NATやファイアウォールの設定を変更する必要があります。しかし、SoftEther VPNは、多くの場合、NATやファイアウォールの比較的難しい設定変更をユーザーが行わなくても利用できます。

SoftEther VPNは、ほかにも無償利用できるダイナミックDNSの機能を備えており、Windows標準のVPNサーバー機能よりも多機能であるだけでなく、設定も比較的容易に行えます。パソコンをVPNサーバーとして利用したいときは、お勧めのソフトです。SoftEther VPNは、SoftEtherプロジェクトのホームページ（https://ja.softether.org/）からダウンロードできます。また、ダウンロードを行うときは、コンポーネントに「SoftEther VPN Server」を選択すると、SoftEther VPN Server、SoftEther VPN Bridge、SoftEther VPN サーバー管理マネージャなどをまとめてインストールできるインストーラーをダウンロードできます。

SoftEther VPN サーバー管理マネージャの画面。ここから、VPNに関するさまざまな設定を行えます。

SoftEther VPNのホームページ。SoftEther VPNのダウンロードは、＜ダウンロード＞→＜SoftEther VPNのダウンロード＞とクリックすることで行えます。

9

ツールで便利に!
ネットワーク管理の
便利技

Q 330 インターネットの通信速度をチェックする方法を知りたい！

A Webサイトや速度計測アプリで通信速度を計測できます。

インターネットの実際の通信速度は、Webサイトや速度計測アプリでチェックできます。通信速度を計測するWebサイトは、「スピードテスト」などのキーワードで検索を行うと多数表示されます。どのWebサイトを利用してもトップページに配置されている「計測開始」や「GO」ボタンなどをクリックするだけで、ダウンロード／アップロードの速度を計測できます。インターネットの通信速度は、速度計測を行うサーバーまでの経路などによって変動することがあります。複数のWebサイトで速度計測を行ってみる

のがお勧めです。

速度計測アプリは、Webサイトで提供されている機能をそのままアプリ化したようなものです。WindowsはMicrosoftストア、iPhone／iPad、MacはAppleのApp Store、AndroidはGoogle Playなどのアプリストアで入手できます。iPhone／iPadやAndroidは、Webサイトで速度を計測することもできますが、手軽な専用アプリを利用するのがお勧めです。

家庭内などで利用している固定のインターネット回線やスマートフォン搭載のインターネット接続機能は、いずれも「ベストエフォート」型のサービスです。ベストエフォートとは、「最大これくらいの速度で接続できる」というもので、通信事業者が保証している速度ではありません。インターネットが遅く感じる場合は、Webサイトやアプリを利用して通信速度を計測してみることをお勧めします。

Googleで検索を行うと、トップにGoogle提供のインターネットの通信速度計測が表示されるほか、多数の通信速度計測サイトが表示されます。

通信速度計測サイトの「OOKLA SPEEDTEST（https://www.speedtest.net）」のページ。「Go」をクリックすると通信速度の計測が行えます。

iPhone／iPad用の通信速度計測アプリ「SPEEDCHECK」の通信速度計測中の画面。

Android用の通信速度計測アプリ「SpeedTest Master Pro」の通信速度計測中の画面。

Q331 Wi-Fiの接続に時間がかかるようになったときの対策を知りたい！

A 不要なWi-Fiのプロファイルを削除します。

Windowsパソコンに限らず、Macやスマートフォンは、接続したことのあるWi-Fiの接続情報を登録しておき、次回の接続時に利用しています。このため、ノートパソコンやスマートフォンなどを日々持ち運んで使っていると、さまざまな場所で利用したWi-Fiの接続情報が蓄積されていきます。そしてこれが増えすぎると、本来接続したいWi-Fiのチェックを行う前に、ほかのWi-Fiに接続できるかのチェックを行うことになり、目的のWi-Fiに接続するまでに時間がかかるようになることがあります。また、二度と接続したくないと考えていたWi-Fiに接続するケースも出てきます。

このように、Wi-Fiの接続に時間がかかるようになったり、意図しないWi-Fiへの接続が行われたりするになってきたときは、不要な接続情報を削除してみましょう。不要な接続情報の削除は、Windows 10を利用している場合は「既知のネットワークの管理（Q171参照）」、Macは「ネットワークの環境設定（Q031参照）」、iPhone／iPadは「Wi-Fiのマイネットワーク」、Androidは、Wi-Fiの詳細設定の中にある「ネットワークを管理」で行えます。

Windows 10の「既知のネットワークの管理」画面。接続したことのあるWi-Fiの接続情報は、ここに保存されています。接続情報を削除したいときは、削除したい接続情報をクリックし、＜削除＞をクリックします。

Q332 つながらないWebサイトがあるときの対策を知りたい！

A DNSキャッシュを確認し、必要に応じてクリアしてみましょう。

Webサイトを閲覧しているときに、表示が遅かったり、つながらないWebサイトがあったり、意図しないWebサイトが表示されたりしたときは、DNSキャッシュをクリアすると問題が解決することがあります。DNSとは、「example.com」などのホスト名とIPアドレスを対応付けて管理しているシステムで、電話帳のような機能です。DNSの情報はインターネット上に設置されているDNSサーバーが管理しており、ホスト名を問い合わせればIPアドレスを返します。一方でパソコンには、何度もDNSサーバーに問い合わせをしなくてもよいように、一度取得したホスト名とアドレスを保存しておく仕組みがあります。これがDNSキャッシュです。DNSキャッシュには、有効期限があり、通常、その期限が切れれば新しい情報に自動的に更新されます。しかし、しばらく待っても状況が改善しないときや急いでいるときなどは、DNSキャッシュのクリアを行うことで問題が解消される場合があります。

Windowsは、コマンドプロンプトを開き「ipconfig /flushdns」と入力することでDNSキャッシュをクリアできます。また、Macは、ターミナルを開き、「sudo dscacheutil -flushcache; sudo killall -HUP mDNSResponder（-HUPのあとは半角空き）」と入力します。iPhone／iPadやAndroidは、再起動を行うことでDNSキャッシュをクリアできます。

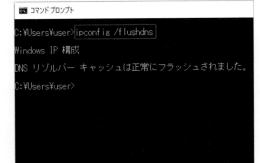

Windows 10でDNSキャッシュをクリアしたときの画面。Windows 10ではコマンドプロンプトを利用してDNSキャッシュをクリアできます。

Q 333 Wi-Fiの電波の利用状況を知りたい！

A Wi-Fiの電波強度をモニタリングするアプリを利用します。

電波で通信を行うWi-Fiは、電波強度や周囲の混雑状況によって通信速度が変動します。このため、快適な環境でWi-Fiを利用するには、通信速度低下の要因となる周囲の電波状況の把握が欠かせません。このような用途に最適なのが、周囲のWi-Fiアクセスポイントを探索し、電波強度をモニタリングするアプリです。このタイプのアプリを利用すると、周囲にある接続可能なWi-Fiアクセスポイントを一覧表示するほか、それぞれのアクセスポイントの電波強度や利用しているチャンネル、セキュリティ方式など、さまざまな情報を確認できます。

Wi-Fiでは、特定の周波数帯を複数のチャンネルに分割して利用しています。基本的に電波強度が高いほど通信状態はよくなり、同じチャンネルを使用している機器が少ないほど通信速度は速くなります。電波強度や利用チャンネルなどの情報は、よりよいWi-Fi環境の構築の手助けとなります。なお、電波強度の指標は、通常「RSSI」という項目に受信電力が「dBm」という単位で表示されます。dBmは-0dbmに近いほど電波強度が高く、-50dBm前後が非常に良好な電波強度とされており、動画などを途切れなくスムーズに再生するには、-60dBm程度が必要とされています。Wi-Fiの電波強度をモニタリングするアプリは、MicrosoftストアやAppleのAppStore、GoogleのGoogle Playなどで入手できます。

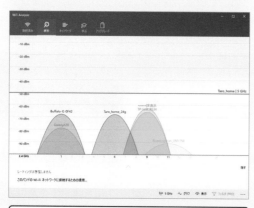

Windows 10用のアプリ「WiFi Analyzer」。Microsoftストアで入手できます。電波強度をグラフィカルに表示する機能なども備える多機能なアプリです。

Macの標準機能「ワイヤレス診断」の画面。[option]キーを押しながら　をクリックし、＜ワイヤレス診断を開く＞をクリックしてワイヤレス診断を起動し、続いて＜ウィンドウ＞→＜スキャン＞とクリックすると電波強度などを表示できます。

iPhone用の「AirMacユーティリティ」アプリの画面。＜設定＞→＜AirMac＞とタップし、＜Wi-Fiスキャナ＞をオンにすると、電波強度などを表示できます。

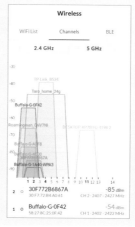

Android用のアプリ「WiFiman」の画面。Google Playで入手できます。グラフィカルな電波強度表示などを備える多機能なアプリです。

Q334 使用中のポートを把握する方法を知りたい!

A ポートスキャンを行うことで使用中のポートを把握できます。

ポートとは、TCP／IPにおいて利用されているサービス（プログラム）の識別番号です。ポートは0番から65535番まであり、0～1023番までは「ウェルノウンポート」、1024～49151番までは「登録ポート」、49152～65535番までは「ダイナミックポート」と呼ばれています。ウェルノウンポートは、メジャーなサービスなどで利用するためにあらかじめ予約されているポートです。IANA（Internet Assigned Numbers Authority）という団体によって管理されています。たとえば、80番はWebサイトを見るために利用される「http」、25番はメール送信用の「smtp」、110番はメールを受信するための「pop3」などの普段からよく見かけるサービスなどで利用されています。登録ポートもウェルノウンポート同様にIANAによって管理されているポートです。特定のサービスなどが使用しており、IANAが登録を受け付けて、そ

れを公開しています。ダイナミックポートは、エフェメラルポートとも呼ばれる自由に使用できるポートです。通常、ユーザー側（クライアント側）のサービスが必要に応じて割り当てて利用します。

ポートは、インターネットなどの外部からのアクセスを受け付ける場合には開放し、受け付ける必要がない場合は閉じておくことでセキュリティを高めます。これは、外部からアクセス可能なポートを減らすことで、セキュリティホールなどを突いた攻撃からサーバーなどの機器を守るためです。

外部から使用可能な状態になっているポートを調べるときは、「ポートスキャン」を行います。ポートスキャンを行えるソフトとしては、Windows 10用とMac用の両方に対応する「Zenmap」が有名です。なお、ポートスキャンはハッカーやクラッカーがサーバーのセキュリティを事前にチェックするときに使われることがあります。このため、インターネット上のサーバーに対して不用意にすべてのポートに対してスキャンをかけると、クラック前の調査のためのポートスキャンと見なされる可能性がありますので絶対に行わないようにしてください。

Please read the Windows section of the Install Guide for limitations and installation
You can choose from a self-installer (includes dependencies and also the Zenmap G
version. We support Nmap on Windows 7 and newer, as well as Windows Server 20
users who must run Nmap on earlier Windows releases..

Note: The version of Npcap included in our installers may not always be the latest
the latest and greatest version, download and install the latest Npcap release.

The Nmap **executable Windows installer** can handle Npcap installation, registry p
executables and data files into your preferred location. It also includes the Zenmap
Windows zip files with a self-installer:

Latest **stable** release self-installer: nmap-7.91-setup.exe
Latest Npcap release self-installer: npcap-1.31.exe

We have written post-install usage instructions. Please notify us if you encounter any problems or have suggest

> ポートスキャンが行えるソフト「Zenmap」の開発元のWebページ（https://nmap.org）。<Download>をクリックして表示されるプログラムのダウンロードページで「Latest stable release self-installer:」の<nmap-7.91-setup.exe>をクリックしてダウンロードします。

> Windows用のZenmapでターゲットを「localhost（自分のパソコン）」としてポートスキャンを行ったときの画面。開放されているポート番号（open port）などが表示されます。Mac用のZenmapも画面構成もほぼ同じです。

Wi-Fiの基本

Wi-Fiの便利技

Wi-Fiの快適技（モバイル）

ルーターの基本

ファイル共有とクラウド

音楽／動画の活用

リモートデスクトップの活用

VPNの活用

ツールの活用

Q335 ネットワーク内の機器を確認したい!

A ネットワークスキャナー機能を備えたアプリを利用します。

ネットワークに接続している機器を調べたいときは、「ネットワークスキャナー」機能を備えたアプリを利用すると便利です。ネットワークに参加している機器は、WindowsパソコンやMacであれば、コマンドプロンプトやターミナルからpingコマンドを使って、手動で機器の応答を確認することでも確認できますが、1台1台にpingコマンドを打って確認するのは時間もかかり大変です。そんなときに便利な

のがネットワークスキャナー機能を備えたアプリです。この機能を利用すると、ネットワーク内を探索し、参加中の機器のホスト名やIPアドレス、MACアドレスなどをリストアップしてくれます。単にネットワークに接続している機器を調べたいときだけでなく、機器に割り当てたIPアドレスがわからなかったり、忘れてしまったりした場合にも便利に利用できます。

ネットワークスキャナー機能を備えたアプリは、MicrosoftストアやAppleのAppStore、GoogleのGoogle Playなどで入手できます。パソコンやスマートフォンにインストールしておくと、何かあったときに安心です。

Windows用のフリーソフト「Advanced IP Scanner（https://www.advanced-ip-scanner.com/jp/）」の画面。＜スキャン＞をクリックするだけで、ネットワーク内の機器を探索、リスト化してくれます。

Mac用のネットワーク調査アプリ「LanScan」の画面。AppStoreから無償で入手できます。＜Start LanScan＞をクリックするだけで、ネットワーク内の機器を探索、リスト化してくれます。

iPhone／iPad用のネットワーク調査アプリ「Fing」の画面。AppStoreから無償で入手できます。インターネットの速度テストなども行える高機能なアプリです。Android版も用意されています。

Android用のアプリ「WiFiman」のネットワーク探索の画面。WiFimanは、Wi-Fi環境のチェックを行えるだけでなく、ネットワーク内の機器を探索し、リスト化する機能も備えています。

Q 336 LAN経由でWindowsパソコンの電源をオンにする方法を知りたい!

A Wake On LAN対応環境を用意し、マジックパケットを対象のパソコンに送信します。

家庭内などのネットワーク内に設置されたWindowsパソコンの電源をリモート操作でオンにするには、Wake On LANに対応した環境を用意する必要があります。そのために必要なのは、Wake On LANに対応したパソコンとOS、リモート操作でパソコンの電源をオンにするためのアプリです。

Wake On LAN対応のパソコンは、最近のパソコンであればその多くが対応しており、Windows 10も標準でWake On LANに対応しています。このため、リモートで起動を行うパソコン側の対応環境は整っており、必要な設定さえ行えば、Wake On LANの利用環境を準備できます。Wake On LANの設定方法などの詳細は、Q315を参照してください。

また、リモート操作でパソコンの電源をオンにするためのアプリは、「マジックパケット」と呼ばれる電源をオンにするためのトリガーをパソコンに対して送信するアプリです。Windows用のアプリとしては、「MagicBoot」や「Wake on LAN for Windows」などのアプリが有名です。また、iPhone／Android用のアプリ「Fing」にもその機能が備わっています。

これらのアプリを利用して、対象のパソコンにマジックパケットを送信することで、リモート操作で電源をオンにできます。

iPhone/iPad用のアプリ「Fing」の画面。Fingは、Wake On LANで対象のパソコンの電源をオンにするときに利用するマジックパケットを送信できます。

Q 337 ネットワーク内に流れるデータを見てみたい!

A パケットキャプチャツールを利用します。

ネットワーク内に流れるデータは、「パケットキャプチャ」アプリを利用することで閲覧できます。このタイプのアプリは、ネットワークプロトコルアナライザーやパケットアナライザーなどと呼ばれる場合もあります。

ネットワーク内でやり取りされるデータは、パケットと呼ばれている小さな塊に分割されています。パケットキャプチャは、このパケットを採取して、通信の流れを可視化する機能を提供します。通常、パケットキャプチャは、ネットワークを利用するアプリを開発したり、ネットワークでトラブルが発生したときに、何が原因で通信ができないのか、どこで通信が途絶えたかといった問題発生時の原因追求の目的で利用されます。ネットワークを流れているパケットは、ルールに従ってやり取りされており、そのルールを知っていれば、どこで問題が発生しているかを知るための手がかりになるからです。

パケットキャプチャアプリは、Windows用とMac用の両方が用意されており、無償で利用できる「Wireshark」が有名です。また、Windows専用になりますが、マイクロソフトが無償提供しているMicrosoft Message Analyzerもあります。

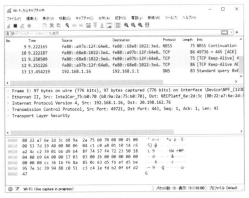

Windows版とMac版の両方が用意されているパケットキャプチャアプリ「Wireshark（https://www.wireshark.org/download.html）」の画面。Wiresharkは、高機能で人気高いアプリです。

索引

お問い合わせについて

本書に関するご質問については、本書に記載されている内容に関するもののみとさせていただきます。本書の内容と関係のないご質問につきましては、一切お答えできませんので、あらかじめご了承ください。また、電話でのご質問は受け付けておりませんので、必ずFAXか書面にて下記までお送りください。
なお、ご質問の際には、必ず以下の項目を明記していただきますよう、お願いいたします。

1　お名前
2　返信先の住所またはFAX番号
3　書名（今すぐ使えるかんたん Wi-Fi & 自宅LAN
　　完全ガイドブック 困った解決&便利技）
4　本書の該当ページ
5　ご使用のOSとソフトウェアのバージョン
6　ご質問内容

なお、お送りいただいたご質問には、できる限り迅速にお答えできるよう努力いたしておりますが、場合によってはお答えするまでに時間がかかることがあります。また、回答の期日をご指定なさっても、ご希望にお応えできるとは限りません。あらかじめご了承くださいますよう、お願いいたします。

問い合わせ先

〒162-0846
東京都新宿区市谷左内町 21-13
株式会社技術評論社　書籍編集部
「今すぐ使えるかんたん Wi-Fi & 自宅LAN
完全ガイドブック 困った解決&便利技」質問係
FAX番号　03-3513-6167

URL：https://book.gihyo.jp/116

■お問い合わせの例

FAX

1　お名前
　　技術　太郎
2　返信先の住所またはFAX番号
　　03-XXXX-XXXX
3　書名
　　今すぐ使えるかんたん
　　Wi-Fi & 自宅LAN
　　完全ガイドブック
　　困った解決&便利技
4　本書の該当ページ
　　71 ページ　Q 075
5　ご使用のOSとソフトウェアのバージョン
　　Windows 10
　　Microsoft Edge
6　ご質問内容
　　手順4の画面が表示されない

※ご質問の際に記載いただきました個人情報は、回答後速やかに破棄させていただきます。

今すぐ使えるかんたん Wi-Fi & 自宅LAN
完全ガイドブック 困った解決&便利技

2021 年 7 月 16 日　初版　第 1 刷発行

著　者●芹澤正芳、オンサイト
発行者●片岡　巌
発行所●株式会社　技術評論社
　　　　東京都新宿区市谷左内町 21-13
　　　　電話　03-3513-6150　販売促進部
　　　　　　　03-3513-6160　書籍編集部
装丁●志岐デザイン
編集／DTP●オンサイト
担当●矢野俊博
製本／印刷●大日本印刷株式会社

定価はカバーに表示してあります。

落丁・乱丁がございましたら、弊社販売促進部までお送りください。交換いたします。
本書の一部または全部を著作権法の定める範囲を超え、無断で複写、複製、転載、テープ化、ファイルに落とすことを禁じます。

©2021 芹澤正芳、オンサイト

ISBN978-4-297-12140-2 C3055
Printed in Japan